U0180595

# 陆海统筹创新之路

南通市国土资源局　著

科学出版社
北京

# 内 容 简 介

本书紧紧围绕探索创新土地、海洋等资源要素在城乡统筹、陆海统筹发展中的合理利用和布局优化，以及有效化解沿海开发战略中的资源要素约束瓶颈进行分析研究。对南通市开展陆海统筹的原因、途径、取得的成绩和发展愿景进行阐述。首先，通过分析研究南通土地利用现状与形势、国内外陆海统筹案例，形成陆海统筹工作总体路径设计；其次，探讨分析支撑陆海联动发展的空间布局、资源配置、生态建设、管理体制四大统筹战略；最后，介绍南通市推进陆海统筹实施节约集约用地"双提升"五大专项行动以及各县市区在陆海统筹方面取得的成绩与亮点。

本书可供土地规划与利用、城市规划与管理等专业的研究人员和管理人员参考阅读。

审图号：苏 F(2018)18 号

**图书在版编目（CIP）数据**

陆海统筹创新之路 / 南通市国土资源局著 . —北京：科学出版社，2020. 4

ISBN 978-7-03-063467-2

Ⅰ . ①陆… Ⅱ . ①南… Ⅲ . ①海洋经济–经济发展战略–研究 Ⅳ . ①P74

中国版本图书馆 CIP 数据核字（2019）第 264723 号

责任编辑：王 倩 / 责任校对：樊雅琼
责任印制：吴兆东 / 封面设计：无极书装

科学出版社 出版
北京东黄城根北街 16 号
邮政编码：100717
http://www.sciencep.com

北京虎彩文化传播有限公司 印刷
科学出版社发行 各地新华书店经销
\*
2020 年 4 月第 一 版 开本：787×1092 1/16
2020 年 4 月第一次印刷 印张：18
字数：410 000

**定价：228.00 元**
（如有印装质量问题，我社负责调换）

# 前　言

　　南通市靠江靠海靠上海，素有"江海门户"之称，是全国首批对外开放的 14 个沿海港口城市之一。现有陆地面积 9059 平方千米，海域面积 8701 平方千米，拥有长江干堤岸线 166 千米，海岸线 221.5 千米，其中淤涨型滩涂岸线 176 千米。沿海滩涂面积 307 万亩①，辐射沙洲 100 万亩，是我国沿海后备土地资源最丰富的地区之一。近年来，南通市深入贯彻长江三角洲一体化发展和江苏沿海开发两大国家战略，以改革创新为动力，以建设好上海"北大门"为愿景，积极从政策、制度、管理等层面推动"江-海-陆"统筹发展。2014 年 3 月，国土资源部印发《关于江苏省推进节约集约用地工作方案的批复》，明确同意编制南通市陆海统筹工作实施方案，经省政府批准后报国土资源部备案。2015 年 12 月，国家发展和改革委员会批复同意南通市开展陆海统筹发展综合改革试点。2016 年 12 月，《南通市陆海统筹发展土地利用规划》获江苏省政府批准实施。

　　目前，南通市陆海统筹发展面临着诸多困难和挑战，区域间的竞争日益激烈，土地资源瓶颈约束严重，产业结构优化升级的要求更加迫切，国土空间开发格局面临新变化大变化，陆海统筹管理的协调机制尚未建立，发展的路径尚未成熟。这要求南通市在陆海统筹发展上必须走出一条改革创新之路，充分发挥其沿海滩涂资源和区位优势，优化生产布局和产业结构，以现代农业、现代物流、港口航运、临港产业、新能源、城镇建设、沿海旅游为重点，突出陆海资源的互补性、产业的互动性、经济布局的关联性，探索、创新土地、海洋等资源要素在城乡统筹、陆海统筹发展中的优化布局和合理利用，有效化解沿海开发战略中的资源要素约束瓶颈，打造全国陆海统筹发展示范区，建设长三角北翼经济中心、上海北翼门户城市，实现南通市新一轮经济的跨越式发展。

　　2017 年 5 月，江苏省国土资源厅在南通市召开陆海统筹推进会，对南通市先行先试取得的成绩给予了充分肯定，并对今后的战略选择、路径策划、进程设计进行了探讨和指路。为了总结提升、交流沟通，我们萌发了撰写此书的念头，一方面对现有工作进行总结、提升，进一步深化陆海统筹工作实践，有效指导南通陆海统筹发展迈上新台阶；另一方面，试图提供一系列可供参考、借鉴的陆海统筹政策、制度和路径设计，与有兴趣参与陆海统筹研究的读者一同交流、探讨。

　　本书分为三个部分，共 8 章：

　　第一部分为总论，着重阐述为什么要陆海统筹，具体包括第 1 章至第 3 章。第 1 章为书稿的开篇，通过对南通市概况、南通市土地利用现状与形势进行分析，阐述为什么要选择陆海统筹战略，陆海统筹需要解决哪些问题。第 2 章对国内外陆海统筹相关案例进行了

---

　　①　1 亩≈666.7 平方米。

研究，通过与南通市地理区位、资源禀赋等基本情况进行比较研究，阐明了国内外案例对南通市陆海统筹的主要启示。第 3 章从陆海统筹的总体要求、体系框架、主要理论等方面系统研究了陆海统筹工作总体路径设计。

第二部分为分论，着重阐述陆海统筹怎么做，分析支撑陆海联动发展的空间布局、资源配置、生态建设、管理体制四大统筹战略，具体包括第 4 章至第 7 章。第 4 章探讨统筹陆海空间布局，分析目前陆海空间布局遇到的主要问题，进而提出对陆海统筹空间布局优化战略、优化方案，制定利于区域协调发展的土地利用总体规划。第 5 章探讨统筹陆海资源配置，从土地及海涂利用现状、建设用地扩展态势、陆海建设用地节约集约利用潜力等方面出发，详细研究了陆海统筹资源配置路径。第 6 章探讨统筹陆海生态建设，通过沿海滩涂空间适应性评价、可围滩涂区域时空布局分析，谋划陆海生态建设制度和生态保护机制。第 7 章探讨统筹陆海管理体制，对现行保障体系进行了分析研究，对照陆海统筹评价体系和指标，进行土地政策优化设计。

第三部分是综论，着重阐述陆海统筹取得的成绩和发展愿景。第 8 章陆海统筹整体部署和实践探索，分析了推进陆海统筹实施节约集约用地"双提升"的五大专项行动：节约集约创新、空间布局优化、耕地保护升级、土地综合整治、生态建设优先，介绍了所辖各县市区在陆海统筹方面所取得的成绩与亮点，以及媒体专题报道情况。

本书是基于陆海统筹的实践总结、提炼而形成的。中国土地勘测规划院、北京师范大学、江苏省国土资源厅、江苏省土地勘测规划院、南通市国土资源局、南通市海洋与渔业局以及各县（市、区）国土和海洋等部门做了大量卓有成效的工作，付出了艰辛的努力。虽然我们力图构建一套尽可能完整、完善的陆海统筹战略体系，为沿海地区的创新实践提供参考和借鉴，但因水平有限，书中可能存在不足之处，敬请各位读者、专家和学者批评指正。

著　者

2018 年 10 月

# 目 录

# |第1章| 陆海统筹发展的背景

南通市地势平坦辽阔，海域面积广阔，滩涂资源丰富，土地开发潜力大，具有良好的开发建设适宜性和资源环境承载能力。市区经济发展较快，开发利用的综合发展潜力巨大，同时作为人口大市，劳动力资源丰富，城镇化空间较大，对投资和消费有巨大需求，可为经济发展提供有力支撑，而经济的快速发展，为滩涂资源的开发利用提供了有力的资金支持。南通市作为除上海外长江三角洲（简称长三角）最具区位优势的地区，具有重要的战略地位，是江海联运的重要枢纽和长江中上游及苏中、苏北地区重要的出海门户。苏通长江大桥、崇启长江大桥的建成，以及沪通铁路、崇海大桥的建设会进一步强化南通市的区位优势，使其在长三角地区占据更重要的地位。南通市陆海统筹发展目的在于把南通市建成长三角北翼海洋经济发展的先导区和中国陆海统筹空间优化示范区与引领区，为全国陆海统筹发展探索新路和提供示范。

南通市沿海滩涂开发潜力较大，但沿海资源优势未得到有效转化，存在城乡建设用地结构不合理、"江–海–陆"发展不均衡等一系列问题，因此面临土地利用结构和布局调整优化，以及资源合理配置等严峻挑战，同时也适逢国家倡导陆海统筹发展，国家战略效应逐步得到释放，新型城镇化、生态文明建设和节约集约用地推进的新机遇。

## 1.1 南通市概况

### 1.1.1 自然条件与自然资源

南通滨江临海，地势低平，在地貌分区上大部分属于坦荡的长江三角洲平原，而通扬运河、如泰运河一线以北，则分别属于江淮平原和东部滨海平原区。地质条件相对稳定，除沿江和沿海地区外，其余地区的灾害风险均较低，是江苏全省灾害易损性最低的地区之一。

全境地域轮廓东西向长于南北向，三面环水，一面靠陆，地势平坦辽阔，海拔一般为2.0~6.5米，自西北向东南略有倾斜。海域面积广阔，滩涂资源丰富，可用滩涂及辐射沙洲达20多万公顷，平均每年可新增滩涂面积约为667公顷，是我国沿海后备土地资源最丰富的地区之一。0米以上潮间带滩涂面积共18.0万公顷（含0米以上辐射沙洲6.7万公顷），约占江苏全省的1/3。2012年，南通市建设用地面积为201 967.1公顷，土地开发强度为 19.1%，低于江苏全省平均水平，远低于苏南五市，是沿江地区土地开发潜力最大的地市之一。

南通市水资源丰富，河沟成网，河流水面达 11.4 万公顷，占土地总面积的 10.8%。南通市境内河流水系经过多次大规模的整治建设，已初步形成了一个能引、能蓄、能控制、能调度、能通航利用的河网水系。主要骨干河道（一级河）有焦港河、如海运河、九圩港河、如泰运河、通扬运河、新通扬运河、通吕运河、通启运河、新江海河等 12 条，二级河道 105 条。另外，还有众多三级、四级河道。大部分河道在规划布局上分布均匀，交织成网，相互沟通，成为调节各级河网的枢纽。此外，丰富的水资源保障了较高的水环境容量。从江苏省评价结果看，南通大部分地区属于江苏省水环境容量的高值区。

南通沿海属于淤泥质沙滩，开发利用中引水洗盐和淡水养殖需要大量的淡水资源。淡水资源的供给是沿海滩涂区域开发利用的重要约束条件之一。水资源与土地资源及生物资源等的组合特征，决定了江苏省沿海滩涂地区土地资源等自然资源的开发利用（杨劲松等，2001）。南通市多年平均降水量是 1060.1 毫米，南通市多年平均可利用水资源总量为 60.15 亿立方米。其中可利用地表水资源量为 16.67 亿立方米，由降水、地表水入渗补给形成的潜水层地下水资源量为 5.91 亿立方米，引用长江水资源量为 37.57 亿立方米，高居各类用水资源之首。按照国家大型水利工程设计的九圩港提水泵站，每秒提江水 150 立方米，确保七天可将南通市内河水全部置换一遍，为沿海开发提供了有效的水利保障。此外，如东东凌水库水面总面积为 5.8 平方千米，总库容为 3298 万立方米，最高蓄水位为 5 米。该水库进一步提高了沿海开发淡水资源供给保证率。总体来说，南通市沿海地区水资源供给相对丰富。

南通市海域滩涂湿地面积广阔，约占江苏省的 1/3，地处大陆与海洋相互作用的过渡地带，受陆源环境、沿岸流、潮汐、长江和黄河入海径流等的影响，基础饵料丰富，生态类群独特，以软体类、甲壳类、多毛类为主，生物物种繁多。海域内有大黄鱼、小黄鱼、棘头梅童鱼、海鳗、银鲳等鱼类 150 种；近海底栖动物三疣梭子蟹、脊尾白虾、巢沙蚕等 183 种；海洋浮游动物生物量总平均为 163 毫克/米$^3$，共有 98 种；沿海潮间带固着性海藻 84 种；沿海海域浮游植物以近岸低盐种为主，有 190 种；沿海潮间带底栖生物年平均生物量为 57.17 毫克/米$^3$，共有文蛤、四角蛤蜊、青蛤、泥螺等 198 种，大部分集中于侵蚀性和稳定型粉砂淤泥质海岸潮间带，约占江苏省近岸海域潮间带生物总种类的 51.3%，此外，南通市海域还是中华绒螯蟹、日本鳗鲡、暗纹东方鲀、刀鲚等洄游性生物重要的繁殖场所和洄游通道，其种苗捕捞也是沿海养殖的重要来源。丰富的海洋生物资源，是南通市发展渔业的坚实基础，高效设施渔业几乎遍布南通市所有垦区，如新川港—小洋口、遥望港—大唐、大唐—塘芦港、方塘河—新川港等。

南通市地处江淮下游，黄海、东海之滨，属于典型的沿海季风气候区，夏季盛行东南风，冬季盛行偏东北风，大部分地区属于风能可利用区，尤其是沿海海岸、滩涂等地区，且南通市沿海滩涂面积广阔，地表平整，是建设大型海上风电场的理想场区，开发风能可为滩涂开发、堤水养殖、盐业生产、海水淡化等提供无污染的动力源。

一般认为，当风速为 3～20 米/秒时风能是我国在当前技术条件下可利用的能量，称为有效风能，根据华能启东风电场、龙源如东风电场等风电场的实测风况和风资源评估，南通市全年出现频率最多的风速段在 5～8 米/秒，南通市全年所产生的有效风能密度为 50～80 瓦·小时/米$^2$，部分地区可达 100 瓦·小时/米$^2$ 以上，全年有效风能时数可达 4462 小时，其中启东有效风能密度为 71.8 瓦·小时/米$^2$，有效风能时数 3946.8 小时，海门有效风能密度为 63.9 瓦·小时/米$^2$，有效风能时数 3404.4 小时（凌申，2010），风能资源非常丰富。

由于水土资源丰富，地势平坦，南通市是江苏省开发建设适宜性较高的区域之一。基于良好的开发建设适宜性和资源环境承载能力，南通市沿江、沿海地区被列为江苏省的优化开发区和重点开发区，承担着未来承接上海和苏南地区产业转移的重要任务。

## 1.1.2 经济社会发展情况

南通市历史上发展较为繁华，开创了近代工业化、城镇化和地方发展的模式，20 世纪 20 年代，南通被称作"小上海"，后来更被著名规划大师吴良镛称为"中国近代第一城"。中华人民共和国成立后，特别是改革开放以来，虽有较大发展，但与一江之隔的苏南相比，连续错失几次重大发展机遇，以致南通市的发展面临诸多尴尬，在长三角地区长期处于被边缘化的地位。如图 1-1 所示，改革开放 40 年来，南通市 GDP 占江苏省的比重基本上呈下降趋势，由 1978 年的 11.8% 降至 1983 年的 10.7%，1987 年首次跌破 10%，降至 9.8%，使南通从"四小虎"（苏州、无锡、常州、南通）中掉队；到 1995 年，虽有所回升，但是仍然低于 9%，之后又不断下降，2003 年降至 7.9%。人均 GDP 也不断下滑，1978 年相当于苏州的 2/3，1990 年相当于苏州的 1/2，2002 年还不及苏州的 1/3。

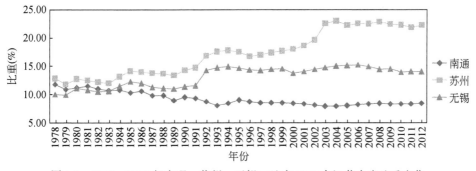

图 1-1　1978～2012 年南通、苏州、无锡三地市 GDP 占江苏全省比重变化

以 2003 年为分水岭，之前南通市在江苏全省经济大格局中的地位持续下降，之后有所回升，2012 年南通市 GDP 为 4558.67 亿元，占江苏省 GDP 的 8.4%，仅次于苏州、无锡和南京，居江苏省第四位；如图 1-2 所示，按可比价计算，2005～2012 年南通市经济增速为 17.4%，高于苏南五市和苏中扬州市。三次产业增加值分别为 319.07 亿元、2414.11 亿元、1825.47 亿元，产业结构由 2005 年的 11.0∶55.9∶33.1 调整为 2012 年的 7.0∶53.0∶40.0，其中第一产业下降 4.0 个百分点，第二产业下降 2.9 个百分点，第三产业上升 6.9

个百分点，经济结构调整步伐加快。

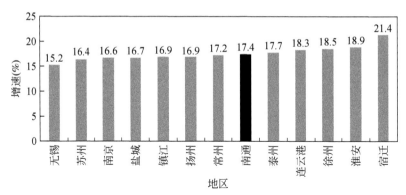

图 1-2　2005～2012 年江苏省各地市经济增速

　　良好的经济基础是区域资源开发的有力保障。如图 1-3 所示，南通市 2011 年实现 GDP 4080.22 亿元，同比增长 12.1%；2012 年达到 4558.7 亿元，比上年增长 11.8%，名列全国大中城市第 25 位、地级市第 8 位；2013 年达到 5038.9 亿元，增长 11.8%；财政总收入 2011 年实现 951.65 亿元，增长 33.4%，2012 年达到 1055.9 亿元，增长 11.0%，2013 年达到 1216.7 亿元，增长 15.2%。南通市近几年 GDP、财政收入稳固发展，年增长率保持在 10% 以上，为沿海滩涂的开发利用提供了必需的物质基础和有力的资金支撑。南通市各县（市、区）经济发展也较快（表 1-1），2013 年如东县实现 GDP 536.03 亿元，比上年增长 12.2%，财政总收入为 102.42 亿元，比上年增长 27.50%，县域经济基本竞争力连续 11 年跻身全国百强县（市）行列；启东市 GDP 为 658.31 亿元，比上年增长 11.90%，实现财政收入 139.51 亿元，比上年增长 13.10%，在江苏全省 47 个县（市）中位居第 10 位，南通市县（市、区）经济发展较快，且拥有丰富的滩涂资源，开发利用的综合发展潜力巨大，可成为南通市发展海洋经济的依托，成为新的重要的经济增长极。

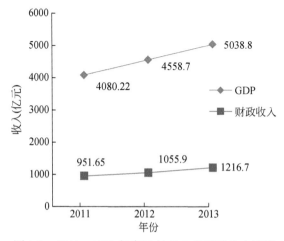

图 1-3　2011～2013 年南通市 GDP 和财政收入情况

表 1-1    2013 年南通市主要地区 GDP 和财政收入等情况

| 地区 | GDP (亿元) | GDP 增长率 (%) | 财政收入 (亿元) | 财政收入增长率 (%) | 地方公共财政预算收入 (亿元) | 地方公共财政预算收入增长率 (%) | 城镇化率 (%) |
|---|---|---|---|---|---|---|---|
| 南通市 | 5038.9 | 11.80 | 1216.7 | 15.20 | 485.9 | 15.80 | 59.90 |
| 通州区 | 759.46 | 12.20 | 145.71 | 19.50 | 61.18 | 16.50 | — |
| 海安县 | 538.74 | 12.50 | 115.19 | 15.00 | 46.63 | 24.30 | 52.00 |
| 如东县 | 536.03 | 12.20 | 102.42 | 27.50 | 40.66 | 26.40 | 51.14 |
| 启东市 | 658.31 | 11.90 | 139.51 | 13.10 | 58.54 | 12.10 | 52.30 |
| 海门市 | 740.01 | 12.10 | 140.21 | 14.80 | 61.17 | 18.50 | 54.27 |

　　南通市是江苏省沿海三市中的人口大市，2012 年末，南通市常住总人口为 729.73 万人，户籍人口为 765.20 万人，常住总人口比户籍人口少 35.47 万人，人口外流趋势明显。从户籍人口看，2000 ~ 2012 年，户籍人口从 784.53 万人减少至 765.20 万人，减少了 19.33 万人，自 2002 年后连续 11 年呈现户籍人口负增长。2000 ~ 2012 年，南通市常住人口总量从 751.09 万人下降到 729.73 万人，下降了 21.56 万人；虽然总体上呈现下降的态势，但 2010 年后，常住人口总量有所回升，从 2010 年的 728.36 万人稳步增加到 2012 年的 729.73 万人（表 1-1）。人口出生率稳定在 5‰ 左右（图 1-4），计划生育率保持在 98% 以上，独生子女累积率保持 86% 以上[①]。人口持续下降最主要的原因在于全市人口自然增长率多年保持负增长，南通市的总和生育率自 1982 年起一直持续下降，且保持在 1.0 以下。2002 年以后，更是维持了 11 年的负增长。此外，受上海、苏南地区经济社会发展水平更高因素影响，南通市本地人口大量流向这些地区，而由外地（尤其是苏北）流入本地的人口相对较少，因此整体上呈现人口流出状态。2010 年后，受上海和苏南地区转型发展、南通市本地经济增长加速等因素影响，人口开始回流，常住人口总量有所增加。2012 年，南通市的城镇人口总数为 428.4 万人，城镇化率达到 58.7%。相比 2000 年（33.5%）提高 25.2 个百分点，年均提高 2.1 个百分点，已处于城镇化加速发展阶段[②]。从各县（市、区）人口总量变化看，2000 ~ 2012 年，南通市各县（市、区）户籍和常住总人口均呈现非均衡增长状态（表 1-2 和表 1-3）。市区的崇川区、港闸区属于人口净流入区，2012 年，两区常住人口总量分别比户籍人口总量多 23.20 万人和 8.76 万人。从时间变化看，2000 ~ 2012 年，崇川区和港闸区常住人口总量明显增加，而外围区县市区则明显减少。这说明南通市十余年来人口空间分布总体为中心市区向心集聚的，周边县（市、区）的人口逐步向就业机会更多、发展环境更好的主城区迁移，符合城镇化的一般规律。

---

　　① 生育统计数据来源于《2010 年南通市人口和计划生育事业发展公报》。
　　② 诺瑟姆的 "S" 形曲线认为，当城镇化水平处于 0 ~ 30% 阶段时为快速增长时期，当城镇化水平处于 30% ~ 70% 时为加速发展阶段，当城镇化水平高于 70% 后，将逐步趋缓。

表 1-2  2000~2012 年南通市各县（市、区）常住人口变化① （单位：万人）

| 指标 | 崇川区 | 港闸区 | 海安县 | 如东县 | 启东市 | 如皋市 | 通州区 | 海门市 |
|---|---|---|---|---|---|---|---|---|
| 2000 年 | 54.69 | 22.24 | 92.20 | 108.55 | 105.71 | 136.25 | 137.15 | 94.30 |
| 2012 年 | 90.30 | 27.80 | 86.60 | 98.60 | 96.00 | 126.00 | 114.20 | 90.23 |
| 增量 | 35.61 | 5.56 | -5.60 | -9.95 | -9.71 | -10.25 | -22.95 | -4.07 |

表 1-3  2012 年南通市各县（市、区）常住人口与户籍人口比较 （单位：万人）

| 类型 | 崇川区 | 港闸区 | 海安县 | 如东县 | 启东市 | 如皋市 | 通州区 | 海门市 |
|---|---|---|---|---|---|---|---|---|
| 常住人口 | 90.30 | 27.80 | 86.60 | 98.60 | 96.00 | 126.00 | 114.20 | 90.23 |
| 户籍人口 | 67.10 | 19.04 | 93.87 | 104.60 | 112.38 | 142.50 | 125.74 | 99.97 |
| 差量 | 23.20 | 8.76 | -7.27 | -6.00 | -16.38 | -16.50 | -11.54 | -9.74 |

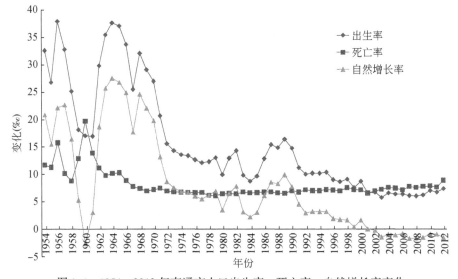

图 1-4  1954~2012 年南通市人口出生率、死亡率、自然增长率变化

2013 年南通市城镇人口为 437.13 万人，城镇化率达 59.9%，比上年提高 1.2%，启东市城镇人口为 55.76 万人，城镇化率为 52.3%。南通市及其县区城镇化率逐年升高，南通市人口众多，城镇化进程较慢，劳动力资源相对丰富，劳动力转移的空间也较大，相对较低的劳动力成本和商务成本，相对丰富的劳动力资源，将有助于南通市更好地推进经济发展和转型升级。城镇化空间相对较大，城镇化的推进将带来城镇规模的扩张、人口的集聚，直接或间接地带动投资和消费的巨大需求，从而为经济发展注入新的活力。总的看来，南通市后备人力资源丰富，是经济发展的有力支撑。一方面，南通市现在处于人口净流出区，未来经济发展和生产、生活条件改善将进一步增强人口吸引力，吸引外流人口"回流"；另一方面，同上海、苏南等经济更为发达的地区相比，南通市城镇化率相对较低，农村转移劳动

① 各县（市、区）户籍人口数据来源于历年的《南通统计年鉴》。

力既可为南通市经济发展提供劳动力保障,又可为推动城镇发展提供机遇。

南通市经济发展迅速,为滩涂资源的开发利用提供了有力的资金支持,但与江苏经济发展较好的城市相比,仍有较大差距,苏州市 2013 年 GDP 为 13 000 亿元,是南通市的 2.6 倍,地方公共财政预算收入为 1331 亿元,是南通市的 2.74 倍。根据调查,每亩滩涂围填到黄海高程 1.5 米的成本大约在 6 万元,如果进行土壤改良、软基处理,以及水、电、路等基础设施配套建设,则需要投入更大的资金。南通市潮间带滩涂面积为 201.3 万亩,如果全部围垦,则需要 1200 亿元以上的资金投入,但仅靠当地的投入远远不能满足资金的需求,大规模的滩涂开发利用无法进行;南通市虽是江苏省的人口大市,但是老龄化结构突出,城镇规模较小,城镇化水平仍有待提高,对沿海区域的带动作用有限;此外,南通市以江港兴城,长期以来注重沿江开发,使得市区主要沿江布局在长江入海口北岸,与沿海区域距离较远(表 1-4),其中,启东市区、南通市区、通州区城区距离老坝港均超过 60 千米;海安市区、如东县城、通州区、南通市区距离圆陀角直线距离超过 80 千米;启东市区、南通市区、通州区城区、如东县城等距离海洋经济开发区直线距离均超过 100 千米,较长的空间距离大大削弱了经济腹地对沿海区域的有力支撑,无法起到中心城镇的带动作用,使得沿海区域缺乏核心竞争力,城镇功能的支撑作用薄弱。因而南通市滩涂的开发利用不可急于求成,需循序渐进,稳步开展。

表 1-4　南通主要地区到附近沿海区域距离　　　　　　　(单位:千米)

| 地区 | 海洋经济开发区 | 老坝港 | 长沙镇 | 通州湾 | 吕四港 | 圆陀角 |
|---|---|---|---|---|---|---|
| 海安市区 | 84.12 | 35.89 | 78.64 | 99.16 | 119.14 | 162.31 |
| 如东县城 | 110.92 | 43.32 | 12.49 | 30.47 | 49.58 | 95.21 |
| 通州区城区 | 136.06 | 62.63 | 42.52 | 32.55 | 49.83 | 86.89 |
| 启东市区 | 182.52 | 116.12 | 74.46 | 43.09 | 28.40 | 25.08 |
| 南通市区 | 142.40 | 68.21 | 59.77 | 51.59 | 67.51 | 99.71 |

南通市海洋渔业发达,海洋经济量达 2307 亿元,约占江苏省一半。工业总产值突破万亿元大关,船舶海工、装备制造、电子信息、纺织服装等产业实力雄厚,是国家新型工业化产业示范基地、国家船舶出口基地,是世界三大家纺产品集散中心之一。县域经济实力较强,所辖县(市)全部跻身全国综合实力百强县。

## 1.1.3　地理区位优势

南通市地处江苏省东南部,长江入海口北岸,位于江海交汇处,东濒黄海,南倚长江,与上海市、苏州市隔江相望,西和泰州市毗邻,北同盐城市接壤,位于北纬 31°41′06″ ~ 32°42′44″,东经 120°11′47″ ~ 121°54′33″,呈濒江临海"半岛型"的港城格局,是我国沿江沿海"T"字形生产力布局主轴线的交汇点,战略地位重要,是江海联运的重要枢纽,也是长江中上游及苏中苏北地区重要的出海门户。可见,南通市是除上海市外长三角最具区位优势的地区,面临海外和内陆两大经济辐射扇面,素有"江海明珠""扬子第一窗口"之美誉。

南通市拥有江海岸线 422 千米,其中长江干堤岸线长为 166 千米,海岸线长为 221.5 千米,约占全省海岸线总长的 23%。长江干流南通段(靖江—崇头)全长 87 千米,江面宽一般为 6~18 千米,多年平均大通流量为 28 700 米$^3$/秒,水资源丰富,是南通市对外开放,内联外引的重要渠道。从长江口出海可通达中国沿海和世界各港;溯江而上,可通苏、皖、赣、鄂、湘、川六省及云、贵、陕、豫等地。目前,已建成各类泊位 227 座,2012 年港口货物吞吐量达到 1.85 亿吨。

近年来,苏通长江大桥、崇启长江大桥的建成,使南通市的区位优势得到了进一步的强化,南通市已经进入上海市一小时经济圈,对接上海市和苏南更加便捷、快速。未来沪通铁路、崇海大桥的建设将会进一步强化南通市的区位优势,使其在长三角发挥更大的作用。

## 1.1.4　发展定位

统筹考虑南通市海洋的渔业、能源、矿产、旅游、空间资源与陆地的土地空间、产业基础、人力资源,紧扣"陆海资源互补、产业互动、布局互联"的发展思路,按照国土资源部和国家海洋局关于开展陆海统筹试点的相关要求,在优化陆地和海洋开发利用与保护格局的基础上,在严格保护优质农田不减少的前提下,坚持优江拓海、以海换地,统筹陆域建设用地与沿海建设用地的协调利用,探索海域使用权向土地使用权转化的新机制,按规划依法用地和供地,建立统一的城乡建设用地市场,通过土地利用结构优化,实现土地利用经济效益、社会效益和生态效益的最大化,确保区域生态、生产和生活空间协调可持续发展,从而把南通市建设成为长三角北翼海洋经济发展的先导区和中国陆海统筹空间优化示范区、引领区,为全国陆海统筹发展探索新路和提供示范。

根据《南通市城市总体规划(2011—2020 年)》,在构建"国际港口城市、区域经济中心、历史文化名城、宜居创业城市"的发展总目标下,南通市将构建"一主三副多点"的空间发展格局,即以南通市中心城区及其辐射影响下的海门城区和如皋长江镇为中心的"一主"地区,以"掘港–长沙"城镇组群、"汇龙–吕四"城镇组群、"如皋–海安"城镇组群为"三副"的发展地区和以长沙镇、吕四港镇、长江镇等 15 个城镇为"多点"的发展地区。其中,中心城区的做大做强对于优化城镇发展格局具有积极的意义。从现实情况看,南通市市区面积、GDP、常住人口数量和建成区面积在江苏全省分别排在第 10 位、第 7 位、第 8 位和第 6 位(表 1-5),这与全市 GDP 在江苏省排名第 4 的地位很不匹配,表明中心城区规模偏小。未来,有必要引导建设用地向中心城区倾斜,以支撑其城市功能定位,增强产业辐射带动能力和人口集聚能力。同时,沿海地区土地资源丰富、环境容量大,是未来江苏省和南通市产业与城镇发展的重点区域。适当增加沿海地区的建设用地对于支撑江苏全省发展格局的调整、打造沿海产业和人口集聚带具有积极的意义。可见,无论是从做大做强中心城区,还是从推动沿海地区产业和城镇发展的角度出发,都需要大量的建设用地作为保障。在陆域土地资源日趋紧张、沿海滩涂资源相对丰富的情况下,需要大力推进滩涂开发,也需要积极开展体制创新,实现土地资源陆海统筹利用。

表 1-5　2012 年江苏省 13 地市市区对比分析

| 地市 | 市区面积 | | 市区 GDP | | 市区常住人口 | | 市区建成区面积 | |
| --- | --- | --- | --- | --- | --- | --- | --- | --- |
| | 绝对值<br>（平方千米） | 排名 | 绝对值<br>（亿元） | 排名 | 绝对值<br>（万人） | 排名 | 绝对值<br>（平方千米） | 排名 |
| 南京市 | 4733 | 1 | 6467 | 1 | 732 | 1 | 653 | 1 |
| 无锡市 | 1643 | 9 | 3947 | 3 | 359 | 3 | 316 | 3 |
| 徐州市 | 3038 | 3 | 2403 | 5 | 313 | 5 | 253 | 4 |
| 常州市 | 1862 | 7 | 3022 | 4 | 337 | 4 | 183 | 5 |
| 苏州市 | 4467 | 2 | 6048 | 2 | 545 | 2 | 437 | 2 |
| 南通市 | 1521 | 10 | 1758 | 7 | 232 | 8 | 156 | 6 |
| 连云港市 | 1200 | 11 | 564 | 12 | 110 | 12 | 140 | 7 |
| 淮安市 | 3110 | 3 | 1173 | 8 | 266 | 6 | 136 | 8 |
| 盐城市 | 1862 | 7 | 855 | 10 | 161 | 9 | 95 | 11 |
| 扬州市 | 2351 | 5 | 1949 | 6 | 241 | 7 | 128 | 9 |
| 镇江市 | 1082 | 12 | 1152 | 9 | 122 | 11 | 120 | 10 |
| 泰州市 | 640 | 13 | 743 | 11 | 88 | 13 | 70 | 12 |
| 宿迁市 | 2108 | 6 | 550 | 13 | 147 | 10 | 70 | 12 |

## 1.2　南通市土地利用现状与形势分析

### 1.2.1　土地利用现状

2014 年南通市土地利用现状如表 1-6 所示，呈现以下几个特点。

1）土地宜耕性较强，耕地质量总体较高。南通市地处长江三角洲冲积平原，土壤肥沃，土地宜耕性较强，农用地以耕地为主，2014 年耕地面积为 442 942.22 公顷（664 万亩），占全市土地总面积的 41.99%，占农用地总面积的 74.3%。耕地质量总体较好，优等地、高等地比例分别为 55.9% 和 44.1%。

2）生活空间持续扩张，城镇空间发展格局逐步成熟。2014 年，南通市城镇用地面积为 40 632.58 公顷，比 2005 年增加 27 660.33 公顷，增长了两倍多；农村居民点用地面积为 138 682.37 公顷，比 2005 年增加 24 098.21 公顷，增幅为 21.0%。全市构建了"一主三副多点"的城镇空间发展格局，建立了"市域中心城市—市域二级中心城市—重点镇—一般镇"的四级城镇发展体系，中心城市框架全面拉开，小城镇建设步伐不断加快。

3）生态用地类型相对单一，内陆地区生态空间稳定性较差。南通市滨江临海，生态空间以内陆地区纵横交织的河流水系网络与沿海地区的滩涂为主。2014 年，南通市生态用地总面积为 336 100.18 公顷，占全市土地总面积的 31.9%，河流、坑塘和沿海滩涂三者

表 1-6    2014 年南通市土地利用现状表

| 土地利用类型 | | | 面积（公顷） | 比重（%） |
|---|---|---|---|---|
| 农用地 | 耕地 | | 442 942.22 | 41.99 |
| | 园地 | | 23 715.93 | 2.25 |
| | 林地 | | 437.53 | 0.04 |
| | 牧草地 | | 0.00 | 0.00 |
| | 其他农用地 | | 129 160.10 | 12.24 |
| | 农用地合计 | | 596 255.78 | 56.52 |
| 建设用地 | 城乡建设用地 | 城镇用地 | 40 632.58 | 3.85 |
| | | 独立工矿用地 | 3 380.07 | 0.32 |
| | | 农村居民点用地 | 138 682.37 | 13.15 |
| | | 小计 | 182 695.02 | 17.32 |
| | 交通水利用地 | 交通运输用地 | 19 071.61 | 1.81 |
| | | 水利设施用地 | 6 224.43 | 0.59 |
| | | 小计 | 25 296.04 | 2.40 |
| | 其他建设用地 | | 1 669.32 | 0.16 |
| | 建设用地合计 | | 209 660.38 | 19.87 |
| 其他土地 | 水域 | | 242 753.92 | 23.01 |
| | 自然保留地 | | 6 254.62 | 0.59 |
| | 其他土地合计 | | 249 008.54 | 23.60 |
| 土地总面积 | | | 1 054 924.7 | 1.00 |

占全市生态用地总面积的 90% 以上。全市生态格局总体上较为单薄，特别是内陆地区生态空间多以线状为主，稳定性与影响力较差，生态调节功能相对较弱。

4）海域面积广阔，沿海滩涂开发潜力较大。南通市海岸线长，海岸带面积达 1.3 万平方千米，沿海滩涂资源丰富，滩涂围垦开发历史悠久。"十一五"和"十二五"期间，全市已实施围垦滩涂面积 2.75 万公顷，其中建设用海面积为 1.64 万公顷，占围垦总面积的 59.6%。随着江苏省沿海开发上升为国家战略，沿海港口建设日新月异，沿海地区进入新的发展阶段，丰富的海域资源为南通市在沿海开发中提供了重要的资源支撑。

# 1.2.2    土地利用存在的问题

## 1.2.2.1    耕地保护任务基本完成，但保护压力日渐增大

2012 年，南通市基本农田面积为 426 338.4 公顷，现行规划中全市实际划定基本农田保护面积为 427 226.3 公顷，其中落实上级规划下达的保护目标 425 900.0 公顷。总的看来，南通市通过划定基本农田保护区、逐步建立基本农田台账以适时监测基本农田保护情

况等手段，较好地落实了基本农田保护任务。但是，随着经济社会的跨越式发展，基础设施建设、城镇拓展及产业的发展，新增建设用地还会占用大量耕地资源；同时现代农业发展和生态建设也需要调整部分耕地，将进一步加剧耕地面积减少。1997～2005年全市新增建设用地占用耕地比例为56%，2005～2012年该比例为48%，虽然占用比例略有下降，但是耕地仍然是新增建设用地的主要来源。2005～2012年全市建设用地占用农用地15 585公顷，其中耕地12 401公顷，建设用地占用耕地指标使用进度为113.0%。

如图1-5所示，近年来，建设用地占用农用地和耕地面积呈现先减后增的态势，2012年分别占用2695公顷和1917公顷。且南通市基本农田保护率居高不下，2012年基本农田保护率为95.53%，规划到2020年下降至93.14%，基本农田保护率仅下降2.39%，这给基本农田保护也带来了较大的压力。虽然全市耕地后备资源较多，但生态环境约束加大，一定程度上制约了耕地资源补充的能力。从各县（市、区）情况看，2006～2012年，建设用地占用耕地指标较严重的地区为如皋市、海门市与海安县，其建设用地占用耕地指标使用进度分别达264.8%、206.9%与159.5%，建设用地占用耕地指标较少的地区为港闸区、崇川区与开发区，其建设用地占用耕地指标使用进度分别为75.3%、59.0%与47.7%。可见，外围县（市、区）耕地保护的压力更大，补充耕地要求更高。但是，由于外围县（市、区）耕地产出效益较低，不断下降的耕地面积和建设用地占用的现象对南通市稳定粮食产量造成双重压力。

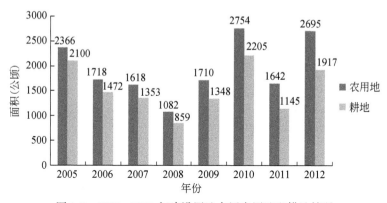

图1-5　2005～2012年建设用地占用农用地和耕地情况

#### 1.2.2.2　建设用地指标使用整体超标，外围县（市、区）超出情况更为严重

根据《南通市土地利用总体规划（2006—2020年）中期评估报告》，规划到2020年土地建设用地总量控制在201 093.0公顷，而2012年其实际总量已经达到201 967.1公顷。从建设用地总量上看，整个南通市已经处于"无地可用"的境地，这给"总量天花板"控制下的土地利用模式提出了挑战。对于南通市而言，受滩涂围垦因素影响，实际土地面积是不断增加的，同样的开发强度下，不同的土地面积会带来不同的建设用地总量。2005～2012年，南通市土地面积从1 053 439.9公顷增加至1 054 934.7公顷，增加了1494.8公顷，这部分增加的面积主要是通过滩涂围垦实现的。因此，在实际规划和使

用过程中，如果考虑以"开发强度天花板"代替"总量天花板"控制，将会给南通市增加建设用地指标，在一定程度上缓解指标使用超标的现象。其中，城镇工矿用地剩余指标较多，而农村居民点用地整体超标。原因是近年来南通市经济发展速度较快，农民收入不断增加，大量新建、扩建农村住房。在新建农村住房的同时，原有的住房并未拆迁掉，出现"建新不拆旧"的现象。由于农村居民点比较分散，管理难度较大，因而导致农村居民点用地严重超标。

从各县（市、区）情况看，如皋市、如东县、海安县等县（市、区）经济发展速度较快，如图1-6所示，近年来GDP增速基本高于全市平均水平，其建设用地总量均呈现超标态势。这也说明随着沿海开发的不断推进，开发建设对建设用地的供给需求加大。早期的规划可能没有充分考虑这种因素的影响，因而对沿海县（市、区）分配的指标偏少（图1-7）。

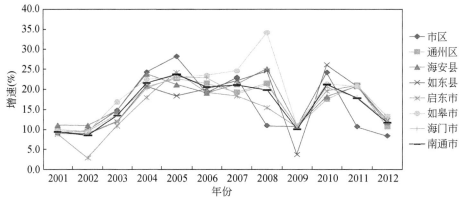

图1-6　2001～2012年南通市各县（市、区）GDP增速

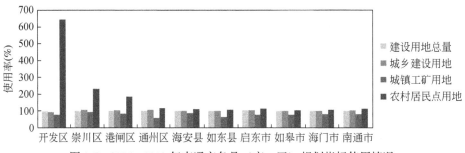

图1-7　2006～2012年南通市各县（市、区）规划指标使用情况

### 1.2.2.3　后备土地资源丰富，但空间分布不均

虽然南通市建设用地扩张导致后备土地资源呈现明显的下降态势，但是水域、自然保留地等其他土地面积仍然较大。其中，沿海滩涂、内陆滩涂、坑塘水面、盐碱地等是主要的后备土地资源类型，而沿海滩涂又是最重要的后备土地资源类型，占全部后备土地资源

的近 2/3。随着沿海地区滩涂面积不断扩张，后备土地资源有充足的保障。由于各县（市、区）海岸线差异较大，后备土地资源的空间差异较为明显，如东县后备土地资源最多，占全市的比例超过一半；其次为启东市和通州区，后备土地资源占全市的比例分别为17.57% 和 13.73%；其余各县（市、区）的后备土地资源数量相对较少（表1-7）。具体而言，后备土地资源主要集中于沿海地区，空间分布较为集中；内陆地区相对较少，空间分布较为分散（图1-8）。大量的滩涂围垦为农业生产、城镇建设和产业发展提供了充足

表 1-7　2012 年南通市后备土地资源数量及分布

| 地区 | 坑塘水面 | 沿海滩涂 | 内陆滩涂 | 盐碱地 | 沙地 | 裸地 | 合计（公顷） | 占比/% |
|---|---|---|---|---|---|---|---|---|
| 南通市 | 49 874 | 126 396 | 4 194 | 5 222 | 0 | 4 | 185 690 | 100.00 |
| 南通市区 | 1 601 | 0 | 82 | 0 | 0 | 0 | 1 683 | 0.91 |
| 海安县 | 2 804 | 4 028 | 1 | 76 | 0 | 0 | 6 909 | 3.72 |
| 如东县 | 14 408 | 80 738 | 1 | 1 214 | 0 | 3 | 96 364 | 51.90 |
| 启东市 | 4 463 | 23 596 | 673 | 3 896 | 0 | 0 | 32 628 | 17.57 |
| 如皋市 | 6 776 | 0 | 681 | 0 | 0 | 1 | 7 458 | 4.02 |
| 通州市 | 7 386 | 17 198 | 909 | 0 | 0 | 0 | 25 493 | 13.73 |
| 海门市 | 12 436 | 836 | 1 847 | 36 | 0 | 0 | 15 155 | 8.16 |

图 1-8　南通市后备土地资源空间分布图

的空间保障，使沿海地区成为南通市后备土地资源的集中分布区。然而，与海洋资源丰富相对应的，是陆地资源紧缺，发展空间严重不足。通过前面的分析也可以看出，经济社会发展导致建设空间快速扩张，部分县（市、区）的规划指标已经使用殆尽，难以有效支撑城镇建设和产业发展的需求。从现在情况上看，南通市并未形成统筹陆海土地资源、推动城镇建设和经济发展的局面，沿海地区土地资源优势未得到有效发挥，内陆地区土地资源紧张的问题尚未得到解决。充足的后备土地资源为经济社会发展提供了土地资源保障，而后备土地资源与既有空间开发区域的空间分离又给未来的开发建设带来了一定的障碍。

### 1.2.2.4 城镇用地集约利用水平有所提升，但利用效益仍然偏低

南通市长期关注城镇建设用地的节约集约使用工作，城镇工矿用地空间分布较为集中，用地节约集约利用水平较高。2012 年，南通市人均城镇工矿用地面积为 101.89 米$^2$/人，城镇工矿用地集约利用实施情况较好，部分县（区、市）已完成《南通市土地利用总体规划（2006—2020 年)》设定的到 2010 年南通市人均城镇工矿用地控制在 109 平方米的标准。但是，与上海、苏南等经济社会发展水平更高的地区相比，与南通市自身规划目标相比，南通市建设用地的产出效益较差。2012 年，南通市单位建设用地 GDP 为 224.01 万元/公顷，与到 2020 年实现建设用地效益达到或超过 459 万元/公顷的目标有较大差距；在 2011 年江苏全省单位建设用地二产产业增加值比较中（图 1-9），南通市仅高于苏北五市，是江苏全省沿江八市中产出效益最低的地市。这主要是因为南通市产业层次相对低端，产品附加值低，单位面积建设用地产出较低；其次是因为许多开发区远离母城，独立设置，开发区的整体规划与建设都是按照城市模式来设计的，造成开发区用地结构中，工业用地比重偏低，有的仅占全区土地面积的 20% ~40%，大量的用地被生活、绿化、公用建设用地和其他用途用地占用，一定程度上抑制了开发区土地集约利用水平的提高；最后是因为工业园区规划过大，土地开发利用率较低，大量土地处于闲置状态。根据 2012 年《国家级开发区土地集约利用评价情况》结果综合排序，南通经济开发区在江苏全省所有的国家级开发区、高新区中排名第 15 位（表 1-8），远低于苏南地区的大部分开发区。随着未来建设用地大规模扩张，建设用地节约集约利用存在较大的压力，同时如何提高建设用地产出也是未来需要解决的重点问题。

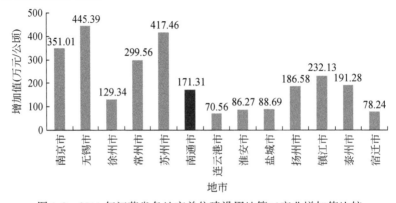

图 1-9　2011 年江苏省各地市单位建设用地第二产业增加值比较

表 1-8  2012 年江苏省国家级开发区和高新区集约利用水平排名

| 开发区名称 | 全国排名 | 江苏排名 |
|---|---|---|
| 无锡高新技术产业开发区 | 11 | 1 |
| 苏州高新技术产业开发区 | 15 | 2 |
| 昆山高新技术产业开发区 | 16 | 3 |
| 江阴高新技术产业开发区 | 18 | 4 |
| 江苏张家港经济技术开发区 | 19 | 5 |
| 南京高新技术产业开发区 | 20 | 6 |
| 昆山经济技术开发区 | 22 | 7 |
| 常州高新技术产业开发区 | 25 | 8 |
| 南京经济技术开发区 | 27 | 9 |
| 常熟经济技术开发区 | 28 | 10 |
| 锡山经济技术开发区 | 38 | 11 |
| 吴江经济技术开发区 | 39 | 12 |
| 扬州经济技术开发区 | 43 | 13 |
| 泰州医药高新技术产业开发区 | 44 | 14 |
| 南通经济技术开发区 | 48 | 15 |
| 镇江经济技术开发区 | 55 | 16 |
| 苏州工业园区 | 57 | 17 |
| 盐城经济技术开发区 | 74 | 18 |
| 淮安经济技术开发区 | 76 | 19 |
| 徐州经济技术开发区 | 85 | 20 |
| 江宁经济技术开发区 | 86 | 21 |
| 太仓港经济技术开发区 | 108 | 22 |
| 连云港经济技术开发区 | 121 | 23 |

## 1.2.2.5  农村居民点土地使用方式粗放，且农村土地整治难度较大

近年来，南通市大力实施城乡土地资源统筹开发与利用，通过土地整治、增减挂钩等方式统筹利用城乡土地资源，效果明显。2006~2012 年，农村居民点面积占城乡建设用地面积的比重持续下降，从 82.10% 下降至 75.44%，但是其绝对面积仍然呈现快速增加的态势，共增加了 7648.8 公顷，占全部城乡建设用地增量的近 1/3。受农村居民点面积增加和乡村人口数量下降因素影响，人均农村居民点面积居高不下，2011 年南通市人均农村居民点面积为 428 平方米，在江苏省排首位（图 1-10）；2012 年南通市人均农村居民点面积高达 444.94 平方米，远超出《镇规划标准》（GB 50188—2007）中 140 米²/人的标准，2012 年南通市农村居民点分布情况见图 1-11。南通市农村居民点土地使用较为粗放，主要原因如下：首先，村庄规模小。2011 年南通市有乡镇 93 个，行政村 1368 个，平均每个

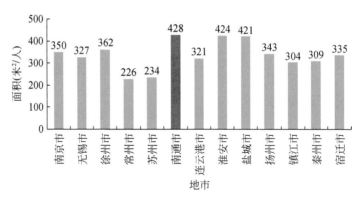

图 1-10　2011 年江苏省各地市人均农村居民点面积

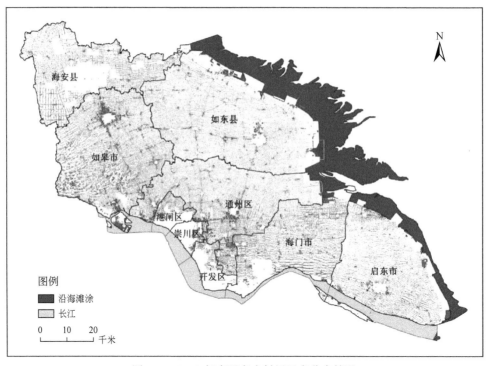

图 1-11　2012 年南通市农村居民点分布情况

乡镇有 14.7 个行政村，村民小组为 39 830 个。全市大部分地区没有形成中心村，很难找到有上百户集聚式的组团村庄。其次，农村居民点布局分散。受就近耕种观念影响，农村居住分散的问题一直没有得到有效解决，"逐水而居""沿路而建"的观念依然沿袭至今。农村村庄布局的主要形式有：以道路、河流为主线，呈"一"字式排布；以道路、河流为中轴线，呈"非"字式排布；以历史形成的原宅基为中心的小型的组团式散落群居，主要集中在内陆地区。这就导致单位面积道路等基础设施的服务人数有限，加大了基础设施用地数量。再次，农户宅基地面积偏大。受传统观念影响和经济条件限制，加之早期滩涂围垦阶段土地资源相对充足，农村住宅呈现"有天有地，单门独户"模式，庭院面积较大，屋前屋后有大面积土地用作园地或菜地。长期以来农村居民点规划偏弱，导致了农村居民点自由、散漫发展的现象较为严重。随着农村居民收入提高，当地居民大量新建、扩建房屋，"建新不拆旧"的现象较为严重。最后，随着城镇化进程加快，大量农业转移人口在城镇工作生活，但是农村的房子仍然留在那里，导致了大量"空心村"的产生，这也无形中加大了人均居民点的面积。

从数据情况看，南通市农村居民点整治的潜力较大，但是，农村居民点土地整治成本较高，使农村居民点整治难度较大。从经济可行性角度看，按照《南通市土地利用总体规划（2006—2020年）中期评估报告》①计算，平均每盘活一公顷建设用地的费用约为1000万元，而填海造陆每公顷总成本不到15万元。也有研究表明，2005年左右，包括南通在内的苏中地区农村居民点整治成本为300~400元/米²，折合300万~400万元/公顷，当前的整治成本将更大。巨大的成本投入和捉襟见肘的财政支出难以支撑南通市大规模的农村居民点整治。从农户意愿看，根据2005年南通市农户访谈结果，虽然80%以上的农户认为农村居民点整治会带来诸多益处，但是真正愿意参与农村居民点整治的仅占31.1%（表1-9）（苟秋杨，2009）。2012年，研究者在启东市吕四港镇33个村发放了基层乡镇干部和农户调查问卷，结果表明仅有41.5%的农户愿意进行土地整理，而58.5%的农户则不愿意进行整理搬迁（邵子南等，2013）。党的十八大报告指出，要推进农村土地制度改革，提高农村在土地增值收益中的分配比例，这也给未来开展农村居民点整治增加了难度。

**表1-9 南通市农户不愿参加农村居民点整治的原因及占比**

| 排序 | 原因 | 人次（人） | 占比（%） |
| --- | --- | --- | --- |
| 1 | 影响耕作 | 198 | 82.8 |
| 2 | 不习惯新住处 | 134 | 56.1 |
| 3 | 不愿意放弃祖业 | 58 | 24.3 |
| 4 | 缺少邻里关系 | 44 | 18.4 |
| 5 | 不方便照顾老人 | 15 | 6.3 |
| 6 | 其他 | 4 | 1.7 |

### 1.2.2.6 沿海土地资源丰富，但产业和城镇集聚尚需逐步推进

1.2.2.3节中的分析指出，未来南通市的后备土地资源主要集中于沿海地区，但是与现阶段的经济社会发展格局相比，土地资源供给与需求不是很匹配。沿海地区土地资源丰富，但产业发展的基础条件较差；内陆地区产业发展基础较好，发展潜力高，但是土地资源制约明显。虽然"十一五"及"十二五"期间，南通市大力推进江海联动，实施优江拓海战略，引导产业向沿海地区集中，但从现实情况看，沿海产业布局和陆海产业统筹发

① 《南通市土地利用总体规划（2006—2020年）中期评估报告》第45页指出，南通市11个试点项目区总规模近2万公顷，计划总投资超过300亿元，需搬迁农民5.1万户，安置农民17.39万人。试点工程全部实施完成后，通过农村建设用地复垦和土地整理，可新增农用地面积3706.7公顷、新增耕地面积4253.3公顷，预计安置区建设需占用农用地约666.7公顷，实际可盘活农村存量建设用地3000公顷，农村建设用地节约率达到81%。

展仍存在较大的问题与障碍，主要体现在：其一，中心城区和沿江地区污染排放量较大，化工产业或者占地空间较多的制造业并未向沿海地区转移，沿海地区港口和产业联动发展的局面尚未形成，沿海地区尚未形成承接产业转移的良好局面；其二，基础设施的连贯性、网络化程度较差，陆海基础设施组合效应和整体优势尚未发挥，沿海地区交通基础设施尚未健全，港口集疏运体系尚未形成；其三，陆海城镇体系布局不协调，沿海地区城镇发育不健全，配套能力较差，产业化与城镇化互动少，人口仍然持续外流。受此影响，沿海县（市、区）（主要是指如东县和启东市）的经济增长速度并未明显高于全市平均水平和内陆县（市、区）（图 1-12）。此外，从各县（市、区）的建设用地的产出效益看，市区中的崇川区、开发区、港闸区单位建设用地第二、第三产业增加值较高，其次分别为海安县、海门市、启东市、通州区、如皋市和如东县。可见，在一段时间内，沿海地区并不具备产业集聚的条件和优势，需要将部分建设用地指标向内陆地区转移。

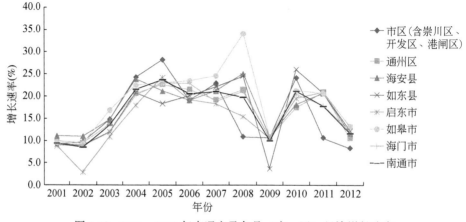

图 1-12 2001～2012 年南通市及各县（市、区）经济增长速度

### 1.2.2.7 围垦滩涂开发利用方式较为粗放，开发利用效率较低

江苏大陆海岸线长约为 954 千米，沿海地区独特的动力地貌孕育了大量的沿海滩涂，未围滩涂总面积为 50 万公顷，约占全国的 1/4。其中，南通市又是江苏省沿海滩涂资源最为丰富的地市，也是江苏省沿海滩涂围垦的重点区域。滩涂围垦为江苏和南通沿海经济发展、缓解人口增长压力、保持耕地动态平衡等方面做出了重要贡献。从现在的情况看，南通市滩涂围垦的利用方式较为粗放，主要表现在：首先，滩涂围垦规模不断扩大，围垦滩涂用途从主要用于农业、渔业生产向主要用于港口、园区、城镇建设转变。其次，围垦滩涂的开发利用效率较低，"围而不用"现象突出，尤其是"十一五"以来的围垦滩涂中，大部分处于闲置状态。未来需要科学规划滩涂围垦与开发利用，将围垦与利用在空间、时序上有机结合，减少"围而不用""围而乱用"的现象发生。

### 1.2.2.8 滩涂围垦范围和强度不断增大，生态环境破坏较为严重

近年来，滩涂成为区域开发建设的重要土地和空间资源保障，滩涂围垦范围不断扩

大，建设用海比例不断增大。从围垦规划看，除河口地区外，整个南通市的自然岸线已经剩余不多，其余大部分自然岸线已经被围垦或者计划被围垦。大尺度的围垦和高强度的开发带来诸多生态环境问题。首先，沿海滩涂是重要的生物栖息地和鸟类迁徙中转站，部分围垦区，尤其是建设用海与区域重要生态功能区在空间上是冲突的，滩涂围垦使其栖息地面积不断萎缩，港口建设、道路修建、园区布局等更对生物生存和鸟类迁徙造成严重干扰。其次，海岸冲淤平衡受到破坏，自然滩涂面积不断萎缩。一方面，河口建闸、河水大量使用等行为导致入海水量、沙量发生变化，滩涂自然生产速度减慢；另一方面，随着人工促淤的实施，围涂工程的周期越来越短，滩涂围垦速度远大于其自然生长速度。受此影响，滩涂生态系统长期被扰动和破坏，而围垦区外新滩涂的淤涨和生态系统的恢复均需要较长的时间，这造成滩涂生态系统的退化及生态服务功能的损失。再次，滩涂湿地除了受围垦工程的影响外，沿海城市建设和港口开发也对其造成大面积的损失与破坏，陆源及滩涂区域工业、生活污水和农业面源等污染物的大量排放，给海岸湿地和近岸水域造成了污染，引起了湿地生物的消亡和环境质量的恶化。因此，未来沿海滩涂的开发需要以生态化的方式进行，既要慎重控制总体的开发建设强度，又要强化不同区域的空间管制，选择生态环境负面影响小的区域进行。

### 1.2.2.9 海涂资源管理混乱，开发过程中矛盾冲突频发

虽然南通市海涂资源的管理得到了明显的改善，但是与陆域土地资源相对明确的管理主体和比较清晰的管理方式相比，滩涂及围垦形成的土地资源管理主体较多，由此产生的多种管理方式相互交错，难以理清。这给陆海土地资源统筹利用形成了严重的制约。陆海统筹发展涉及面广，在管理对象上既有海域又有陆域，涉及众多行业、部门。南通市陆海统筹协调的体制机制尚未建立，涉及资源开发、环境保护、海上执法等方面的部门职能交叉较大，海洋经济与陆域经济各自为政，缺乏有效的沟通协调机制，在岸线开发、滩涂围垦、港口建设、污染防治、基础设施建设等方面统筹管理能力还非常欠缺。此外，统筹陆海的顶层规划缺失，不同规划在空间布局上彼此交叉，甚至会出现相互冲突、争抢岸线、浅海滩涂和近岸海域空间的情况，陆海产业空间布局不协调，同构现象严重，长期发展不利于陆海资源的有序开发和生态环境保护，对沿海地区整体竞争力的提升也会产生不良的影响。在围填海土地的管理上，滩涂资源开发管理也处于一种条块分割的状态，既有当地政府与市政府、省政府的协调，又有国土、海洋、农业、水产、水利、盐业、环保、财政、交通等多部门的交叉管理，以及由此而来的使用权、开发权、收益权等权利归属不清，造成了开发的混乱，导致短期开发行为、哄抢滩涂资源等现象。各县（市、区）交界外延辐射沙洲，因没有明显边界，各自为政、随意开发。根据《中华人民共和国海域使用管理法》中海域使用权用途与年限等规定，"港口、修造船厂等建设工程用海五十年"，"旅游、娱乐用海二十五年"等，与海洋部门实际批准的"造地工程用海""城镇建设填海造地用海"等概念不同。再加上围填海规划与土地利用总体规划客观上衔接不够、土地管理和海洋管理程序和要求不同，导致国土部门在土地证换发过程中确实存在重复交叉和矛盾，迫切需要进一步梳理部门职能范畴，以适应不动产统一登记的要求。

## 1.2.3 土地利用面临的挑战

### 1.2.3.1 加大建设用地供给保障

受工业化和城镇化双重因素的影响，产业发展、基础设施建设和城镇人口集中等将导致建设用地的快速增长，未来仍然需要大量的建设用地作为保障。从目前规划的实施情况来看，现有规划控制指标已经难以支撑未来经济社会发展的需求，而建设用地的生产效率又难以快速提高。因此，寻求新的建设用地供给保障，是南通市陆海统筹土地利用所面临的关键挑战之一。

### 1.2.3.2 切实保护耕地和基本农田

受到经济社会快速发展影响，南通市未来建设用地快速扩张将继续占用大量的耕地资源。这些被占用的耕地资源一般集中在中心城区和县城周围，水土条件优越，生产力较高。补充的耕地主要集中在沿海地区，土地生产能力较差。因此，如何从数量、质量上寻求平衡，以避免全市粮食生产能力的明显下降，同时满足城市建设和产业发展的需求，是摆在耕地和基本农田保护面前的重要挑战。

### 1.2.3.3 推进滩涂生态化开发利用

滩涂资源丰富是江苏省和南通市的优势，但是滩涂资源重要的生态功能也给滩涂开发利用添加了一道"紧箍咒"。滩涂围垦和开发利用是一项系统工程，必须计算生态环境账，而不能仅看经济效益。虽然有滩涂围垦的"622"原则（即围垦的土地60%用于农业、20%用于生态、20%用于建设）可供参考，但是具体到南通市，如何从数量、时序、用途、布局等方面进行科学规划，确定滩涂围垦与开发利用计划，以切实保护重要生态功能区和海岸带、近海生态安全，同时为区域发展提供空间资源保障，是摆在滩涂开发利用方面的关键挑战。

### 1.2.3.4 统筹陆海资源利用和产业发展

对产业发展而言，内陆地区和沿海地区具有各自独特的优势条件。内陆地区经济发展基础好，基础设施配套完善，城镇和人口支撑能力强，最大的制约条件为土地资源和环境容量有限。对沿海地区而言，土地资源和环境容量是最大的优势条件。内陆和沿海的资源禀赋适合不同类型的产业发展。如何充分发挥内陆和沿海地区的资源优势，统筹推动内陆地区产业转移和转型升级、沿海地区承接产业转移和产业规模集聚，是摆在区域产业统筹发展和空间格局优化方面的挑战。

### 1.2.3.5 创新陆海资源统筹开发管理机制

统筹协调的管理方式对土地资源配置和管理起到重要的推动作用。对陆域土地资源而言，城乡土地资源统筹、建设用地二次开发和集约利用等方面存在诸多体制障碍，影响了土地资源集约节约使用。对海域资源的开发利用而言，涉及部门众多和管理方式不清晰是主要的问题。南通市陆海统筹协调的体制机制尚未建立，涉及资源开发、环境保护、海上执法等方面的部门职能交叉较大，海洋经济与陆域经济各自为政，缺乏有效的沟通协调机制，在岸线开发、滩涂围垦、港口建设、污染防治、基础设施建设等方面统筹管理能力还非常欠缺。因此，创新体制机制是统筹开发陆海土地资源的核心挑战之一。

## 1.2.4 土地利用发展的机遇

1）陆海统筹获得国家认可，推动土地利用与规划瓶颈的突破。南通市抢抓国家实施陆海统筹发展的战略机遇，以获批国家陆海统筹综合改革试点为契机，有机整合陆域与海洋优势，推进重点领域和关键环节的改革，将政策优势、资源优势变为竞争优势，为南通市新一轮发展注入新的活力。在全面推动陆海统筹发展的背景下，一系列政策的创新和管理体制机制的改革也为全市土地利用与规划管理瓶颈的突破提供了有力的支撑，开辟了新的空间。

2）国家战略的叠加效应逐步释放，促进国土空间格局调整优化。南通市处于"江苏沿海开发"和"长三角区域发展"两大国家战略的叠加区，随着国家战略的深入实施，南通市将发挥"支撑长三角、拓展大上海、带动长江北、辐射中西部"的独特作用，在江海联动、跨江合作、江海开发等方面取得历史性的突破。在加速形成大交通构架，加速提升大港口功能，加速增强大载体功能的发展态势下，通过实施陆海统筹发展，使国土空间格局进一步调整优化获得了一个巨大的机遇和更为广阔的空间。

3）新型城镇化和生态文明建设，助力陆海空间协调开发。国家实施新型城镇化和生态文明建设，将有助于推进沿海城市陆海空间协调开发。南通市实现新型城镇化的过程必须坚持推进陆海联动发展，把海洋资源与陆域资源有机结合起来，按照生态优先的原则，统筹陆海资源利用、国土空间、城乡发展、产业升级、配套服务和辐射带动能力，实现陆域国土空间与海洋国土空间的协调、持续开发。

4）江苏省全面推进节约集约用地，促进土地利用方式转变。江苏省将节约集约用地"双提升"行动定格为全省战略，在更高层次上探索建立具有江苏特色的节约集约用地模式。随着陆海统筹发展战略的深入实施，南通市通过划定城市开发边界、优质耕地保护红线和生态保护红线，有助于推动土地利用向"控制总量、优化增量、盘活存量、用好流量、提升质量"的方向转变，从根本上破解土地资源短缺与经济社会发展之间的矛盾，实现节地水平和产出效益"双提升"的目标。

# 1.3 陆海统筹需要解决的问题

## 1.3.1 陆海空间统筹优化布局问题

南通市滨江临海，陆海资源优势和开发潜力巨大，随着江海联动，优江拓海战略的大力实施，陆海统筹发展的基础逐步成熟，陆海资源的互补性、产业的互动性、经济布局的关联性逐步增强。同时，陆海空间布局的不均衡性也逐步凸显，并对全市产业发展、城镇化建设、交通体系建设、耕地和基本农田保护及生态功能布局产生深刻的影响。

一是全市陆海产业布局不协调，沿海产业与内陆产业互动少，资源配置不均衡，产业链延伸效果较差；二是陆海城镇体系布局不协调，产业化与城镇化互动少，城镇发展缺乏产业带动与支撑；三是陆海基础设施布局不协调，基础设施的连贯性、网络化程度较差，陆海基础设施组合效应和整体优势尚未发挥。此外，在耕地和基本农田布局上，内陆与沿江沿海互动效果差，缺乏政策支撑和有效的运作机制。因此，南通市总体上还处于海陆统筹发展的初级阶段，目前主要应解决如何将陆域自身优势与海洋资源优势高效结合的问题，通过培育海洋优势产业和优化海陆产业布局，实现生产要素和海洋产业的区域性集聚及产业结构的优化升级。下一步，陆海统筹的高级阶段主要强调海洋经济和陆地经济的高度统筹，旨在解决如何通过市场、政策机制实现生产要素在海域与陆域间的充分流动的问题，渐进式地完成经济技术的区域梯度转移，实现海陆优势互补，优化空间布局。

从本质上来看，陆海空间布局的失衡主要是海陆间生产要素流动不足，而消除陆海二元空间结构问题的原始"病灶"在于要素流通渠道的稳定程度与要素流动的顺畅程度。陆海统筹也应"对症下药"，进行要素流动渠道的制度设计，以具有巨大发展潜力和带动作用的海洋产业为突破口，不断延伸和扩展优势产业链条，实现其与陆域产业的有效链接，从而带动陆域产业的跟随式发展，继而顺利完成海陆产业在空间上的优化布局、互促互利、互动互补，形成海陆要素配置最优、系统产出最大化的海陆统筹发展空间格局。

## 1.3.2 陆海资源统筹优化配置问题

南通市海洋资源丰富。按照《江苏省沿海滩涂围垦开发利用规划纲要》安排，规划期间南通市可围垦土地面积为124.5万亩，占全省总围垦土地面积的46%。"十一五"期间，南通市围垦土地面积为29.26万亩，农业和建设用途围垦土地面积分别为13.70万亩和15.56万亩，分别占全省总围垦土地面积的47%和53%，主要集中在滩涂资源丰富、围垦历史悠久的如东县和启东市。

与海洋资源丰富相对应的是陆地资源紧缺，发展空间严重不足。全市陆域总面积为8001平方千米，人口为765万，人口密度约为1000人/千米$^2$，是全国人口密度最大的地区之一。同时，人均耕地面积不足0.9亩，是江苏全省沿海地区人地矛盾最突出、用地压力最大的地级市。经过多年的高强度开发利用，南通市陆域资源逐步减少，耕地后备资源和用地空间资源日趋不足，对经济社会发展的制约越来越明显。

因此，通过陆海资源统筹优化配置，促使海域与陆域资源开发相衔接，形成陆海互促的发展局面成为首要关注的核心问题。南通市资源开发的历程表明，陆域经历了长期的投入开发，现已具备资金雄厚、技术先进、管理成熟等条件，能够为海域资源开发利用提供资金、技术等多重保障。统筹考虑陆域资源和海域资源的稀缺性、区域性，以及海域资源整体性、多宜性等特点，从陆域资源需求的紧迫性、海域资源的丰富潜力和陆海资源差异性等多方面因素出发，构建陆海资源统筹优化配置的体制机制，使其成为推进海域资源高效利用、加快陆海产业发展的首要前提。

## 1.3.3 陆海管理统筹协调机制问题

陆海统筹发展涉及面广，在管理对象上既有海域又有陆域，涉及众多行业、部门。作为利益主体的各有关行业部门和各级地方政府，根据各自发展目标进行规划和开发，因各自发展阶段的差异而具有不同的价值取向。因此，建立有效的综合管理协调机制是推进陆海统筹发展的重要基础。

目前，南通市陆海统筹协调的体制机制尚未建立，涉及资源开发、环境保护、海上执法等方面的部门职能交叉较大，海洋经济与陆域经济各自为政，缺乏有效的沟通协调机制，在岸线开发、滩涂围垦、港口建设、污染防治、基础设施建设等方面统筹管理能力还非常欠缺。例如，围填海造地的全程管理工作中，由于缺乏相应的协调机制，土地行政主管部门与海洋行政主管部门的沟通管理明显不足，因此建设用海新增土地的权属管理难以有效落实。

# 第 2 章　国内外陆海统筹经验与启示

本章选取沿海发展领先国家的奥克兰、汉堡、勒阿佛尔、鹿特丹、东京湾这五个综合发展实力较强并处于陆海统筹发展不同阶段的沿海城市及地区作为重点研究对象，从城市基本情况、陆海统筹的背景、城市发展历程、陆海统筹的实践内容及其所在国家的其他相关实践和陆海统筹组织管理几个方面，探寻国外陆海统筹的实践经验及教训，发现虽然国外陆海统筹概念并不明确，但其作为一个全要素的统筹过程，已经在生态、经济、社会等多个要素的一体化方面有所体现。国内则选取山东东营、浙江舟山、广东湛江、天津滨海新区四个案例从城市发展概况、主要做法和成效及存在的问题三个方面进行分析，国内的陆海统筹主要以发展规划的形式进行，更多关注经济发展，试点目的多在于获得相应配套政策支持。

## 2.1　国外陆海统筹案例研究

### 2.1.1　国外案例概况

本章选取美国、德国、法国、荷兰、日本五个沿海发展领先国家的奥克兰、汉堡、勒阿佛尔、鹿特丹、东京湾这五个综合发展实力较强、处于陆海统筹发展不同阶段沿海城市及地区作为重点研究对象（图2-1），探寻国外陆海统筹的实践经验及教训。

### 2.1.2　国外案例研究

#### 2.1.2.1　美国奥克兰

美国海岸线长度超过13万千米，75%的美国人口集中居住在离岸约80千米以内的区域，美国的社会、经济、环境的发展与保护同陆、海开发息息相关。同时，美国较早即开展了海岸带及陆海开发等方面的综合研究，在沿海发展领域处于国际领先地位。本节选取美国奥克兰作为主要研究对象，同时介绍美国在沿海生态保护及开发管理等方面的相关实践。

（1）城市基本情况

奥克兰位于美国西海岸的加利福尼亚州，西临旧金山（圣弗朗西斯科）湾，与旧金山市隔海相望，是州内第四大城市，地处旧金山海湾地区中心，也是全美第六大都市区"旧

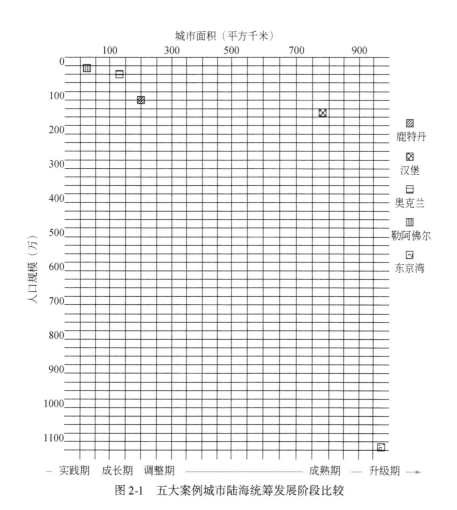

图 2-1 五大案例城市陆海统筹发展阶段比较

"金山—奥克兰"地区的心脏。奥克兰港是典型的峡湾港,是美国第四大集装箱港。奥克兰海岸线长为 6332 米,最大水深为 12.2 米。

(2) 陆海统筹的国家背景

1) 海岸带管理背景。20 世纪 60 年代,美国率先提出了"海洋和海岸带综合管理"的概念,后来,这一概念被国际社会接受,在 1992 年联合国环境与发展大会上被写入《21 世纪议程》。2004 年 9 月,小布什政府公布了《美国海洋行动计划》,酝酿启动海洋综合管理模式的构建。美国的领海、海岸带、海上专属经济区由联邦 20 多个机构根据 140 多项联邦法律实施管理,这些部门包括美国国防部、内政部、农业部、卫生及公共服务部、商务部、劳工部、交通部、能源部、国土安全部、国家环境保护署、行政管理与预算局、国家航空航天局和国家科学基金会等。尽管这些部门都有各自的职责分工,但也时常会出现交叉和重复。政府部门管理与区域行政管理的叠加导致职责分工不明确,职权交叉现象层出不穷。根据以行政边界划定管辖区域的管理模式,某一海洋区域的经济发展和海洋资源可能由若干个州、县、市政府共同管辖。而同一区域的污染控制和环境监测由若干个联邦或州机构执行。政府不同层级或不同部门的工作和利益取向不同,加之管理界线的人为分割,使得在同一区域内存在多个海洋管理主体,这些主体往往在行政划界的势力范围内各自为政、各行其是,结果使本来是有机整体的海洋区域变得支离破碎,从而损害了国家海洋管辖区域整体的发展。为了加强美国联邦政府高层对海洋政策实施、海洋综合管理的协调和领导,美国联邦政府开展新的海洋体制建设。

2)以生态系统为基础的综合管理模式。2009年9月,奥巴马政府颁布《美国政府部门间海洋政策工作组中期报告》,逐步建立以生态保护为核心的海洋综合管理机制。以生态系统为基础的综合管理模式主要包含两个要素。首先,以海洋科技的发展为基础,支持对海洋、海岸带的研究,其中包括基础的科学研究、基础设施和技术的发展、数据和信息管理的改善、预报和数据产品的改善、挽救生命和财产等具有重大社会利益的研究等。其次,突破行政区域界线,加强以生态系统为基础的区域协调。联邦机构在相同或不同的区域设有区域机构,同一件事情,几个地区组织都有类似或不同的管辖权,引发冲突。最典型的是区域项目逐个立项,很少考虑对流域生态系统及其他方面的累积影响。因此,从生态系统而非行政边界角度考虑和解决问题的方式越来越被接受。以切萨皮克湾为例,该海湾的环境状况恶化,引发了联邦机构、州、县、市政府携手,以海湾的生态系统为着眼点,共同解决整个海湾地区的水质问题和生物资源问题,产生了良好的效果。因此,新的国家海洋政策框架的一个重要组成部分就是这种以生态系统为基础的区域战略,鼓励区域各界的广泛参与,形成区域合作,解决实际的区域问题,实现共同确立的区域目标。这种区域组织还会起到促进联邦政府与州、县、市之间沟通与协调的作用。

(3)城市发展历程:港口带动工商业发展,造船业促进城市兴盛

奥克兰市以港口经济为主。自1927年建港以来,港口基础设施的着重建设为港口发展建立了良好的基础。第二次世界大战时期军事造船业的涌入极大地刺激了港口的发展,工商业迅速繁荣、交通和文化也相继迅速发展。形成了以电动设备、玻璃、化学、数控机械、儿童食品、汽车和生物制药为主的工业类型。

(4)陆海统筹的实践内容

1)港城交通联动:完善港区交通运输与公共设施。奥克兰港自建港以来,就十分注重基础设施的建设,通过提高港口集装箱运输能力、加大对航空和公共设施等领域的投资,发挥了连接国内与国外、沿海与内地的纽带作用,繁荣了奥克兰市的工业、商业和旅游业,强化了城市在美国国际贸易中的地位,并为奥克兰地区增强了经济活力。

2)生态保护:政府与企业联合,实施"挣水计划",保护海水资源,实现生产与生态的统筹发展。1992年奥克兰港口开始实施港口的"挣水计划"。为了提高全体人员的环境保护意识,保护旧金山海湾的海水资源,旧金山市政府联合了40多家临港企业,定期对港内作业区及包括车辆在内的基础设施、在建港口工程进行水样本的收集和分析工作,以确保奥克兰港口污染物不会流入旧金山海湾。1997年4月,港口又开发了气体质量监测项目,主要对收集的大气微粒排放数据进行跟踪研究。同时花费890万美元设立减少污染气体排放的项目。2000年1月,港务局颁布了港口可持续发展政策,要求港口投资建设和港口运营应该尽可能不对环境造成影响,并承诺港口将不断增加环境保护项目。

3）滨海开发：修建滨海公共空间，实现旅游发展与环境保护相协调。港口凭借自身强大的经济实力，充分利用港口天然的旅游资源，投资兴建一些公众滨海旅游、娱乐场所。1999年，奥克兰港口与市政府共同制定了奥克兰海口开发计划，即港口码头到机场之间的55千米的公共滨水地区的开发与建设项目。奥克兰港为城市兴建滨海公园和休闲广场，在美化环境的同时，目前已成为奥克兰市丰富的旅游资源，为城市旅游业的发展做出了突出的贡献。

（5）美国其他的相关实践

1）生态保护技术：河口湿地海岸的生态修复。入海河口湿地处于江河入海的海陆交界处，是两种截然不同的大生态系统在强烈作用下形成的高物质多样性和多功能的生态边缘区，而且由于河流、潮汐等作用，面积仍在向海扩展或收缩的一种特殊湿地，其土壤多为盐渍土壤或常受内涝渍水的影响。河口湿地对自然灾害和污染起到防御和控制作用。滩涂开垦养殖、围海筑堤、海港建设、沿海大通道建设和排汛，以及外来物种入侵等人为活动的影响及生态环境的变化，使生态系统和生态平衡变得极为脆弱。采用人工方法恢复和重建湿地是海岸带生态恢复的重要措施。在美国得克萨斯州（Taxas）加尔维斯顿（Galveston Bay）海湾，利用工程弃土填升逐渐消失的滨海湿地，当海岸带抬升到一定高度，就可以种植一些先锋植物来恢复沼泽植被。在路易斯安娜萨宾自然保护区和得克萨斯海岸带地区，利用"梯状湿地"技术，在浅海区域修建缓坡状湿地，湿地建好后在上面种植互花米草及其他湿地植被，修建梯状湿地可以减弱海浪冲击、促使泥沙沉积、保护海滩，同时也可以为海洋生物提供栖息地。

2）生态保护政策：自然海滩保护。美国佛罗里达州2006年9月发布的《佛罗里达的海岸带和海洋的未来经济和环境领导力的蓝图》中明确表示，州政府应该让离岸石油开采远离佛罗里达州经济价值高昂的海滩，结束过度捕捞，保护海洋和海岸带的生态系统。不主张对海岸带自然资源进行过多的开发，如建设人造海滩和海堤。这些人造工程降低了风景的美感，人造海滩没有自然海滩所拥有的多样化的生态系统，与岩石天然形成的海岸相比，海堤并没有起到对生态系统的保护作用，对海岸进行工程化很昂贵，后续维护成本高昂。因此，在美国的某些州，如北卡罗来纳州和缅因州，为了能让海岸带发挥自然功能，禁止筑造海堤。

3）生态保护政策：湿地"零净损失"。美国是世界上湿地面积较大的国家之一，19世纪上半叶约有2.2亿英亩的湿地。但是1850~1950年，由于开发加剧，美国丧失了约一半的湿地面积。此间，淡水湿地的损失主要是其转变为农业生产用地造成的，海岸湿地（即沿海滩涂）的损失一半以上是疏浚、建造码头、船舶和运河开发，以及侵蚀作用造成的。较高的湿地损失引起了美国社会各界的高度重视，因此美国就通过立法对湿地（包括滩涂湿地）的开发许可、补偿等进行了规定，并制定了湿地"零净损失"的目标。所谓湿地"零净损失"，是指任何地方的湿地都应该尽可能受到保护，转换成其他用途的湿地数量必须通过开发或恢复的方式得到补偿，从而保持甚至增加湿地资源基数。"零净损失"并非要求不得开发湿地或沿海滩涂，相反，它允许被开发，只是开发的前提是需要准备好置换的湿地或滩涂。基于湿地"零净损失"的目标，美国政府制订了两个农业计划以保证对湿地的恢复。一个是保护储备计划，这一计划使那些已被转变成种植用途的湿地得以退耕10年；另一个是湿地储备计划，这一计划的主要目的是购买那些已被转为作物生产的湿地的永久地役权，并使它们恢复。

4）生态保护政策：海岸带管理的退缩线政策。海岸建设退缩线又称海岸建筑控制线，是根据海岸特征规定的禁止开发或禁止一定类型的开发活动的区域界线，最初提出是为了主动应对气候变化，减少或延缓由海平面上升带来的经济和其他损失。但是随着海岸退缩线政策的实施，人们逐渐发现这项措施的其他作用，如为动植物提供生存环境、维护海岸带的自然动态特征、提高海岸带的公众可接近性等。作为一项有效的管理手段，海岸建设退缩线政策在国际上已经被广泛应用（表2-1），美国有约2/3沿海和大湖区的州采用建设退缩线来管理海岸的开发活动。美国南卡罗来纳州在海岸侵蚀严重区域以过去40年海岸线遭侵蚀后退的距离作为退缩距离，在侵蚀较慢或处于淤积状态的海岸则以6.096米作为退缩距离，并通过立法形式规定退缩距离定期更新。

**表2-1　一些国家"退缩地带"的划定**

| 国家及地区 | 自海岸线向陆地的距离 |
| --- | --- |
| 厄瓜多尔 | 8米 |
| 夏威夷 | 12米 |
| 菲律宾（红树林绿色带） | 20米 |
| 墨西哥 | 20米 |
| 巴西 | 33米 |
| 新西兰 | 20米 |
| 俄勒冈 | 永久性植被线（可变） |
| 哥伦比亚 | 50米 |
| 哥斯达黎加（公共地带） | 50米 |
| 印度尼西亚 | 50米 |
| 委内瑞拉 | 50米 |
| 智利 | 80米 |
| 法国 | 100米 |
| 挪威（无建筑物） | 100米 |
| 瑞典（无建筑物） | 100米（一些地方达到300米） |
| 西班牙 | 100～200米 |
| 哥斯达黎加（有限地带） | 50～200米 |
| 乌拉圭 | 250米 |
| 印度尼西亚（红树林绿色带） | 400米 |
| 希腊 | 500米 |
| 丹麦（无夏季住户） | 1～3千米 |
| 原苏联—黑海沿岸（新工厂专用） | 3千米 |

资料来源：国外海岸带综合管理经验借鉴

（6）美国陆海统筹的组织管理

美国是联邦制的国家，权力分散等原因导致美国从来没有过全国性的空间规划（图2-2），也没有全国性的统一空间规划体系，各州的情况也有较大的差别。

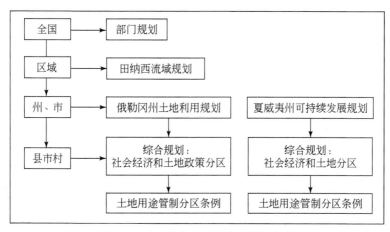

图2-2　多元分散的美国空间规划体系

州级法律成为空间规划的重要法律基础。以俄勒冈州为例，州综合规划的开展是建立在五部法律基础之上的，这五部法律分别为城市规划和区划授权法，包括参议院第10号法案（即州级土地利用规划案）、海岸带管理法、参议院100号法案（即俄勒冈土地利用计划法）、众议院2296号法案和参议院237号法案即土地利用规划调整。上述五部土地利用法使俄勒冈州有了一个地方政府和州政府共同进行规划的体系，在这个体系中，州政府和地方政府共同管理土地利用。地方政府在制订综合土地利用计划时，鼓励与土地利用决策紧密相关和受其影响的人参与决策。

美国政府的行政设置包括联邦政府、州政府和地方政府。美国由50个州和1个直辖特区组成，州以下政府通常分市政府、县政府、镇及乡村政府。市政府是指城市设立的政府，和州政府之间不是上下级关系。县政府是州政府的代理机构，与州政府之间是上下级隶属关系。镇和乡村政府主要是那些因管辖过少而无资格列为市的地区，由州政府批准，定为市镇和乡村，建立相应的政府机关。与此相对应，具有代表性的是区域规划、州综合规划或土地利用规划、县域综合规划。

（7）海岸带组织管理——以加利福尼亚州为例

1972年，美国国会通过《联邦海岸带管理法》后，授权美国国家海洋和大气管理局制定《联邦海岸带管理条例》。同年，加利福尼亚州市民通过了20号议案，此议案批准成立加利福尼亚州海岸带保护委员会，由该委员会负责制定《加利福尼亚州海岸带规划》。1976年加利福尼亚州立法机构制定了《加利福尼亚州海岸带法》，永久地成立了加利福尼亚州海岸带保护委员会。海岸带管理的目标是保护海岸带生态平衡，合理、有序、有度和可持续地利用海岸资源，促进加利福尼亚州经济和社会的发展。

目前加利福尼亚州共15个沿海县，60个沿海市（incorporated city）。县与市享有同等的审批权限。地方政府的县或市没有单独设立海岸带管理部门，海岸带开发许可证申请在县或市的区划与规划部门，只是有的部门名称说法不一样。在县内没有注册成立法人的地区，海岸带开发许可证申请在县的区划与规划部门受理。加利福尼亚州海岸带管理部门的主要职责见表2-2。

表 2-2　海岸带管理部门的主要职责

| 部门 | 主要职责 | 具体内容 |
| --- | --- | --- |
| 加利福尼亚州海岸保护委员会 | 1. 对海岸带规划及其修改进行审批 | 负责对地方政府提交的《地方海岸规划》及其修改的审批；对地方港口管理机构提交的《港口总体规划》及其修改的审批；对位于海岸带的州立和私立大学（学院）提交的长远发展规划及其修改的审批；对公共工程规划进行审批。委员会和上报规划的部门要对批准的规划及规划图存档 |
| | 2. 委员会直接受理海岸带开发申请的审批 | 对《地方海岸规划》批准前，在某些区域的开发及《地方海岸规划》还没有被委员会明确的区域开发及大型能源设施或大型公共工程项目的审批 |
| | 3. 委员会委托授权地方政府进行审批 | 委员会通过批准《地方海岸规划》，将原本由委员会审批的权限委托授权给地方政府 |
| | 4. 对可上诉到委员会的地方政府或地方港口管理机构的审批进行听证和审核 | 对有争议的或地方政府审批与《地方海岸规划》有实质性问题的，要由委员会重新公告、听证和审批 |
| | 5. 委员会对许可证进行执法检查 | 如《地方海岸规划》委员会批准前，由委员会颁发的许可证；上诉到委员会有争议并由委员会重新审批的许可证；修改（变更）的许可证；使用范围扩大的许可证 |
| | 6. 委员会对联邦政府在加州海岸带开发项目的审批要进行是否与规划一致性的审查 | 这项权力是加州其他行政审批部门所没有的。目的在于给州委员会一个表达声音（建议）的机会。州委员会并未将此项权力下放给地方政府，但州委员会在审查时会听取和考虑联邦政府开发项目所在的地方政府的意见 |
| 地方政府 | 1. 制定和修改《地方海岸规划》 | 按照《加利福尼亚州海岸带法》，地方政府负责《地方海岸规划》的准备、起草、公告、听证、批准，批准后报委员会确认。委员会不论通过与否，均不对《地方海岸规划》进行修改。对不通过的规划，可书面提出修改意见。地方政府要重新经上述程序报批。对通过的方案，委员会报加利福尼亚州法制办公室备案 |
| | 2. 落实《地方海岸规划》 | 一是地方政府根据确认后的《地方海岸规划》，制定地方政府区划、规划条例或规章。二是地方政府的区划和规划部门按照确认后的《地方海岸规划》对开发申请审批 |
| 地方港口管理机构 | 地方港口管理机构负责所在地港口规划的制定、报批及对港口范围的海岸带开发进行审批 | 地方港口管理机构和地方政府区划与规划部门对海岸带的管理职能类似 |

海岸带管理的法律依据。联邦法律：《联邦海岸带管理法》和《联邦海岸带管理规划》；加利福尼亚州法律：《加利福尼亚州海岸带法》和《加利福尼亚州海岸带规划》；加利福尼亚州海岸委员会的规章：《确认后的地方海岸规划指南》；沿海地方政府制定的有关海岸带管理的条例和规章等。

海岸带管辖的范围。根据《加利福尼亚州海岸带法》，海岸带范围从海岸线（大潮平均高潮线）向海一侧 3 英里①边界线延伸到内陆边界线。从海岸线到内陆边界线宽度在不同的地方不一样。例如，在都市区，有的只有几百英尺②；在农村地区，有的可能延伸到内陆几英里。地方政府在做地方海岸规划时，可根据实际需要对海岸带范围进行调整。例如，橘县（Orange County）海岸线从向海一侧 3 英里调整为 5 英里，海岸带范围不包括圣弗朗西斯科湾，圣弗朗西斯科湾由圣弗朗西斯科湾保护与开发委员会管辖。

海岸带管理机构。海岸带管理机构为加利福尼亚州海岸带委员会，该委员会共 16 名委员，设委员会主席和副主席。其中，4 名委员没有投票权，分别由其所在的加利福尼亚州贸易与商业机构、能源机构、土地委员会、商业、交通和住房机构任命。其余 12 名委员有投票权，并且其中 6 名委员是公共成员，另外 6 名委员分别来自 6 个沿海区的地方选举官员。州长、参议院和众议院分别任命 2 名公共成员和 2 名沿海区委员。12 名委员可任命替代自己不在岗位时的 1 名候补委员。6 个沿海区委员分别任命 1 名执行主管。

### 2.1.2.2 德国汉堡

德国位于欧洲中部，与丹麦、荷兰、比利时、卢森堡、法国、瑞士、奥地利、捷克及波兰九国接壤，是东西欧之间和斯堪的纳维亚半岛与地中海之间的交通枢纽。莱茵河、多瑙河和易北河等欧洲几条主要河流横穿德国。德国人口数为欧洲第二，国土面积在欧洲居第七位，总面积为 357 021 平方千米。德国海岸线较短，全长为 2389 千米，内陆城市多于港口城市，主要沿海城市包括波罗的海沿岸的罗斯托克，北海沿岸的汉堡和不来梅。北海、波罗的海在德国部分的沿海问题具有代表性意义。本节选取德国汉堡作为主要研究对象，同时介绍了德国其他的陆海统筹相关实践内容。

（1）城市基本情况

汉堡地处德国西北部，易北河下游，为德国第二大城市，面积为 753 平方千米，2012 年人口为 160 多万人，是全国经济中心，世界著名造船工业基地。汉堡港即位于汉堡市，是德国第一大港，也是世界大港之一。地处德国西北部，易北河下游，汉堡港是世界上历史最悠久的自由港，目前仍是世界之最大的自由港之一。汉堡港是河、海两用港，是欧洲河与海、海与陆联运的重要枢纽。港口面积为 100 平方千米，约占城市总面积的 1/7。

---

① 1 英里 ≈ 1609.344 米。

② 1 英尺 ≈ 0.305 米。

（2）陆海统筹的全国背景

德国的海岸带管理是在全欧洲实施海岸带综合管理（integrated coastal zone management，ICZM）背景下进行的。海岸带综合管理的核心要义是试图"在经济发展利益和沿海区域利用、海岸带的保护、维护和恢复间，使人类生命财产损失的最低限度的利益和享受海岸带的公众利益间，总是受到自然变化的限制和承受压力的能力间，寻求一种平衡。"德国海岸带综合管理的管理实施会考虑经济因素，如运输、港口管理、产业、陆路交通设施、石油天然气生产、可更新的能源、传播路径、沙砾的开采、渔业与海洋生物养殖及对海岸带非常重要的沿海农业与旅游，以及规划管理要素，如沿海保护，海洋交通规则，沉积物的管理，废物管理，海防、聚落与区域发展，保护区、文化遗产的保存，区域规划的水平和工具，非政府组织、教育与科学等。上述每一项活动的特征可以简要地用状况、发展前景和核心战略来表现。以此为基础，沿海地区其他活动和参与者间重要的相互作用和冲突被确定，它们可以在海岸带综合管理过程框架中得到处理。

但是德国没有海岸带管理的专门的国家法律与政策，但有30多个法律、规章和指示与海岸带有关。这些法律通常满足特殊的部门要求。在德国沿海地区，有十多个国家和联邦州的部门。全德共有5个联邦州分享全国的海岸带，海岸带通常由各州的区域规划机构负责管理，采用的是与海岸带综合管理方法不同的空间规划系统方法。

海岸带综合管理的主要措施由于海岸带的管理职责被不同层次政府所分割，因此，沿海各级政府在合作与交流上存在欠缺。通常，所做的决策不是以合作的方式进行，仍延循等级的管理制度。政府与科学间的交流也很有限，并缺少一个系统的、持续的信息流。负责海岸带综合管理的规划人员缺少与沿海地区利益者、当地人进行沟通、商讨和交流，但以上这些对于成功的海岸带管理而言是必须的。同时，培养职业的海岸带管理者也是十分必要的。幸运的是德国已意识到这些问题，并通过完善以上方面和增加政府资助与公众意识来提高规划机构的海岸带综合管理能力。

（3）汉堡市城市发展历程

区位优势明显，港口发展历史悠久。汉堡在北海和波罗的海之间，地理位置优越。12世纪，随着商业的兴盛，汉堡市始建港口。13世纪，汉堡成为欧洲大陆同盟体——汉萨同盟最重要的北海港口，同时也是粮食、布匹、毛皮、鲱鱼、调味品、木材和金属的转运地。经过几百年的发展，汉堡港不仅把河港和海港的功能结合起来，成为北欧地区的商品集散地和转运中心，而且还是世界其他地区进入欧洲北部、中部和东部市场的门户，越来越多的外国企业来到这里，利用此地的优势开拓欧洲市场。

港口、外贸影响产业构成。汉堡工、商企业多与港口、外贸相联系。主要有电子、造船、航空、石油炼制、冶金、机械、化工、橡胶、食品等工业。如今，汉堡是德国消费品制造业的重要基地，德国北部地区的经济中心。对波罗的海地区与世界各地的经贸往来起着重要的作用。

港口、产业刺激城市繁荣发展。汉堡不仅把河港和海港的功能结合起来，成为北欧地区的商品集散地和转运中心，而且还是世界其他地区进入欧洲北部、中部和东部市场的门户。外国企业纷纷进驻，利用此地的优势开拓欧洲市场。例如，各国知名贸易、航空、轮船公司等都在汉堡设有分支机构,航空制造业、港口物流业等临港产业、信息传媒业等现代服务业在这里有机融合,相互促进,以港口经济吸引产业,以产业发展助推这个国际港口城市的发展。

(4)陆海统筹的实践内容

港产联动。目前汉堡港的主要产业有集装箱港口、货物运输枢纽、物流中心、高新制造业、临港产业和信息传媒业。基于汉堡的优越区位条件,汉堡港已经成为德国、波罗的海地区、东欧和中国及远东地区各类货物运输的主要枢纽港和物流中心,并且成为德国高新技术制造业的重要基地和德国北部经济中心。各国知名贸易公司、航空公司、轮船公司、金融机构等都在汉堡设有分支机构,包括欧洲空中客车公司的航空制造业、港口物流业等临港产业与信息传媒业等现代服务业在这里有机融合,相互促进,以港口经济吸引产业,以产业发展助推城市的发展。

滨水区功能组织。随着港口城市的发展及港口空间利用的逐步优化,滨水区的发展建设经历了多种类型的尝试。汉堡通过滨水区的合理利用,有效链接了陆-海在生产、生活、服务等方面的各项环节。汉堡从教育、娱乐、公共开放空间三个角度,丰富港区海陆过渡服务空间的内容。

除汉堡外,一系列尝试经验显示,大多数成功的滨水区土地利用功能的重心放在非港口经济功能上,如居住、办公、商业中心等。

协调发展各种集疏运方式,实现海陆交通联运。港口物流的发展需要以充足的货源为基础,如何构建和利用综合集疏运体系,扩大港口的经济腹地和物流服务范围,对于港口物流的发展至关重要。汉堡港十分注重多种集疏运方式的协调发展,公路、铁路和水路运输在港口物流中均占有相当重要的地位。汉堡港的集疏运系统相当发达,公路、铁路、水路运输发展均衡。通过铁路运输可以直接到达东欧、南欧等地;内河水路运输与欧洲丰富的水网相连接;发达的沿海支线运输则可以通达波罗的海沿岸国家和英伦三岛(即大不列颠及北爱尔兰联合王国)。

1)铁路方面,汉堡港为了将港口的辐射范围能够延伸到欧盟扩大后的东欧市场,大力发展远程集装箱铁路运输,通过租用铁路线、跨境收购铁路站股权等方式,开通了至波兰等东欧国家的五趟班列,并使德国铁路部门也加入到汉堡港铁路集疏运体系的建设过程中,开辟了港口公司通过商业化方式经营跨境集装箱铁路专线的先河。

2)公路方面,汉堡港还利用西欧国家境内公路网相对发达,德国境内拥有欧洲最密集公路网的优势,大力发展短途公路运输,充分发挥公路运输便捷、准时的比较优势,使汉堡港拥有周边的直接经济腹地。据统计,汉堡港的货源中有40%的货物是通过汉堡港与周边地区的产业联动而产生的,这部分货物由公路运输完成。

3)水运方面,汉堡港的水路集疏运系统主要有沿海支线运输和内河运输。每天都有沿海支线船往来于汉堡港与波罗的海沿岸国家及其他欧洲港之间,以保障汉堡港作为波罗的海地区物流枢纽的地位。据统计,沿海支线运输完成汉堡港货物运输的27%。此外,由于德国境内内河成网,航道平均水深达4米,可保证较大型内河船舶通航。因此,汉堡港由易北河可以连接柏林、汉诺威和吕贝克等港与城市,并且还可以到达欧洲其他诸多港口，形成发达的内河集疏运系统。内河船舶穿梭于汉堡港和欧洲腹地之间，进一步强化了汉堡港作为物流枢纽的功能。

在港口与铁路的"港铁联盟"、港口与船运公司的"港航联盟"等模式的基础下，由于港口对合作者提供优惠政策和各种优质服务，从而在港口定居落户的企业加工、服务、贸易、运输日益增多，稳定了港口货源与收入，并形成了利益共同体，达到了双赢互利的效果。

（5）德国其他城市的相关实践

生态保护。不来梅港是德国主要的集装箱货运港、德国最大的汽车出口港。该港口建设工程使得 89 公顷的自然滩涂消失，损失了 16 公顷湿地。对海洋生物、陆地生物、鸟类栖息等生态环境都产生了不良的影响。面对这一问题，海洋管理部门开展了海洋生态环境影响的保护工作，对该港口建设工程对海洋生物（游泳生物、底栖生物、浮游生物）的种类、数量、分布、密度等，潮间带生物（海京、贝类、多毛类、甲壳类等）的种类、数量、分布、密度等，陆上生物的种类、数量等，湿地鸟类的种类、数量、行为等进行了详细的调查，并定期设置了四个观测站，对可能影响的生物进行定期与不定期的监测。此外，提出了在该港口附近的滩涂上进行生态修复工程，生态修复工程的实质是建立了湿地自然保护区，同时进行了修复跟踪监测体系。

（6）德国陆海统筹的组织管理

空间规划体系。德国空间规划体系是一种自上而下分工明确、层级关系清晰的纵向分解模式。各级规划的编制都遵循对流原则和辅助原则，构成具有连续性的体系。同时，各个层面的空间规划既能从整体区域的角度进行考虑，又可与部门规划及公共机构相互衔接和反馈，形成有主有次、完整灵活的空间规划体系。

联邦和州法律对空间规划体系的明确引领。例如，德国宪法对空间规划具有明确的规定；此外确立了《空间规划法》《空间规划条例》《建筑法典》《土地建筑利用条例》，以及州级的规划法律引领等。

与行政组织级别对应的四级规划。联邦政府主管空间规划事务的是联邦交通、建筑和城市发展部。各州的政府体制是根据州宪法的规定而设置的，总体上大同小异，各州政府的机构设置不完全相同。州政府主管空间规划事务的部门有的是环境、自然保护和农业部（如北威州），有的是经济、交通和区域发展部（如黑森州）。行政组织体制上可分为联邦、州、地区、县（市）及市镇乡五级，空间规划分为联邦、州、地区、县（市）四级（表 2-3）。

表 2-3　德国规划体系的层级

| 规划类型 | 规划目的 | 规划内容 | 法律基础 | 政策制定者 | 法律影响 |
| --- | --- | --- | --- | --- | --- |
| 联邦空间规划 | 空间规划的原则和空间发展的模式 | 空间规划的原则和指南，空间开发的指导原则 | 规划法 | 空间规划部长会议 | 所有规划机构具有法律效应 |

| 规划类型 | 规划目的 | 规划内容 | 法律基础 | 政策制定者 | 法律影响 |
|---|---|---|---|---|---|
| 州空间规划 | 州发展规划，州空间规划方案，州发展方案（各州不同） | 州空间和结构发展前景；包括综合的、全州尺度，以及空间规划目标的规划 | 空间规划法和联邦规划法 | 州议会或州政府 | 所有规划机构具有法律效应 |
| 地区规划 | 区域空间结构规划、国土发展规划（各州不同） | 连接州规划和地方规划的桥梁 | 空间规划法和联邦规划法 | 州议会或县议会 | 所有规划机构具有法律效应 |
| 县（市）土地利用规划 | 准备的土地利用规划 | 与城市开发相协调的全域土地利用类型基本格局 | 联邦建筑法典；土地利用条例和规划注释条例 | 市议会 | 所有规划机构具有法律效应 |
| | 法定土地利用规划 | 在城市化某一地区的城市开发与秩序的法定安排 | 联邦建筑法典；土地利用条例和规划注释条例 | 市议会 | 建设项目和建筑许可的法律基础，对每个人具有法律效应 |

### 2.1.2.3　日本东京湾

日本位于亚洲东部，由本州、四国、九州、北海道四个大岛及千余个小岛组成。日本海岸线全长为 33 889 千米，海岸线形态复杂。西部日本海一侧多悬崖峭壁，港口稀少，东部太平洋一侧多入海口，形成许多天然良港。日本的经济发展以贸易立国，主要工业集中在太平洋沿岸港口。由于日本平原面积狭小，土地资源有限，因此其非常注重沿海区域的发展及海洋资源的开发利用，在沿海发展与资源利用方式等方面处于全球领先地位。本节选取日本东京湾作为主要研究对象，同时介绍了日本其他沿海保护及开发等相关实践。

（1）区域基本情况

东京湾是日本本州岛中东部沿太平洋的海口。沿东京湾西北岸的重要城市有东京、横滨、川崎，西有横须贺市，东有千叶市，南由三浦（西）和博索（东）两半岛环抱。东京湾毗邻日本首都，且深入内陆形成天然良港，是日本经济发展的重要核心。东京湾湾内有东京港、千叶港、川崎港、横滨港、木更津港、横须贺港六个重要港口。日本港口群吞吐能力在世界上首屈一指，成为促进国家发展和地区经济繁荣的重要基地。

（2）陆海统筹的国家背景

在日本，港口不仅仅被认为是海运和陆运的交汇点，更被看作是国家和地区发展的核心，因此日本政府高度重视港口的发展，一般都把港口发展项目提高到国家和地区的发展战略高度加以规划与实施。为了加强港口的建设与发展，1951 年日本政府就制定了《港湾法》，这是日本建立的第一个正式的海岸带管理机制，该法案重点是灾害防护，同时规范了对港口的管理。《港湾法》规定由中央政府（运输省）制定全国港口发展的五年计划，决定整个国家港口发展的数量、规模和政策，港口管理机构在五年计划的范围内制定港口发展的年度预算和长远规划。日本运输省港湾局在1967年就提出了《东京湾港湾计划的基本构想》的提案，建议把东京湾地区的七个港口整合为一个分工不同的有机群体，形成一个"广域港湾"。在此之后，有关海岸带管理的法案相继出台，如有关日本海岸带发展及利用等方面的《渔港法》《公共海滩垃圾填埋法》等；还有涵盖自然保护领域的《国家公园法》及《内海保护措施》等。

日本目前的海岸带管理为半集中管理型，有较为明确的法规、政策、规划等作为管理依据，但海岸带（海洋）管理分属于各部门，主要靠协调机构来实施海洋管理。日本的公共海岸区域、海岸保全区域的管理由都道府县海岸管理部门按各自辖区统一管理，具体规划、建设开发由市町村级政府按照划定的管辖区域负责实施。特殊情况下的海岸带管理措施见表2-4。

表2-4　特殊情况下的海岸带管理措施

| 问题 | 措施 |
| --- | --- |
| 海岸保护区域与港湾、渔港区域重叠 | 港湾及渔港区域由相应港湾管理部门和渔港管理部门负责，重要港湾由所在地方政府港务局负责，地方港湾由相关职能部门负责 |
| 作为国土保全极为重要的海岸，地方政府或公共团体管理困难或不恰当的情况下 | 由国家直接管理 |
| 非海岸管理部门在海岸保全区域公共海岸土地进行非海岸保全区域开发 | 经上级主管部门和海岸管理部门许可后进行 |

总体来讲，日本没有单独的法律用来协调、整合独立的法令中的相关联内容。不同的法令导致海岸带的管理由不同的政府机构来分配职责。日本海岸带被划分为海港、渔港及再生农业用地。每个划分的区域由一个不同的政府部门监管，如交通政策局、港务局，这导致了海陆管理的重复和无序。

（3）城市发展历程

1）原料进口传统使沿海地带成为制造业集聚地。区位因素是东京都市圈演化的基本条件。日本资源贫乏，所需的原材料大多进口，导致沿海地带成了制造业的聚集地，为都市圈的形成提供了经济支撑。东京是个沿海的港口城市，从演化的历程来看，优越的地理位置使其成为东京都市圈交通网络的核心，并催生了该都市圈的发展。

2）海运带动国际贸易，技术引领区域发展。东京城市依靠港口的优势，通过海运带动国际贸易，并充分利用世界的资源、发达国家的先进技术及有序的区域分工格局等，使其迅速发展成为区域经济发展的核心力量，并通过这一股核心力量不断地向周围区域进行扩散与辐射，带动周边城市的发展，形成大规模的产业集聚与城市的蔓延。因而，依靠地缘优势发展的外向型经济是东京都市圈兴起和壮大的主要驱动力，优越的区位条件为东京都市圈奠定了空间结构和发展基础。

3）工业带辐射带动。东京湾港口群所处的东京湾岸有京滨、京叶两大工业地带。东京湾西岸的京滨工业带包括东京、横滨、川崎，在宽5千米，长约60千米的海岸带上驻有 200 多家大型工厂企业，如东风日产汽车、三菱重工等跨国公司。东京湾东侧的京叶工业带建有大型钢铁厂、石油化工厂和三井造船等，使东京湾成为日本最大的重工业和化学工业基地，极大地带动了工业经济及港口经济的发展。

4）多功能复合发展。东京湾港口群拥有鲜明的职能分工体系，各主要港口根据自身基础和特色，承担不同的职能，在分工合作、优势互补的基础上形成组合，虽然经营仍保持各自独立，但在对外竞争中形成一个整体，共同揽货，整体宣传，港口管理者与地方政府同一，对外竞争整体通过日本政府港口管理者的统一管理实现。东京湾六港便形成了一个多功能的复合体，充分利用了资源，增强了竞争力。

（4）陆海统筹的实践内容

1）港产联动。东京湾凭借自身优良的港口条件，大规模地利用海外石油与矿石等全球性资源来发展本地工业，实现了"原料产地→海洋运输→临港工业制造→多种运输途径→进入不同区域市场"的大生产和大运输相结合的发展模式。东京湾的产业带在功能上实现与港口的有效针对性联系，充分利用两种资源，两个市场。

东京湾主要港口的职能分工见表 2-5。

表 2-5　东京湾主要港口的职能分工

| 港口 | 港口级别 | 基础和特色 | 职能 |
| --- | --- | --- | --- |
| 东京港 | 特定重要港口 | 依托东京，是日本最大的经济中心、金融中心、交通中心 | 输入型港口；商品进出口港；内贸港口；集装箱港 |
| 横滨港 | 特定重要港口 | 历史上的重要国际贸易港；京滨工业区的重要组成部分，以重化工业、机械为主 | 国际贸易港；工业品输出港；集装箱货物集散港 |
| 千叶港 | 特定重要港口 | 京叶工业区的重要组成部分，日本的重化工业基地 | 能源输入港；工业港 |
| 川崎港 | 特定重要港口 | 与东京港和横滨港首尾相连，多为企业专用码头，深水泊位少 | 原料进口与成品输出 |
| 木更津港 | 重要港口 | 以服务境内的君律钢铁厂为主，旅游资源丰富 | 地方商港和旅游港 |
| 横须贺港 | 重要港口 | 主要为军事港口，少部分服务当地企业 | 军港兼贸易 |

---

**专栏一：东京港主要港口**

东京港：东京市的巨大消费市场促使东京港成为输入型港口；东京市作为大东京都市圈物流中心的地位决定港口物流集散功能的较高需求；出口以高附加值的产品为主。

东京港这种功能定位的成因主要在于其面对着东京市这样一个巨大的消费市场，使东京港的各种商品进口都在全国占到了相当大的比重。例如，肉类食品进口占到

---

日本全国的37.7%，鱼类、虾类分别占全国的57.9%和55%，纸张类占全国的44%，彩电占全国的32.3%。由此可以看出东京港的确已经成为东京日常用品的物资供应基地。并且东京市作为日本全国的尤其是大东京都市圈的物流中心，也承担了相当大的进口货物的集散功能，但是东京港也是一个重要的商品出口港，其出口的产品多是高附加值的电子机械类产品，出口量虽然只占进出口总量的40%，但其出口贸易额却占总贸易额的44.2%。另外，在东京港的总吞吐量中有49.7%来自国内贸易，这在一定程度上也决定东京港具有国内港口的性质。

横滨港：是为国内大型制造业中心提供原材料、能源物资和产品进出口服务的国际贸易港；码头类型以集装箱、海鲜、汽车、加工企业等专用码头为主。

横滨港一直是日本最重要的国际贸易港之一。集装箱、汽车、木材、海鲜、加工企业等专用码头占全港码头总数的65%以上。横滨属于内需型港口城市，主要为日本国内大型制造业中心提供原材料、能源物资和产品的进出口服务。目前，横滨港已拥有21个集装箱泊位，成为日本最大、亚洲最深的集装箱码头，是世界著名的集装箱港口。

千叶港：是日本最大的工业港口；码头主要由企业专用码头组成。

千叶港距离日本首都40千米，是日本最大的工业港口。进口以原油和天然气等能源居多，除此以外，铁矿石、木材等原料品也占较大比重。出口货物以汽车为主，还有钢铁和化工产品等，其中汽车占输出额约50%。在千叶港，企业专用码头从开港以来就占有主导地位，企业专用码头货物吞吐量占港口总吞吐量的90%以上。

川崎港：码头主要由企业专用码头组成。

川崎港位于东京港和横滨港中间，与两港首尾相连，三者被合称为京滨港。川崎港拥有部分远洋泊位，但深水码头较少，且主要为企业专用码头。货物以进口为主，川崎港进口货物以石油为主，其次是天然气、铁矿石、煤炭。出口以工业品为主，其中汽车最多，化工产品次之。

木更津港：主要为本地企业的进出口服务。

木更津港原是地方港口，1968年被指定为重要港口。该港口现有近40个泊位，其中深水泊位有9个，最大可停靠20万吨级津钢铁厂进口原料和出口钢铁产品。

横须贺港：主要为内贸商品输入与外贸工业产品输出的贸易港。

横须贺港北面与横滨港紧密相连，早在1884年就成为扼守东京湾保卫日本首都的军港。第二次世界大战后成为美国海军基地，1948年定为贸易港。工业以造船、汽车工业为主。该港口以内贸商品输入为主，兼有外贸工业品输出。

2）工业带特点促进各港区分工协作。各个港口的历史与现实条件不同，两大工业带的存在（东京–横滨工业带、东京–千叶工业带）决定了工业带中港口的兴盛。工业带的结构不同也就决定了工业带中港口的职能不同，但可进行分工合作，同时形成良性竞争，共同带动周边区域发展。

3）产业发展助推港口经济。目前东京的主导产业是服务业和批发零售业。这两大产业的从业人数、企业数分别占东京所有产业从业人数、企业数的60%、70%；2001年两大产业产值比重分别达到29%和21%，合计占东京产业产值的半壁江山。例如，东京港担负着东京产业活动和居民生活所必需的物资流通，通过该港进口的主要产品包括小麦、水产品、蔬菜、纸类等与城市生活密切相关的必需品，东京城市及其周边地区生产的机械制品、食品加工制品及玩具制品等通过该港运往世界各地。这也说明东京内部强大的自生贸易需求极大地推动了东京港贸易的发展。

4）金融等服务业支撑经济贸易发展。单考虑东京核心区，从各行业的就业人员及企业数的比重看，服务业、批发零售业在东京都都心三区高度集聚，两者的从业总人口达到156.9万人，占都心三区总就业人数的65%。其次是金融保险业和出版印刷业。这也说明东京港口经济的发展促进了第三产业的发展集聚。

5）区域功能统筹：广域海湾计划。日本运输省港湾局在1967年提出了《东京湾港湾计划的基本构想》的提案，建议把包括东京港、千叶港、川崎港、横滨港、横须贺港、木更津港、船桥港在内的七个港口整合为一个分工不同的有机群体，形成一个"广域港湾"（图2-3）。这一构想的实施，很好地解决了东京湾内的港口竞争问题，将各港口的竞争转换成了整体合力，这一设想在未来的实践内获得了极大的成功。

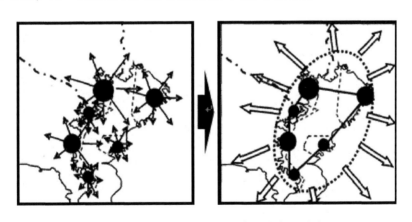

图2-3　竞争状态的港口群与整合后的港口群对比

6）生态保护：沙质海岸的生态恢复。沙质海岸是由风和风沙流对海岸上地表松散物质的吹蚀搬运和堆积形成的地貌形态，形成于陆、海、气三大系统交互作用的特殊地带，按流动程度分为流动沙丘、半流动沙丘和固定沙丘三种。沙丘上的植被在沙丘的形成和保持沙丘的稳定中起了重要的作用，通常流动沙丘的植被覆盖度少于15%，半流动沙丘的植被覆盖度为15%～40%，固定沙丘的植被覆盖度在40%以上。海岸沙丘对风和海浪的影响可起到缓冲作用，具有丰富的物种和种群，且具有独特的娱乐价值。然而，海平面的上升，台风、风暴潮等自然干扰及砍伐、耕作、海岸开发和休闲等人类活动，都会造成沙丘植物活力下降和生态系统的退化。一旦大风来临，飞沙走石便会吞噬农田和村庄，严重影响工农业生产，威胁人民生命财产的安全。沙丘固定是沙质海岸生态系统恢复的首要步骤，只有使沙丘固定之后，才能进行植物的重建和恢复，如设置沙障、种植蔓荆、海边月见草等固沙植物覆盖固定流沙。日本针对岛国海风大、海潮强的特点，提出了一系列治山治水和海岸林保全的对策，重视海岸防护林的树种选择与工程措施的应用，选择抗风沙、耐潮性和耐盐性强的树种，如黑松、海桐等。海岸防护林的营造，先行工程措施，后配生物措施，即先从沿海的最前沿设置防浪、消浪工程，然后隔一段距离如50~100米修筑混凝土的防浪堤或防浪墙，在各种工程措施的保护下，先种草，后种乔、灌木，有的地方还可用人工办法修筑沙丘。造林后缺株情况甚少，造林、种草的成活率接近100%。经过生物措施和工程措施同步整治的沙丘与沙岸区域，基本上控制了水土流失，风、沙、雾、潮等自然灾害也在不同程度上得到了控制，真正发挥了海岸林的防护作用。

（5）日本其他的相关实践

1）围填海造地：自上而下的有序举措。日本由于国土面积狭小，海岸曲折，海湾众多，因此不得不向海洋要地，大力发展围填海工程，围填海造地历史悠久。为了有效管理围填海造地活动，日本先后颁布了《公有水面埋立法》和《公有水面埋立法修正案》，建立了围填海的许可、收费和权属等管理制度，加强了围填海用途与环境影响评价等方面的管理要求。同时日本建立了较为完善的围填海造地三级规划体系，划定沿海重点发展区域，明确发展功能定位；然后对重点发展地区开展系统的陆海衔接的海岸带空间总体规划；最后是对基本功能岸段内的围填海项目进行平面规划，设计围填海项目的空间布局与平面形态，进行海岸形态与功能布局规划，以实现围填海项目对海陆资源的合理利用及与其他项目之间的功能协调。在围填海造地三级规划体系的指导下，日本经过长期、快速的围填海活动后，仍然保持着较为有序的围填海空间布局和较大的向海拓展空间。

2）滩涂开发利用模式：环保渔业养殖。日本滩涂岸线总长为3.44万千米，滩涂对日本极为重要。日本历来非常重视滩涂的开发利用，特别是生态环境问题，因此制定了积极保护沿海滩涂渔业的政策，1974年日本颁布了《沿海渔业组织和发展条例》，依法创建水产业、创立海上养殖区和保护滩涂渔业的株式会社等，其中中央政府拨款投资占50%，其余部分由地方自行解决。沿海滩涂渔业组织株式会社提出了如下开发与保护模式：① 以资源开发管理为轴心，重塑区域性滩涂渔业结构，进一步促成以资源保护为向导的渔业。开发出一个评价未来娱乐捕鱼地位的系统，对渔业生产能力及有关的机制进行调查和全面认识并建立新的优良模式。② 组织全国水产养殖中心机构，协助政府建立地方养殖中心机构，以便进一步促进渔业的发展。③ 发展"海洋革新概念"，开发多种海洋用途，以满足普通大众海上及沿海滩涂娱乐的需求。④ 开发利用海洋生物增殖生成的自然能源系统，同时建立实现其他目标的机构。⑤ 上述开发模式需企业、政府和学术界对联合开发组织中的合作问题进行研究，并将由全国渔业研究机构、高等院校和其他机构共同执行实施。

（6）日本陆海统筹的组织管理

1）空间规划体系。日本空间规划体系是一种横向并列的体系，即国土规划、土地利用规划及城市规划"三规"并存，规划类型较多。尤其在国家和区域层级上，国土规划和国土利用规划并存。

2）各类规划均以相应的法律为依据。例如，以《国土综合开发形成法》为基础编制国土综合规划；以《国土利用计划》为基础编制国土利用规划；以《城市规划法》为基础编制城市规划。

3）三级三类共存的空间规划体系。2001 年行政体制改革后，日本国土交通省（原国土厅、建设省、运输省、北海道管理局四个机构合并）负责对国土资源开发、利用和保护实施集中统一管理。行政体制由中央政府、都道府县及市町村三个层级的行政组织所组成。与行政体系对应，按 2005 年的《国土形成规划》，国土综合形成规划分为全国和广域圈两级国土规划。国土利用规划是根据国土利用方向所制定的一种起行政指导作用的规划，是从土地资源开发、利用、保护的角度，确定国土利用的基本方针、用地数量、布局方向和实施措施的纲要性规划。土地利用基本规划由都道府县一级地方政府制定。城市规划区范围与国土利用规划的城市区域大体相同，《城市规划法》只适用于城市规划区（表 2-6）。

表 2-6　日本的三类空间规划内容

| 类型 | 主要内容 | 法律依据 |
|---|---|---|
| 国土综合开发规划 | 包括有关土地、水和其他天然资源的利用事项；有预防和排除水灾、风灾和其他天灾的事项；有城市、农村规模和布局的调整事项等 | 《国土综合规划法》 |
| 国土利用规划 | 一是关于国土利用的基本构想；二是关于各类用地的目标及各地域的概要；三是实现各项目标的措施 | 《国土利用计划法》 |
| 土地利用基本计划 | 在国土利用规划基础上，在城市地区、农业地区、森林地区、自然公园地区及自然保护区内，以调整土地利用方向、明确各地域土地利用方向、原则和限制措施为主要内容 | 《国土利用计划法》 |
| 城市规划 | 以土地利用规划控制为核心的开发控制、城市设施的规划建设及城市开发实施项目三位一体的结构构成了日本城市规划的主体 | 《城市规划法》 |

4）日本陆海统筹的组织管理。日本没有全国统一的海岸带和海洋管理的职能部门，涉及海岸带及海洋管理的部门包括运输省、建设省、环境厅、国土厅（表 2-7）。

表 2-7　日本海岸带及海洋管理相关部门及其职能

| 部门 | 职能 |
|---|---|
| 运输省 | 负责日本的海上运输、海上交通安全；负责港湾建设及管理，制定与此相关的法规和海上执法工作 |
| 建设省 | 负责沿岸海域的保护及开发利用，发展沿海空间，制定海岸带开发利用的有关法规和规划 |
| 环境厅 | 负责全国海洋环境的监测及管理，拟定全国的海洋环境保护、海洋生态保护与建设的规划，为海域使用管理提供技术支撑 |
| 国土厅 | 负责制定海洋开发宏观计划，管理全国海洋国土的开发和海岸带的开发利用，制定与海洋国土开发利用有关的法律法规 |

### 2.1.2.4 荷兰鹿特丹

荷兰毗邻欧洲北海海域，1/4 的国土位于海平面以下，最低点位于海平面以下 6.74 米。荷兰 2/3 的国土面积受到洪涝灾害的威胁，而这一沿海区域的经济总量占荷兰 GDP 的 70%。受洪涝风暴的威胁及土地资源的局限这两个因素影响，荷兰的发展建设与洪水防护和围海造地密切相关。荷兰的沿海防护及围海造地措施为国际树立了该领域的典范。本章节选取荷兰鹿特丹作为主要研究对象，同时介绍了荷兰关于沿海防护及围海造地等方面的相关实践。

（1）区域基本情况

鹿特丹是荷兰第二大城市，位于欧洲莱茵河与马斯河汇合处，坐落于荷兰的南荷兰省，整座城市展布在马斯河两岸，拥有欧洲最大的海港鹿特丹港，鹿特丹城市市区面积为 200 多平方千米，港区面积为 100 多平方千米。码头总长为 42 千米，吃水最深处达 22 米。

（2）陆海统筹的全国背景

荷兰的海岸带管理体制建立在海岸带综合治理机制上，包括海岸防护、环境保护与治理、海岸资源的开发与保护、海岸灾害的防治、海岸生态的保护、陆地和海底的开发利用，以及围海造地等多项内容。由于荷兰毗邻北海的西部地区，有占国土面积 55% 的"低地"位于海平面以下，因此荷兰格外关注海岸带的防护。

1990 年，荷兰议会批准了荷兰历史上第 1 个"海岸政策文件"，提出并强调海岸带的动态保护，明确了各级政府的管理职能和职责。1991 年，荷兰议会发布了第 2 个"海岸政策文件"，并要求进行海岸带的评估，明确提出海岸带保护工作的主要任务是确保这一基准海岸线不发生后退，还要采取有力措施保护沿海沙丘地区，用维持海岸线的动态平衡来代替建筑大坝这一几百年来行之有效的方法。1992 年，第 3 个"海岸政策文件"公布，其强调海岸带的综合防护和宏观规划。从此之后，荷兰不再采用筑坝的办法，而是用填沙的办法来对海岸带进行动态保护。

（3）城市发展历程

鹿特丹港口的地域空间增长示意直观反映了其城市发展历程（图 2-4）。

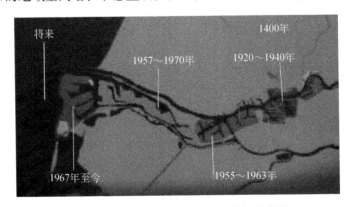

图 2-4　鹿特丹港口的地域空间增长示意图

1）渔村——贸易节点——港口经济。鹿特丹原本是鹿特河附近的渔村，14 世纪时，鹿特丹凭借挖掘的运河与周边区域相通，成为贸易往来节点，鹿特丹也随之繁荣起来。15 世纪时，几经战火破坏，大量商人涌入并定居鹿特丹，使其逐渐进入恢复发展阶段。16 ~ 18 世纪，鹿特丹城市建设逐步发展，在泥沼地上挖掘出了许多港口，成为对外交通和贸易的基础，对外贸易随之蓬勃兴旺，将法国和英国作为主要贸易对象。19 ~ 20 世纪，随着交通条件的改善、城市的扩展及港口运输网络的建立，纵横交错的河流和运河联为一体，鹿特丹港一跃而成为荷兰第一大港，也成为世界上设备最好的港口之一，鹿特丹在转口贸易方面的地位日益凸显。20 世纪初，鹿特丹受第二次世界大战影响，城市建设被完全破坏，机场、港口码头设备也遭到严重破坏，城市经济损失惨重。

2）城市建设+产业发展+港口重建。第二次世界大战后，鹿特丹市政当局启动重建计划。城市建设方面，在保留原有城市风貌元素的基础上构筑西欧风格的城市形态；构筑完善的城市交通网络，包括公共汽车、有轨电车、地铁和各类船只等；注重通信邮电的发展，构建了完善的内部及对外联络网。产业发展方面，鹿特丹的工业全面发展，门类齐全。鹿特丹的造船业很发达，石油化工、家用电器、电子仪器、乳品加工、人造黄油在国际上享有盛誉。此外还有汽车装配、工程机械、铁路器材、轻工业（纸张、服装、咖啡、茶、可可、香烟、啤酒）等制造部门。港口重建方面，通过港口设施的重建逐步恢复了海上交通运输，建成了博特莱克、欧罗波特等新港区和石油化工区，逐步扩大港口和工业区面积，开辟大量海上航线，运用先进的港口设备，逐步成为世界最大集装箱港口之一。

3）港城繁荣。今日的鹿特丹，经济繁荣，生活和谐，人均 GDP 位居欧洲前列。

（4）陆海统筹的实践内容

1）产城联动。鹿特丹港利用港区优势，建立工业园区，方便企业近港建厂，降低成本，并配建专门的共享物流配送中心，方便货物的流转运输。鹿特丹港利用由共生产业和依存产业组成的港口直接产业带动关联产业发展，并和关联产业形成"港口产业链群"，对周边城市和区域的社会生活、就业结构、经济活动、土地利用等产生巨大的带动作用（表 2-8 和表 2-9）。

表 2-8 港口产业类型

| 港口产业分类 | | | |
| --- | --- | --- | --- |
| 产业分类 | | 产业特征 | 主要行业 |
| 直接产业 | 共生产业 | 由于港口的存在而直接产生的行业 | 海运、港口装卸、仓储、物流 |
| | 依存产业 | 依赖港口及共生产业而形成和发展起来的行业 | 拆造修船、邻港工业（石化加工、机械加工）等 |
| 关联产业 | | 与港口直接产业密切相关的行业 | 管理、金融、保险、咨询、商业、旅游、娱乐等 |

<br>

表 2-9　鹿特丹港口产业类型

| 产业类型 | 内容 | 功能特点 |
|---|---|---|
| 海运业 | 包括远洋船挂靠，提供船舶检验、船舶加油、物资供应、维护保养、废物处理、船舶修理及船员轮换等；航运公司及其相关服务业，如海运界享有盛誉的银行、保险公司、律师事务所和咨询公司等；各大高校和教育机构的海运相关的研究和教育 | 鹿特丹的集装箱货物作业集中在 Maasvlakte 和 Waal-Eemhaven 区域，其中 Maasvlakte 区域主要从事洲际远洋运输的大型集装箱船舶的装卸；货物的处理、包装或重包装则在一个物流园区内进行；空箱的储存及维护和修理则由数十家商行专门提供，分布在码头周围区域 |
| 石化产业 | 主要生产合成橡胶、人造树脂、化纤原料、塑料、农药、化肥、油漆、颜料及日用精细化工产品 | 鹿特丹是世界三大炼油基地之一，西起北海沿伸马斯河向东延伸到多德雷赫特市，形成一条绵延 50 千米的沿海石化工业带 |
| 食品工业 | 食品加工及其贸易、存储及运输全集中在鹿特丹港区 | 拥有众多食品贸易和服务公司，并有领先的物流链，食品运输、存储产业发达，如鲜果行业在鹿特丹水果码头周围已集聚形成规模产业 |
| 造船业和水工产品制造业 | 海上拖轮、挖泥船、浮吊、勘探船、海上钻井平台等特种工具船 | 利用拥有水工建筑技术和水利技术的独特优势，主要生产巨型邮轮、货轮和集装箱船 |
| 农业综合产业 | 农产品集散中心，配套粮食碾磨厂、加工厂、食品制造厂、包装公司和储运公司，另外还有相应的辅助服务设施，如实验室、谷物代理和货运代理等 | 利用质量控制交易方便、仓储空备，高效运输的特点，实现工业化的农产品加工，鹿特丹是欧洲农产品加工业的中心 |
| 回收利用 | 主要回收与利用工业废料 | 专门从事废旧物资回收利用的服务商、贸易公司及工业企业遍布各港区 |
| 服务业 | 金融、保险和信息服务等服务业依托发达的工业、贸易与航运快速发展 | 借助发达的临港工业，促进了金融、贸易、保险、信息、代理和咨询等服务业的发展 |

　　鹿特丹港口直接产业具有强大的产业链延伸能力、产值附加能力和就业带动效应。鹿特丹港由原来的单一运输产业功能，转变为集运输和工业为一体的综合产业区。在共生产业和依存产业的共同作用下，直接产业通过上游、下游和横向的产业联系衍生出为鹿特丹港口提供各种服务的第三产业。港口各产业之间相互联系、相互作用，共同形成"港口产业链群"带动周边区域经济的发展。鹿特丹港的关联产业产值为直接产业产值的 2.6 ~ 2.7 倍，即直接产业每增加一个单位的产出，就会相应地带动 2 ~ 3 倍的关联产业的产出。相比之下，我国大多数港口功能单一，直接产业对于关联产业的带动作用十分有限。

　　鹿特丹港约有 50% 的增加值来自其港口工业，其港口工业雇员高达 2 万人。鹿特丹港是世界三大炼油基地之一，也是重要的化工工业基地，全球著名的炼油及化工企业如壳牌、埃索、科威特石油公司、阿克索诺贝尔、伊斯特曼等都在鹿特丹港设点立足。鹿特丹港区拥有 4 个世界级精炼厂、30 多个化学品和石化企业、4 个工业煤气制造商、12 个主要罐存和配送企业。另外,食品工业在鹿特丹港也占据重要地位,食品贸易、存储、加工及运输公司全部集中于鹿特丹港区,联合利华、可口可乐等世界食品巨头云集于此。对欧洲内陆的各大超市来说,鹿特丹港已成为他们设在海边的物流配送站,为其提供稳定、及时的货源。由鹿特丹港口物流形成的产业链,使鹿特丹港对区域经济产生巨大的带动作用,鹿特丹港已成为鹿特丹地区发展现代服务业、提升城市综合功能的重要依托,甚至成为荷兰的经济中心。据统计,鹿特丹港口及相关辅助产业对经济的贡献占荷兰 GDP 的 12%,占当地城市 GDP 的 40%。临港工业不仅丰富了市场,而且鹿特丹港口工业对原材料的需求直接带动腹地经济的振兴,优化了鹿特丹港口城市的工业布局,加速城市化进程。

---

**专栏二:鹿特丹港口发展与空间增长规律**

从鹿特丹港口空间增长的特点及其产业的发展可以看出,鹿特丹港口地域空间成长的经济驱动力主要来自鹿特丹港口产业,鹿特丹港口地域空间的成长随着鹿特丹港口产业的演替而呈现阶段性。在鹿特丹港口发展的初级阶段,由于鹿特丹港口产业是以运输和仓储行业为主的共生产业,其地域空间影响的范围仅限于码头地区,码头地区的关联产业主要有:为鹿特丹港口提供必要的日常生活用品、住房等服务业,以及接近原料地和中转地的码头酿酒和炼糖业。随着鹿特丹港口的进一步发展,以石化、临港加工等行业为核心的依存产业的兴起,鹿特丹港口产业的地域空间影响的范围也突破原有传统码头区,向鹿特丹周边城市区域扩展。这一阶段,鹿特丹周边区域主要发展物流业、加工业和管理咨询业等。随着城市发展的推动,金融、管理、咨询和旅游等新兴现代服务业给鹿特丹港口产业注入了新的经济活力,鹿特丹港口关联产业对于周边地域的空间影响在范围广度上和内容深度上都发生了重要变化,鹿特丹港口关联产业向城市进一步扩散,并成为城市现代服务业的重要一部分。

---

2)空间作用规律:不同产业空间扩张能力是不同的,与港口关系越是密切的产业对港口的依赖性越强,摆脱港口的空间扩张能力就越弱。港口不同产业在地域空间上的"波及效应"对周边区域的社会生活、经济结构、城市建设、土地利用等产生深刻影响(表2-10)。因此,在陆海统筹的时候,应充分考虑到产业对港口的依赖性,充分发挥近海临海地区土地的优势,合理布局相关相应产业,使其对海陆资源达到利用最大化。

表2-10　港口发展阶段与空间、产业关联

| 港口发展阶段 | 空间影响范围 | 共生产业 | 关联产业 |
| --- | --- | --- | --- |
| 第一阶段 | 码头地区 | 运输和仓储 | 日用、住房等服务业 |
| 第二阶段 | 港口周边城市区域 | 石化、临港加工 | 物流业、加工业、管理咨询业 |
| 第三阶段 | 港口周边及城市区域 | 金融、管理、咨询、旅游 | 城市现代服务业 |

3）鹿特丹港城联动：Cityports。

20世纪时，城市与港口在功能上是完全分离的，现在，随着城市与港口发展的联系越来越紧密，在空间上连接城市与港口之间关系的区域愈发重要，即Cityports。实际上，港口与城区不可能单独发展。鹿特丹港口的管理部门希望能够保持鹿特丹港在欧洲的优势竞争地位，同时，城区发展的管理部门不断寻找新的经济门类——将发展的可能性集中在鹿特丹港口功能上。两个因素导致了Cityports这一区域的重要性逐渐凸显。这一区域，作为港口与城市空间的交汇，需要发展更多的经济活动来实现港口发展与城区发展的需求。

鹿特丹的Cityports区域总体上经历了"港城独立发展——失败的港城联动探索——成功的港城联动实践"这一过程。

①背景：港城独立发展。

20世纪时，城市与港口在功能上是完全分离的，但随着城市与港口发展的联系越来越紧密，城市与港口独立发展的问题逐步凸显，主要问题如下。

问题一：高素质人才失业率高。在鹿特丹，城市的发展忽视了经济、空间及社会发展的均衡性。因此，城市的发展将注意力放在了强化港口及相关后勤部门上，以此来丰富城市经济的多样性，来扩展城市建设。虽然港口为城市的发展提供了一些工作岗位，但是工作岗位的受益人群仍然具有很大的局限性。一方面，港口在物流和终端操作方面主要需要低技术劳动力，只有1/4~1/3的工作岗位需要高教育水平的人，受过高等教育的工人在鹿特丹面临更少的就业机会。另一方面，与其他的荷兰城市相比，鹿特丹的青年失业率较高，这些青年一般受教育水平不高，居住地与港区距离较远，很多人甚至根本不考虑在港口工作。

问题二：城市的生活质量下降。随着港口的不断发展，特别是高效的货物装卸设备（货运中心）的增长变得越来越自动化，这极大地影响了城市的生活质量。公路、铁路和河流等大量的运输方式，占用了大量的居民区用地，因此，越来越多的市民感知到了港口进一步开发带来的负面影响，如道路拥堵、空间的侵占，噪声、空气污染和越来越稀缺的土地资源。这些均通过侵害当地公共支持及为了保证港口的实施与发展而产生的问题反映了出来。想要打造一个世界级的港口城市，重塑港口与当地环境的关系是必需的。

②尝试：失败的港城联动探索。

"城市界面工程"启动于2002年，属于一种大规模变革性计划，方法是将部分城市功能转移到Cityports区域。规划在港口区域新建足球场，增添港口区域的城市娱乐功能；将位于城市中心的海事博物馆转移到港口区域。这些规划只是从表象上实现功能的融合，实际上设施功能并没能与周边区域功能相联系，也没从根本上实现港城的融合，机械化的操作不久就被否定。

③实践：成功的港城联动实践。

港区与城区的管理决策者就发展问题达成了共识，形成了一套全新的港城联合发展措施："五张自由卡片"（图2-5），即指基于Cityports区域所划分出的五个空间范围，分别采用五种发展角度对界面区域的发展问题进行调整组织，每一个界面区域都在维持原有特色的基础上发展，避免大规模的变动。

| 卡片1：<br>容量及价值 | 卡片2：<br>重塑三角洲技术 | 卡片3：<br>跨界 | 卡片4：<br>流动区域 | 卡片5：<br>持续移动 |
|---|---|---|---|---|
| 以"货运"为重心的区域 | 海、河、堤坝边界地带 | 高技术人才紧缺区域 | 闲置码头租借不固定建设方 | 水域地带 |
| ●容量:保留货运容量<br>●价值:发展新兴产业 发展教育产业 | ●水防御系统建设：海水管理机构<br>●居民安全防控机构集聚 | ●通过社会、文化的融合实现空间功能的重新结合<br>●中级及高等教育企业对口培训和创业优惠 | ●形成特殊城市形态标志<br>●城市中高层群体聚集 | ●生态<br>●交通<br>●休闲 |

图 2-5　卡片内容

卡片 1：容量及价值。第一种"自由卡片"是开发 Cityports 的经济潜力。"容量及价值"期望界面区域能够发展更多与港口相关的经济活动，如海事服务、海工教育及小型的经济部门（如循环工业等）。现在该区域的发展趋势正将这一特色逐渐呈现出来。容量这一词，指大规模的原有转运（货物中转）活动仍然保留。而在此基础上，运输工具选择的改变、优化（从海洋到陆地、火车、内陆水运等）能够为港区运输提供更多的机会。此外，由于运输费用及材料使用费用的不断增加，对废物的可循环利用成为一个重点关注的问题，而循环产业也成为这一区域的重要发展内容。此外，由于新工业类型的产生，对劳动力的需求也在不断增大。鉴于策略联盟中拥有研究结构这一基础力量，在该区域设置教育门类能够为年轻人提供知识、技术的培训，进而为产业发展输送人才。

卡片 2：重塑三角洲技术。第二种"自由卡片"是利用 Cityports 的空间，发展重塑三角洲技术。Cityports 处于海、河堤坝的边界地带，也是保护居民安全的防控地带。整个区域位于海平面之下，面临着在海平面上升时要保证区域安全的重任。此外，鹿特丹同样拥有学校、机构擅长于海水管理的研究。因此，Cityports 能够提供发展闲置码头的机会。例如，为了建设小规模的水防御系统，减小区域内外的阻碍，许多机构联合一起，在知识及技术上寻求问题的最佳解决方式。现在落位于这一 Cityports 的国家海、河安全防御中心，吸引更多的公司、机构进驻于此。

卡片 3：跨界。第三种"自由卡片"主要指向 Cityports 所能提供的社会及文化机遇。跨界则指城区与港口通过社会、文化的融合实现空间、功能上的重新结合。区域内 RDM 学校是新的港区与城区结合模式的最佳验证。由于港区的发展缺少高技术人才，然而城市中大多数的年轻人都对这种技术型的职业不感兴趣。因此，港区及政府的教育机构联合，在这一 Cityports 内建立了 RDM 学校。中级及高等教育机构进驻此地，与周边企业联合，在为年轻人提供教育培训的同时，提供就业机会，也为他们提供在本区域的创业优惠。现在，许多小的工程公司在此落户。

卡片 4：流动区域。第四种"自由卡片"开发了一种可选择的发展模式，即将闲置的码头租借给不固定建设方。当第一个流动展示馆在 Rijnhaven 出现后，不同的群体表现出了对这里极大的兴趣。这种建立在水体及陆地之上的建筑物，能够作为提供公共服务及商业服务的特殊城市标志。由于这种特殊的地理位置，许多海工公司为了塑造自身的形象，想将公司选址落位于此。港口及城区的管理者发现发展一种新的城市形态能够将城市的中高层群体聚集，因此，这也体现了二者的共同利益需求。

卡片 5：持续移动。第五种"自由卡片"的目的是突出水的特性，作为运输货物、承载居民等功能。由于这个片区的 Cityports 拥有 1 千米长的码头，区域内的任何一个位置、水域都没有超过百米远，因此提供了良好的水上穿梭机会。城区及港口都对这种水上交通流动模式表现出极大的关注。利用水体发展交通既是对环境的保护，也是优化区域整体环境、塑造整体特色的一个重要举措。

通过以上五种"自由卡片"所构筑的 Cityports 发展模式可以看出，Cityports 的产业选择仍然是以港口产业为主，大规模、自上至下的规划经常会导致较大的投资进行城建开发。而这种将 CityPorts 作为目标区域的港口、城区联合规划，既能够减少风险系数，也能有效地进行港城开发联动。

（5）荷兰其他的相关实践

1）海岸带综合治理的经验与教训：三角洲工程。①背景：三角洲地区的防护需求。根据自然环境，荷兰的海岸带大致可分成三段：南部为三角洲型海岸，中部为沙丘型海岸，北部为障壁岛型海岸。1953 年特大风暴袭击三角洲地区，造成严重水患之后，荷兰政府实施了一个治理海岸带的宏伟计划（即三角洲工程）以提高防御水患的能力：在南部三角洲地区构建堤坝和防风暴障壁，使海湾与外海隔离，以保护内地免受海水、风暴潮的侵袭。②实施：有效防治洪涝，但同时环境问题凸显。荷兰攻破各项技术难关，在三角洲地区的四个主要潮汐通道及更靠陆地方向的江心岛之间建造防潮大坝，以减少风暴潮的威胁。三角洲工程建成后，有效地保护了荷兰地势最低地区的安全。在 20 世纪六七十年代，人们的环境意识还比较薄弱，决策者只把防洪和经济效益等近期因素放在首位，站到了工程界的一边，忽略了大坝完工后可能产生的环境效应。完成的大坝都是固定的"死坝"，而无开启的功能。大坝关闭了一些支流水道之后不久即发现水体滞流，局部成为"一团死水"，生态环境的质量明显恶化。③调整：防洪与环保问题兼顾。在后期防洪大坝建设时，政府对大坝的原设计进行了修改，建成了一个闸门可以启闭的大坝。风暴来袭水位骤涨时，关闭闸门；而在平常的低水位时期则保持大坝畅通，保证被其隔断的水体得以适当交换。为了吸取三角洲工程的教训，政府于 1991 年决定在荷兰角附近建造活动阻浪闸，以确保河海的水体循环。

2）围填海造地：有效的管理与评估机制。荷兰是世界上围填海造地开展较早的国家之一，围填海造地面积相当于其国土面积的 1/5。其在长期的填海造地过程中，逐渐建立了十分系统的围填海造地评估与管理体系。主要包括：①围填海造地规划、湿地计划及海岸带保护规划管理体系等；②围填海造地论证评估技术体系；③围填海造地环境影响事后评估管理制度；④围填海造地及海岸工程施工和营运期综合损益评估制度；⑤公众、政府和议会评估与审批制度。

3）滩涂修复模式：泥沙补给。荷兰沿海滩涂中沙丘滩涂占总岸线长度的 3/4、宽度从不足十米到几千米。由于滩涂不断地被海岸侵蚀破坏，需要对其进行保护或修复。保护的主要方式为修筑岸堤及防波堤,修复的主要方式为泥沙补给,荷兰选择了更加经济更加环保的泥沙补给。泥沙补给方式与其他的滩涂开发方法相比具有以下主要优点:①泥沙便宜,补给更经济;②泥沙补给的过程不会干扰滩涂的自然演替,更适合自然状况,生态效果更好;③泥沙补给几乎在任何地方都可用,非常灵活。

(6)荷兰陆海统筹的组织管理

从 20 世纪 60 年代第一次的全国空间规划开始,荷兰就形成了较完整的规划体系。荷兰规划体系的特点就是和政府职能密切衔接,形成了与政府行政区划等级相一致的等级化规划体系。政府分为三级:中央、省和市,每一级政府都会制定战略规划,主要包括:国家空间规划纲要、省区域规划和市结构规划。这些规划基本上是提要性的,只有市一级结构规划有可能具有法律效力。

1965 年通过的国家空间规划法案是制定空间政策的纲领性文件,此后以此为基础,大致每十年修编一次,形成具体时期的空间政策文件。

中央执行的是国家空间规划纲要,在省实行的是区域规划,在市一级实行了两个计划,一个是地方结构规划,是为了和省一级的区域结构规划相协调,另外一个是土地分配规划,实际上就是地块的利用规划,具体到哪一个地块怎么利用的规划,在这个等级体系里面最重要的是省级规划,省级规划在整个战略规划体系中具有关键性作用,一方面要起到国家和市级规划的衔接作用;另一方面指导地方区划符合省级空间发展政策,地方区划的批准与否也由省级政府执行。

1)管理机构

荷兰的海岸带管理机构详细情况见表 2-11。

**表 2-11　海岸带管理相关部门及职能**

| 名称 | 定位 | 职能 |
| --- | --- | --- |
| 荷兰海洋管理局 | 荷兰唯一的全国海洋综合管理职能部门,相当于我国的国家海洋局 | 主要负责海洋政策、规划、计划的制定;组织实施海洋发展规划、计划和政治工程;负责大陆架海域的管理和海岸带管理;负责统一管理海洋开发利用活动 |
| 荷兰海岸管理中心 | 海岸带综合管理部门 | 是为了加强国家的海岸带管理、海岸防护和海岸带开发活动而建立的,主要负责制定和执行国家的海岸带综合管理计划 |
| IDON(Interdepartmental Deliberations over North Sea) | 海洋协调管理机构 | 负责协调、审议各部委制定的有关北海的政策、指令和法律,实现所有涉海部门相互协调,解决在海洋管理中的各种冲突 |
|  | IDON 的下设部门及职责:<br>1. 交通运输、公共工程和水管理部:北海管理,水管理政策,货运及船务<br>2. 国防部:海监和海军<br>3. 经济事务部:油气开采和勘探<br>4. 农业、自然管理和渔业部:渔业、自然保护<br>5. 外事部:国外事务<br>6. 住房、空间规划和环境部:国家空间规划 | |

2）管理范围。荷兰在海岸带行政管理中实行分级管理，明确界定中央和地方的管理范围（表 2-12）。

表 2-12　海岸带行政管理范围

| 管理类型 | 机构 | 职能 |
|---|---|---|
| 岸线管理 | 中央政府 | 保护海岸线的位置，防止海岸侵蚀 |
| | 地方政府 | 负责具体岸线保护工作，并担负与其他政策间的综合协调工作 |
| 海域管理 | 中央政府 | 负责管理低潮线向海一侧1千米以外的海域 |
| | 地方政府 | 负责1千米以内的海域，并制定地区性的发展计划 |

### 2.1.2.5　法国勒阿佛尔市

法国是欧洲国土面积第三大国家，与比利时、卢森堡、瑞士、德国、意大利、西班牙、安道尔、摩纳哥八国接壤，南临地中海，西濒大西洋，西北隔英吉利海峡与英国相望。法国海岸线长约为 2700 千米，主要港口城市包括马赛、福斯、波尔多、勒阿佛尔等。法国沿海城市的开发目前处于探索实践阶段，在沿海开发及管理上取得了一些成效。本节选取法国勒阿佛尔作为主要研究对象，同时介绍了法国关于海岸带保护等方面的相关实践。

（1）区域基本情况

勒阿佛尔市位于法国西北部诺曼底大区海滨塞纳省，地处塞纳河河口，是通往巴黎和鲁昂的前线。勒阿弗尔港口濒临塞纳河湾的东侧，为海湾河口港、设有自由贸易区、基本港，是一个深水港，是法国第二大港和最大的集装箱港，也是距离法国首都巴黎最近的大型港口，以其作为"巴黎外港"的重要的航运地位而著称，其航道水深 14 米。勒阿佛尔市与伦敦隔水相望，距离阿姆斯特丹、法兰克福、日内瓦、米兰和马德里等欧洲重要城市均在 1000 千米左右范围内。

（2）陆海统筹的全国背景

受传统的"海岸公物"概念的影响，法国关于海岸带的法律和规章排除海岸的私人占有。从 20 世纪 50 年代后期开始，法国相继制定了城市整治、土地利用等规划。1973 年 7 月发表的《法国海岸带整治展望》中，首次明确海岸带的范围——不仅仅是内陆，也包括近海和大陆架，提出了设立"海岸带保护机构""沿海娱乐、自然基地"的具体建议，还提出了制定"适用海域的利用计划"的设想。1979 年 8 月，法国以政府政令的形式制定了《关于海岸带保护及整治的方针》，提出了实施海岸带城市规划、保护开发自然空间、海岸必须向公众开放、建设有关设施等政策目标。1983 年 1 月法国根据《关于市镇、省、大区间职权的分配》第 83—8 号法律，刨设了以妥善利用海域为主要内容的"海洋开发基本计划"制度。1986 年 1 月法国制定了《关于海滨的保护、开发和治理》第 86—2 号法律，形成了海岸带管理的基本法律制度；颁布了《城市化法典》第 86—2 号法律，规定了海带地区的特殊制度。

法国的海岸带管理，基本政策是"保护海岸带空间，尊重自然区，维持生态平衡"。

法国的海岸带管理建立在海洋沿岸的一切财产属于国家的"海岸公务"理论之上,所以其立法及综合管理能够保持一致性,使法国可以顺利地制定各种海岸带管理规划,更容易实现该地区的可持续发展。法国海岸带管理规划比较完善,有利于实现海岸带地区各种活动的统筹规划和合理布局。

(3) 城市发展历程

港口发展强化城市地位,推动工业发展。由于沼泽地的环境条件,勒阿佛尔港在16世纪才建立。随着美洲大陆被发现,港口的地位得到了重视,港口的范围不断扩展。17世纪,勒阿佛尔港继续拓展其与美洲及非洲的贸易联系。18世纪末,勒阿佛尔港已经成为法国四个重要港口之一,随着巴黎—鲁昂—勒阿佛尔铁路的贯通,勒阿佛尔的城市地位得到进一步的强化。19世纪时,城市中早期的军工设施被破坏殆尽,城市空间扩充了九倍。许多重要的横跨大西洋的交通贸易公司在此建立,极大地推动了城市工业的发展。

军事功能被贸易功能取代,城市范围扩展。基于勒阿佛尔重要的港口作用,以及在其发展中受到的历史与地理条件影响,整个城市的聚合呈现出一种特殊的城市结构,勒阿佛尔港最初的军事功能已经完全被贸易功能所取代,城市范围也逐步扩展到周边的沼泽、湿地及山丘。

港口腹地扩大,港城同步发展。第二次世界大战后,法国城市及港口完全被摧毁,在1944年才得以开始重建。在第二次世界大战后的城市重建过程中,勒阿佛尔通过不断吸纳周边的市镇来扩大城区面积。勒阿佛尔的城镇重建基本与港口重建同步。在20世纪60~70年代的工业运动中,勒阿佛尔中心城镇形成了以汽车制造及石化工业为基础的城市基底。随着港口贸易及城市产业的发展,城市空间逐步向东扩展,在原港区东部建设工业发展区,发展沿海工业,逐步形成以造船、机械、石油化工等产业为主的沿海工业类型。目前,勒阿佛尔已经形成以航空、石化、汽车、生物工程等高技术、创新要求为主的工业发展中心;成为法国1/3燃油产地及空客产地,在法国的经济发展中发挥着重要的带动作用。

(4) 陆海统筹的实践内容

1) 陆海统筹的契机:大巴黎计划。大巴黎计划是港口与城市统筹发展的重要机遇,在一个区域发展政策下统筹发展港口与城市能够达到事半功倍的效果。这一计划的目的是消除巴黎与周边区域的界线,从海、河、陆、空等方面强化巴黎都市区与全球的交通联系,构建一个可持续发展的巴黎大都会。此项工程将勒阿佛尔作为服务于大巴黎工程的主要港口,塞纳河谷地带将成为构建勒阿佛尔港与欧洲贸易前沿的工业及海事联系区域。这一背景是勒阿佛尔的港口与城市统筹的直接诱因,也是重要契机。

2) 陆海统筹的路径:从多要素整合构建陆海统筹发展的新框架。勒阿佛尔在经过港口与城市的长期空间分割后,通过环境、规划、人及企业、空间几个要素的整合,将港口与城市作为一个整体来重新考虑。① 环境:通过自然保护及生态工程建立与环境的全新关系。② 规划:通过城市及专项规划引导港城的建设。③ 人:关注城市动力主体中的"人"在港城建设中的位置。有效利用空间创造工作机会:勒阿佛尔港使用老、旧的船舶储存区为工作能力低下的人提供工作机会;以教育提升港口价值:建设容纳2000名学生的后勤学院培养专门补给海洋产业及港口运作管理的专业人员；以"人"为路径引导港口空间布局，如造船厂–后勤学院–港口合作联盟。④企业：船舶等海洋产业相关企业的空间偏好。船舶等海洋重工企业需要较大的办公总部及办公空间；位置能够临近或成为一个沿海城市的地标；拥有一个良好的生产生活环境。⑤空间：重新梳理港口及城市空间关系。对空间关系的梳理主要关注以下几个方面：从建筑、景观、地标三个方面强化港口城市的沿海特征；注重港口空间的使用效率；特别关注已开发而闲置的区域；重点规划港口与产业区的过渡区域。

3）港口与城市的空间融合方式：勒阿佛尔南区。勒阿佛尔南区濒临港口，东部连接工业区，是由南部进入城市中心的重要节点区域。① 背景：功能类型单一的港口腹地。勒阿佛尔南区的发展历史与勒阿佛尔港口的发展密切相关。随着勒阿佛尔港航运业的发展，港口的腹地空间逐渐拓展至勒阿佛尔南区，并形成了勒阿佛尔南区的区域概貌。勒阿佛尔南区最初的工业类型主要包括交通运输、机械工程、建筑建造及公共市政等。② 机遇与挑战：港口与城市的发展促使勒阿佛尔南区做出改变。随着城市及港口的发展，勒阿佛尔南区的发展面临了一定的机遇和挑战：港口——码头及储运区的存在提供了发展机遇；交通联运优势逐渐突出，未来如何提升？城市——临近城市的经济发展中心，未来如何发展？经济——作为勒阿佛尔港城交界区域，绝佳的多方联系如何运用？③ 措施：新的空间功能组织。这一系列挑战的出现促使勒阿佛尔南区寻找适于自身的发展模式。依据《勒阿佛尔南区规划》（图2-6），整合靠近内陆部分的城镇中心地带、部分经济活动区及70%的居住区，形成城市复合功能区，以居住、第三产业作为区域主要功能。整合临港的南部经济活动区，形成高附加值经济功能区，发展高附加值的产业经济。整合东侧及南部港口区域，作为长期发展预留区，重点发展物流等临港产业。

(a)规划前　　　　　　　　　　　　　　　　　(b)规划后

图2-6　勒阿佛尔南区规划前后对比图

（5）法国其他城市的相关实践

海岸保护：海岸带管理的退缩线制定方法。法国滨海夏朗德省为确定其后退线，首先对344千米的大西洋海岸线的自然条件进行了综合研究，对计划进行的开发活动进行鉴定，结合图上标示的各地区特征，对照每一种开发活动所提出的要求，绘制出表明各种活动最佳位置的地图；通过对各个地区特征、实际容量和必要的环境、社会经济因素的仔细分析，把发生在指定地带的各种开发活动集中到一张空间分布图上，这些活动的空间分布就形成了后退线。

（6）法国陆海统筹的组织管理

法国的空间规划体系由区域规划和城市规划两大部分组成；根据规划范围的大小，城市规划又可进一步划分为区域性城市规划和地方性城市规划两种类型，它们分别由国家和各级地方负责编制，并在不同的地域范围内各自发挥着不同作用（表 2-13）。

**表 2-13  法国现行空间规划体系**

| 规划体系 | 规划文件 | 规划范围 | 编制主体 |
|---|---|---|---|
| 区域规划 | 《国土开发与规划法案》 | 大区行政辖区 | 中央政府或大区政府 |
| 区域性城市规划 | 《国土协调纲要》 | 省或市镇联合体的行政辖区 | 省政府或市镇联合体决议机构 |
| | 《空间规划指令》 | 跨省或大区的部分特定国土 | 中央政府 |
| 地方性城市规划 | 《地方城市规划》和《市镇地图》 | 市镇或市镇联合体的行政辖区 | 市镇政府或市镇联合体决议机构 |
| | 《城市规划国家规定》 | 尚未编制城市规划文件的市镇 | 中央政府 |

在法国的空间规划体系中，由于区域规划对城市规划具有强制性指导作用，高层次的城市规划对低层次的城市规划也同样具有强制性指导作用，因此位于空间规划体系底层的地方性城市规划常常成为所有上位规划的最终集合，也因而成为对所有法国国土开发政策，如不同层面的综合政策、针对不同地区的分区政策及针对不同专业的专项政策的最终集合和体现。作为以市镇（或市镇联合体）作为编制单元、以规范管理为主要目的的空间规划文件，它们把国家和各级地方及其职能部门依据不同的国土开发政策而确定的国土开发建设计划落实到当地的空间布局中，甚至将其细化为具体的建设项目落实到建设用地中，从而实现了对国土开发政策及上位空间规划的整合和落实。

## 2.1.3  国外陆海统筹的主要经验与教训

### 2.1.3.1  陆海统筹过程中要将生态、经济、社会等多种发展要素一体化考虑

通过对国外陆海统筹的实践分析，可以看出，虽然国外并没有明确地提出"陆海统筹"这一概念，但从陆地与海洋、城市与港口等发展层面，陆海统筹这一概念愈加明晰，并体现在环境、就业、居住、产业、交通、管理等各个方面。因此，陆海统筹实际上是一个全要素的统筹过程，在这个过程中，要将生态、经济、社会等多种要素一体化考虑。

### 2.1.3.2  沿海地区生态保护方面走过弯路，但对地区生态的重视程度日益加深

海岸带是陆地、大气和海洋交互作用的地带，优越的地理位置和丰富的自然资源使其成为人类社会经济活动最集中的区域。海岸带生态系统是海陆交接、过渡地带各自然要素

之间及与人类之间相互作用、相互制约所构成的物质转化和能量流动的统一整体。而同时，海岸带生态系统是全球具有代表性的生态脆弱带之一，由于其自身范围的相对狭窄，海岸带资源的数量和环境的容量都是相对有限的；同时在地-气-海耦合力的作用下，海岸带表现出极度的反应灵敏性。目前的海岸带脆弱性研究多以气候变化作为主要的影响因素，但气候变化与其他影响因素结合起来可能会产生更大的风险。因此，对海岸带的生态保护是至关重要的，也是陆海统筹中所应关注的生态保护核心。

通过案例研究可以发现，国外城市在海岸带生态保护方面走过不少弯路，如荷兰三角洲工程的教训、日本熊本县沿海地区的水俣病等。但随着经验教训的不断积累及对海岸带生态保护的日益重视，他们也积累了丰富的实践经验，如实行海岸带管理的退缩线政策、采取保护性的滩涂开发利用模式、湿地零净损失政策等。

因此，南通市的陆海统筹需要制定一项有效的海岸带生态系统恢复与保护的战略机制，探索生态保护的可行性法令，为南通市的沿海生态安全提供有力保障。

### 2.1.3.3 确立综合性规划引领是实现陆海统筹顶层设计的有效途径

在中国，"陆海统筹"是一种指导沿海地区经济社会发展，提高海洋和海岸综合管理能力的重要战略。而在国外，海岸带综合管理中蕴含着"陆海统筹"的思想；虽然国内外对两者的层级存在不同的认识，但海岸带综合管理所秉承的理念与"陆海统筹"思想相通。在国外，对海岸带实施综合管理已成为当今世界海岸带管理的主流，北美洲100%的海岸都实行了综合管理，南美洲45%、亚洲57%的海岸实行了综合管理。而通过案例分析可以看出，海岸带综合管理这一综合性规划机制已经成为引领国外沿海区域开发的有效途径。

在海岸带综合管理中，欧美国家的海岸带管理普遍采取的是一种自上而下的演进过程。以美国为例，其1972年颁布的《海岸带管理法》，确立了美国海岸带管理的总体目标和基本原则。该法规定了"海岸带管理项目"和联邦一致性条款，鼓励各州积极开展海岸带管理项目，并为其提供资助。虽然在《海岸带管理法》框架下，各州是否申请开发海岸带管理项目是自愿而非强制的，但在该法的支持和资助下，到目前为止所有的海岸州都已建立了海岸带管理项目，并定期向美国国家海洋大气局报告本州海岸带管理的实施效果。

这种自上而下的管理模式一方面从国家的层面对全国的海岸带管理做出规定，无论是强制性的还是建议性的，都将会引起各地对海岸带管理的重视，使各地区各部门明确海岸带管理的重要意义、发展方向和基本要求，促进各地政府采取配套行动加强对当地海岸带的管理。另一方面，国家可以集中全力指导经济、制定出恰当的海岸带管理方法，克服地方海岸带资源管理技术匮乏的劣势。因此，确立综合性的规划引领机制，是实现陆海统筹顶层设计的重要前提。

### 2.1.3.4 陆海统筹的空间模式应与城市的发展阶段相适应

陆海统筹的一个重要内涵是陆海发展空间与资源环境的整合。陆海发展空间的统筹是指根据海陆两个地理单元的内在联系，把海陆社会、经济、文化、生态系统整合为一个统一整体，并从空间发展上体现出来。

陆海的空间统筹不是单纯的空间功能置换（如鹿特丹 Cityports 的城市界面工程），而是要与周边区域的发展、城市总体的发展现状相适应。

### 2.1.3.5　陆海统筹应在区域范围内统筹考虑

为使陆海统筹的发展战略能够落到实处，除了从规划层面进行控制外，还应将其放在更大的区域范围内统筹考虑，在实际工作中寻求陆海统筹的突破口和战略支点。例如，案例研究中的法国勒阿佛尔，即是在大巴黎计划的战略指引下，明确自身在整个区域环境下的新发展定位，寻找到了陆海统筹发展的重要机遇，实现事半功倍的统筹发展效果。

### 2.1.3.6　重视陆海部门的统筹管理，采取灵活多变的方式寻求陆海统筹管理方法

陆海统筹发展涉及面广，在管理对象上既有海域又有陆域，众多的行业、部门和沿海地方政府。要切实打破陆海分割、部门分割、区域分割，深化陆海统筹管理体制改革，从国际经验来看，在短期内是难以实现的。但随着海域利用涉及利益关系的日趋复杂，依靠一事一议协商解决问题的方式必然难以为继，这时需要一种陆海部门的统筹管理机制出现，来推动陆海统筹管理的前行。基于国外的成功案例经验，本书提出了陆海统筹管理合作的两种统筹方法。

（1）寻求陆海管理部门之间的共同利益

一般来说，海洋与城市管理部门之间的矛盾关系是由一系列政策管理因素所造成的。这是由于海洋的管理部门与城市的管理部门并不存在着相同的目标、挑战。例如，海洋部门的关注重点集中在货物处理，因此他们的首要需求就是针对货物运输的交通投资；海洋部门对环境政策的关注重点仅在减少环境负面效应等方面。与之相对，城市的管理部门所关注的重点不在于港口产业集群的配置，而是港口产业能够为城市发展带来多少附加值；同时，城市的管理部门也并不关注港口的劳动力生产效率，而是关注港口经济能为城市带来多少新增就业及高附加值就业机会。虽然海洋的管理部门与城市的管理部门之间存在着一些趋向、需求的不同，但他们也存在着一些相同之处。例如，二者同样面对着包括居住、交通等方面的挑战，这些问题都与二者的发展息息相关。因此，通过寻求利益切入点，实现双方的协调发展，才能够最大限度满足双方的核心利益（表2-14）。

表 2-14　海洋与城市管理部门的关注核心

| 相关因素 | 海洋 | 城市 | 共同利益 |
| --- | --- | --- | --- |
| 经济 | 海洋产业集群 | 经济附加值，多样性 | 经济效益 |
| 交通 | 货运 | 乘客 | 智能交通联动 |
| 劳动力 | 效率 | 就业 | 高附加值的产业 |

| 相关因素 | 海洋 | 城市 | 共同利益 |
|---|---|---|---|
| 环境 | 负面影响最小化 | 生活质量 | 绿色发展路径 |
| 土地利用 | 货运处理，工业 | 居住，产业 | 多样化发展，港口功能与城市功能的融合 |
| 空间结构 | 封闭的工业集群 | 具有凝聚效应的开放的空间网络 | 混合布局 |

例如，可以以交通为切入点，开展陆海基础设施统筹建设。以居民的利益为切入点，将发展城市居民交通作为交通优先发展点；将部分适宜的滨海区域作为居住区。以生态保护为切入点，建立陆海生态环境统筹管理机制，将环境政策的关注层面拓展，不仅局限于减少负面影响，同时将产品质量、生活质量、城市形象、区域竞争力等方面作为生态保护的综合考虑要素。以产业的优化为切入点，发展智能化、高附加值的港口产业，将港口作为发展绿色经济的重要区域等。

（2）针对特定情境的动态统筹管理模式

在对荷兰鹿特丹的案例研究中，Cityports 区域创新性地提出了这种针对特定情境的动态统筹管理模式，即划分出五个空间及情境范围，分别采用五种发展角度对这些区域及处于对应情境下的区域的发展问题进行调整组织，每一个界面区域都在维持原有特色的基础上发展，避免大规模的变动。这种模式不止在陆海统筹的功能及空间发展中取得成功，同样也成功地使该区域的陆海管理部门实现了统筹合作。

南通市的陆海统筹管理可以选择具备一定经验和条件的特定区域，将这个区域作为部门管理统筹的试点区域，考虑设立国内陆海统筹新模式的创新试点，鼓励先行先试，积极探索陆海统筹的路径和经验。

## 2.2 国内陆海统筹案例研究

### 2.2.1 山东东营

#### 2.2.1.1 城市发展概况

东营市位于山东省东北部、黄河入海口的三角洲地带，是黄河三角洲的中心城市，是适应胜利油田和黄河三角洲开发需要设立的省辖市。2013 年全市 GDP 总量为 3250.2 亿元，位于山东全省第 8 位，人均 GDP 为 157 486.2 元，居山东全省首位。现状（2013 年）总人口为 203.53 万人，土地面积为 8053 平方千米，其中滩涂和浅海面积近 6000 平方千米，海岸线长 413 千米，约占山东省海岸线的 1/9。东营港为山东省地区性重要港口，东营港是渤海湾泥质海岸线距深海最近的位置，是建设万吨级深水大港的天然良址。该港口目前以原油进口、原煤出口、液体化工产品出口及大宗散杂货、集装箱为四大主导功能。

#### 2.2.1.2  陆海统筹主要做法和成效

在山东半岛蓝色经济区和黄河三角洲高效生态经济区两大国家战略背景下，主要以经济区发展规划的形式开展陆海统筹实践。2009 年，国务院正式批复《黄河三角洲高效生态经济区发展规划》，标志着包括东营在内的黄河三角洲地区发展上升为国家战略。2011 年，《山东半岛蓝色经济区发展规划》获批为国家战略。东营市是唯一同时纳入山东半岛蓝色经济区和黄河三角洲高效生态经济区两大国家战略（简称"黄、蓝"两大国家战略）的城市。在此背景下，东营市的陆海统筹工作也主要依托这两大战略进行。东营市先后颁布了《东营市蓝色经济区改革发展试点工作方案》和《东营市蓝色经济区发展规划》，从海洋资源开发、现代海洋产业体系建设、海洋生态文明建设、陆海统筹一体化发展机制与管理体制方面，在市域层面细化了两大发展战略规划在东营的具体规划内容和行动要求。

争取到系列配套支持政策，并在城镇建设、现代产业体系建设等方面取得较大进展。"黄、蓝"两大国家战略，以及东营市出台的配套工作方案和发展规划，从本质上讲，仍然是以促进地区经济发展为主要目的。例如，《黄河三角洲高效生态经济区发展规划》提出的四个总体发展定位："建设全国重要的高效生态经济示范区、全国重要的特色产业基地、全国重要的后备土地资源开发区、环渤海地区重要的增长区域"，都是从地区经济发展的角度出发的。相关的七大配套优惠政策——财税政策、土地政策、金融政策、基础设施建设政策、对外开放政策、人才政策及其他政策，也都是以服务区域经济发展为目的。以对外开放配套政策为例，《黄河三角洲高效生态经济区发展规划》中提出，"国家支持有条件的省级开发区升级为国家级开发区；依托东营和莱州临港产业区，设立保税仓库、出口监管仓库，为设立综合保税区创造条件。省设立省级综合配套改革实验区，申请设立出口加工区。争取逐步设立黄河三角洲保税物流园区、保税区和保税港区。"在《黄河三角洲高效生态经济区发展规划》指导下，东营市把突破东营港和临港产业区作为实施国家战略建设高效生态经济区的重大战略举措，制定了专门的《东营临港产业区（起步区）发展规划》，并且城市总体发展方向也做了相应调整，从依托老城区到向滨海地区推进。在此背景下，东营港经济开发区发展成效显著，财政收入从 2006 年的 300 万元增加到 2012 年的 2.6 亿元，同年地区生产总值为 356 亿元，同比增长 11.3%，呈现出蓬勃的发展态势。

---

**专栏三：黄河三角洲高效生态经济区配套优惠政策**

财税政策。国家安排中央分成的矿产资源补偿费适当对黄河三角洲地区给予倾斜，按国家有关规定建立资源型企业可持续发展准备金；新建企业，3 年内免除省级管理的涉企行政事业性收费；30 个欠发达县上缴的省级营业税和企业所得税比上年增长部分全部返还；营业税、企业所得税、个人所得税省级分成部分，以 2008 年为基数，增量部分全部返还。

土地政策。允许探索土地利用规划动态管理模式，允许省域内占补平衡；支持

---

开展未利用地开发管理改革试点，稳步推进城乡建设用地增减挂钩；设立"飞地"，并实施优惠政策。在四大临港产业区分别界定 1~2 个优先开发区域，由全省共同开发；国家在围填海指标和滩涂利用上给予倾斜。依法充分减免海域使用金。

金融政策。建立黄河三角洲产业（股权）投资基金，组建开发担保公司、农村商业银行。支持设立地方性银行，发展村镇银行、小额贷款公司；积极稳妥发展产权交易市场，支持在流转土地使用产权、林权和海域使用权抵押融资方面先行先试；鼓励金融机构设立促进资源型城市可持续发展专项贷款。

基础设施建设政策。确保黄河三角洲基础设施建设投入明显高于全省平均水平；流域面积 1000 平方千米以上的跨市河道治理，省以上补助占总投资的 30%。大型病险水库，省以上补助占总投资的 60%，中型病险水库，省以上补助占工程总投资的 45%；将疏港公路列入省公路建设计划，省负责路面和大、中桥梁的建设投资，市承担土地办理、路基、小桥、涵洞的建设投资。

对外开放政策。国家支持有条件的省级开发区升级为国家级开发区；依托东营和莱州临港产业区，设立保税仓库、出口监管仓库，为设立综合保税区创造条件。省设立省级综合配套改革实验区，申请设立出口加工区。争取逐步设立黄河三角洲保税物流园区、保税区和保税港区。

人才政策。省财政每年安排 500 万元，专项用于补助黄河三角洲地区引进发展急需人才。

其他政策。逐步建立完善生态补偿机制，探索建立排污权有偿使用和排污权交易市场；支持推进东营资源型城市可持续发展试点；支持建设重大创新能力项目，推动黄河三角洲国家可持续发展实验区建设。

在省级层面成立了黄河三角洲高效生态经济区建设办公室，管理体制有一定创新。陆海统筹发展涉及面广，在管理对象上既有海域又有陆域，涉及众多行业、部门。黄河三角洲生态经济区在管理体制上，借鉴了国外区域综合规划的既有经验，成立了由省领导任组长、省直机关等多部门及各地级市政府负责人共同组成的领导小组，统筹协调资源开发、环境保护、经济发展、规划管理等工作。在评价监督机制上，由黄河三角洲生态经济区办公室制定实施细则，实行日常检查和重点督查相结合、会议调度和现场督查相结合，以确保黄河三角洲高效生态经济区建设顺利推进。

在配套土地政策支持下，进行了一系列土地利用改革试点工作。在"黄、蓝"两大国家战略背景下，东营市进行了一系列土地制度改革与管理创新，最突出的体现在未利用地开发管理改革试点方面。国土资源部大力支持东营开展未利用地开发管理改革试点，并以省部协议的方式进行试点。具体来讲，试点内容主要包括以下内容。

1) 未利用地"先行使用，年底核销"。自 2011 年，东营市组织实施 7 个土地开发整理项目和 1 个总规模 3 万亩的开发建设用地项目，其中 7 个开发整理项目总规模为 32.04

万亩，约占总未利用地的 8%，实施后可新增耕地 11.29 万亩。

2）发展"飞地经济"。在东营港经济开发区划定建设占用未利用地的备用区，规划若干平方千米的"区中园"作为飞地，面向省内外、国内外招商引资，吸引省内外用地紧张、土地瓶颈制约突出的市县区到"区中园"进行大规模建设投资。

3）实行土地利用计划差别化管理，对投资规模大、技术含量高、环境污染小、经济效益好、就业拉动强的重大建设项目，特别是使用未利用地的建设项目，在安排用地计划时予以倾斜，组织实施国家级重大土地整治工程。

4）探索建立政府填海与企业用地相分离、以政府为主导的填海造地模式。在围填海指标和海域使用金分配使用上给予倾斜，依法减免养殖用海海域使用金。

5）探索海域使用权流转制度。

### 2.2.1.3 存在的问题

第一，重经济发展、轻环境保护、社会发展，并没有真正实现战略目标的综合性。东营市的陆海统筹实践是在"黄、蓝"两大国家战略背景指导下进行，虽然在规划层面提出了包括生态保护、促进城乡统筹、社会发展、地区经济发展等在内的多元化发展目标，但无论从相应的配套政策措施看，还是地方的具体实践来看，促进地区经济发展都被摆在了更重要的位置。诚然，这一方面与国外发达国家和地区相比，东营市仍处于发展阶段，经济建设、特别是从传统石油工业占绝对主导向现代产业体系转型发展仍然是现在和未来一段时间工作的重中之重；另一方面其发展也受制于我国海岸带管理、海岸带生态保护等工作起步晚、整体发展水平相对不高。例如，环境保护方面，东营市目前仍面临着淡水资源不足、境内水体污染普遍较为严重、由不合理的开发导致的土地利用覆被频繁变化等问题，这些问题在目前的"黄、蓝"两大国家战略中并没有提出完善的解决思路。

第二，陆海产业联动有待进一步协调，产业转型升级任务仍然艰巨。东营市是传统的石油城市，石化及相关产业是城市传统的支柱产业。无可避免地，东营市与其他资源性城市一样，也面临着传统产业更替、寻找新兴替代产业的发展诉求。陆海统筹发展，为东营市的产业转型提供了难得的契机。在陆海产业联动发展方面，以东营港、东营临港产业区建设的推进为代表，东营市的海洋产业取得了突破性进展，但仍然存在不少问题。主要表现在：一是海洋第一产业比例明显过高，整个海洋产业仍呈粗放型发展。海洋渔业企业仍以小企业为主，很难形成规模效益，海洋渔业发展动力不足。二是海洋第二产业中的水产品加工规模不大，并且海洋第二产业仍以传统的海洋化工、海洋渔业等传统产业为主，海洋装备制造、海洋生物制药等海洋战略性新兴产业发展相对缓慢；三是海洋第三产业中旅游资源开发深度不足，海洋旅游资源的组合优势未充分发挥，旅游产业政策落实不够，产业组织化程度低，市场竞争力不强。

第三，环境保护力度不够，生态环境问题仍然严峻。东营市在环境保护方面做了大量工作：除已有的黄河口国家级自然保护区外，近年来新选划建立了利津底栖鱼类、河口浅海贝类、龙口黄水河口海洋生态、莱州湾蛏类、广饶沙蚕类等 5 处国家级海洋特别保护区，总面积达 1691 平方千米，占东营全市海域面积的 30%。但是东营市生态环境问题依然严峻，如东营市位于黄河入海口，地区生态环境较为脆弱，单靠划定生态保护区，缺少相应的配套措施，地区生态环境恶化的趋势仍然难以扭转，主要表现在：陆源污染物排放总量不断增加，河口海域污染加重，海洋生物质量、生物多样性指数明显下降，风暴潮、溢油、赤潮灾害等频发。

第四，部门间沟通协调力度仍然不足，管理体制仍然相对松散。山东省层面成立了黄河三角洲高效生态经济区建设办公室，并于 2014 年初举行了首次党政联席会议。虽然黄河三角洲办公室的成立旨在不同部门、不同地方政府之间的沟通、协调，但在总体发展规划制定后，规划的落实、实施和监督仍然按照条块分割到各地、各部门，仍然难以避免地区间、部门间出自各自利益考虑"打架"的情况。因此探索如何建设一个更加高效的、可操作的协调机制是必需的。

## 2.2.2　浙江舟山

### 2.2.2.1　城市发展概况

舟山市位于浙江省舟山群岛，地处我国东南沿海，长江口南侧，杭州湾外缘的东海洋面上。地理位置为东经 121°30′ ~ 123°25′，北纬 29°32′ ~ 31°04′，东西长为 182 千米，南北宽为 169 千米。舟山市是浙江省辖地级市，是我国两个以群岛建立的地级市之一，全市由 1390 个岛屿组成，占全国岛屿总数的 1/5，包含 270 多千米深水岸线。2010 年全市人口为 112.13 万人，总面积为 2.22 万平方千米，其中海域面积为 2.08 万平方千米，陆域面积为 1440 平方千米。2013 年全市 GDP 总量为 1650 亿元，位于浙江省第 11 位，人均 GDP 为 81 653.51 元，居浙江省第 3 位。舟山市拥有渔业、港口、旅游三大优势，是中国最大的海水产品生产、加工、销售基地，素有"东海鱼仓"和"中国渔都"的美称。舟山全市港湾众多、航道纵横、水深浪平，是中国屈指可数的天然深水良港。

### 2.2.2.2　陆海统筹的主要做法和成效

舟山的陆海统筹是在浙江海洋经济发展示范区上升为国家战略，以及舟山作为全国第四个国家级新区背景下进行的。国务院于 2011 年 2 月正式批复《浙江海洋经济发展示范区规划》，浙江海洋经济发展示范区建设上升为国家战略。2011 年 6 月，国务院正式批准设立浙江舟山群岛新区，舟山成为中国继上海浦东、天津滨海、重庆两江新区后又一个国家级新区，也是第一个以海洋经济为主题的国家级新区。舟山的陆海统筹工作，主要就在这两大国家战略的背景下开展。

陆海统筹管理、海洋经济发展与本地特色紧密结合。主要体现在以下方面。

1）舟山是我国两个以群岛建立的地级市之一，"千岛之城"是舟山最大的特色。舟山的陆海统筹、海洋经济发展，也在相当程度上体现了这一特色。例如，舟山群岛新区的目标定位为"浙江海洋经济发展的先导区、长江三角洲地区经济发展的重要增长极、海洋综合开发试验区"，无疑是充分考虑了舟山岸线资源总量和种类都异常丰富的现实而提出。

2) 舟山本地经济最大的特色是民营经济为主体，舟山群岛新区发展规划中也专门提出，要全面落实国家支持民营经济发展、鼓励和引导民间投资的政策措施，凡国家法律法规未禁止进入的行业领域，民营企业均可进入。鼓励民营企业和民间资本投资基础设施、公用事业、金融服务等领域。在土地制度改革方面，相应地进行了农村土地承包经营权、渔（农）村宅基地和集体建设用地产权交易平台和市场化流转办法的探索，以多重配套制度设计保障本地民营经济的发展壮大。2013 年，民营经济占舟山市规模以上工业比重达 75%，比 2011 年的 65% 还要高 10 个百分点。

在城乡统筹综合配套改革方面进行了一系列探索。舟山群岛新区获批后，舟山市主要围绕渔（农）村产权制度、户籍制度等重点领域，开展各类配套改革试点工作具体如下。

1) 加快推进农村土地、房屋等各类产权的确权登记颁证，积极引导确权后的产权交易流转，探索建立农村土地承包经营权、渔（农）村宅基地和集体建设用地产权交易平台和市场化流转办法。

2) 组织实施农村土地综合整治示范工程，以乡镇为单位，积极尝试宅基地跨村使用。

3) 优化海岛城乡建设用地空间布局，研究低丘缓坡土地综合开发利用新模式。

更强调与周边地区的一体化发展。作为全国仅有的两个海岛群地级市之一，舟山市全域都属于滨海地区，因此，其陆海统筹工作更强调与周边其他城市和地区的一体化协作，以区域协作的形式开展陆海统筹。

1) 加强与上海、宁波的深度合作。围绕共同建设上海国际航运中心，进一步完善上海、宁波、舟山三地港口合作机制，加快宁波—舟山港一体化进程。舟山在发展定位上一是主动合作，与宁波共建世界一流组合大港；二是错位发展，在与上海港的关系上主动寻求错位，上海港定位于以集装箱运输、以自贸区为依托的贸易中转，舟山港就更多地发展散货集疏运等业务。

2) 加强与腹地的基础设施对接。加快铁路、高速公路、航道建设，推进长江三角洲地区交通网络一体化；统筹制定和实施江海一体的水环境综合治理规划，标本兼治，江海联动，逐步修复河流生态系统，共同改善长江下游及近岸海域水质。

3) 强化与内陆地区的互补发展。广泛吸引内陆地区以各种形式参与舟山群岛新区建设，规划建设海洋产业合作发展示范基地，优化资源配置，细化相关政策，重点解决内陆企业在项目用地、技术人才等方面需求，为合作发展创造良好条件。

### 2.2.2.3 存在的问题

第一，临港地区主要以货主、企业主主导开发模式为主，开发缺乏可控性、有序性和整体性，不能实现资源的集约化、规模化利用。舟山市各岛屿的经济发展和对外交流对港口的依赖性很强，货主、企业主的积极参与明显加快了开发进程。但是目前普遍存在开发速度过快、遍地建设码头、乱占岸线资源、港区整体规模都不大的问题。现状开发模式不利于实现岸线、土地资源的集约化、规模化利用。如深水浅用和岸线资源多占少用现象依然存在，节约岸线资源、提高码头使用效率的意识不强。

第二，陆海生态环境保护面临多重挑战。目前舟山市仍保持良好的生态环境，主要得益于海洋。然而近年来，舟山市海域生态环境遭受内外越来越严重的冲击：工业与航运排污、岛屿开山等现象越来越多，市外三条大江（长江、钱塘江、甬江）污水无度入海，导致舟山海域富营养化和水质降低等问题日益加重。2006 年国家海洋局组织开展的全国典型海洋生态系统调查，对舟山群岛的检测结果表明，舟山群岛海洋生态环境面临的压力日益增加，产卵区、育幼区、养殖区、旅游区、纳污区、海岸防护区、湿地等破坏严重，海洋生态系统结构失衡，生物栖息地丧失严重，主要传统经济鱼类资源衰退，海水养殖品种种质退化严重。因此，建立不以牺牲海洋生态环境为代价，建立以海洋开发利用与资源环境承载能力相适应为基础和以可持续发展为目标的综合开发管理体系，对舟山新区的建设和发展不仅完全必要，也是非常紧迫的。

第三，以港口功能为代表的岸线资源利用方式与舟山本地城市功能、经济产业联系较弱，陆、海产业关联度不高。舟山市现有港口利用模式虽然带动了铁矿石、石油及天然气等大宗散货吞吐量的快速增长，但是由于大部分货物通过船过船及管道中转为主运输，舟山只是物流链中的一个临时堆存节点，其生产网络未向舟山延伸，与舟山本地的产业联系非常弱，因此，城市工业、商贸并没有因为港口开发而获得大规模的发展机遇。

第四，海域管理体制机制尚不适应。舟山市的海洋管理一直处于"九龙治海"状态，从机构设置看，舟山管海事务多、对上部门多，职能机构少，海洋管理事权和职权很不对称。凡涉海部门都有各自的职能，大家"各自为政"，碰到一些职能交叉的问题，往往难以形成合力。尤其是由于早期舟山海事机构薄弱等历史原因，舟山海域内不少海事仍由宁波管理，导致有些海事处理，权属不清，关系不顺。如长期以来，由于大量陆源入海排污口超标排放污染物，致使舟山中度污染海域逐步增大，舟山海域水质下降的问题虽然其原因众所周知，但责任在谁、谁来负责难以落实。

## 2.2.3　广东湛江

### 2.2.3.1　城市发展概况

湛江，旧称"广州湾"，是广东省下辖地级市，也是我国首批沿海开放城市。位于中国大陆最南端广东雷州半岛上，地处粤桂省区交汇处，东濒南海，南隔琼州海峡与海南省相望，西临北部湾，背靠大西南。湛江是粤西和北部湾经济圈的经济中心，是中国大陆通往东南亚、欧洲、非洲和大洋洲航程最短的港口城市，是 1984 年全国首批 14 个沿海开放城市之一。2013 年，湛江市 GDP 总量为 2060 亿元，居广东全省第 10 位，人均 GDP 为28 977元，居广东全省第 14 位。

湛江市总人口为 714 万人，土地总面积为 13 225.4 平方千米，其中沿海滩涂面积为9.91 万公顷，占广东全省滩涂面积的 38.38%，浅海面积为 55.7 万公顷，全市海岸线资源丰富，海岸线长为 1556 千米，占广东全省海岸线的 46.2%。

### 2.2.3.2　陆海统筹的主要做法和成效

第一，在广东海洋经济综合试验区上升为国家战略的大背景下进行。2011 年 7 月，广东海洋经济综合试验区正式获批，该区域包括了湛江在内的广东省沿海 14 个市和全部海域，海域总面积为 41.9 万平方千米，陆域面积为 8.4 万平方千米。《广东海洋经济综合试验区规划》从现代海洋产业体系建设、涉海基础设施建设、海洋生态、海洋公共服务体系、海洋特色文化、海洋综合管理体制等方面对广东全省的海洋经济确定了综合性的发展框架，包括湛江在内的各市和地区的陆海统筹工作也基本在这一规划的指导下进行。

---

**专栏四：《广东海洋经济综合开发试验区规划》主要内容**

提升我国海洋经济国际竞争力的核心区；全国海洋科技创新和成果高效转化集聚区；全国海洋生态文明建设示范区；南海保护开发战略基地；全国海洋综合管理先行区。

**总体布局：三区、三圈、四带**

**三区：**海洋经济主体功能区，包括珠江三角洲海洋经济优化发展区、粤东海洋经济重点发展区、粤西海洋经济重点发展区。**三圈：**海洋经济合作圈，包括粤港澳海洋经济合作圈、粤闽海洋经济合作圈、粤桂琼海洋经济合作圈。**四带：**海洋开发保护带，包括海岸带、近海海域、深海海域和海岛地区。

**规划中对湛江的定位**

湛江属于粤西海洋经济重点发展区，是广东海洋经济发展的一个重要增长极。这一区域要发挥大西南出海口的优势，加快发展临海现代制造业、滨海旅游业、现代海洋渔业、临海能源及工业与城镇建设用海区开发。湛江市着力发展东海岛高端临海现代制造业产业集群，以湛江钢铁基地等重大项目为龙头，建设技术先进、节能环保、装备一流、效益良好的循环经济临海产业园区，打造粤西中心城市和大西南出海大通道。

---

第二，在新一轮的湛江城市总体规划中明确提出，将陆海统筹战略作为城市发展的三大战略之一。具体战略措施包括：①推进海洋开发。整合湛江优势海洋资源，构建海洋发展新平台，加快海洋生物医药、海水淡化利用、海洋可再生能源等产业发展，打造中国海洋资源开发的重要基地。②统筹港城关系。依托东海岛港区和宝满港区，大力发展钢铁、石化等临港工业，形成"港工互动"格局。③积极发展面向港口经济的城市生产性服务职能，形成"港城互动"格局。科学利用资源，利用丰富的海洋、动植物等生态资源，科学划定空间管制分区，引导各类开发建设活动，实现对生态环境、战略性资源的保护和对空间结构的优化。

### 2.2.3.3 存在的问题

第一，对海洋生态保护的重视程度不够，生态环境保护形势严峻。在海洋生态保护方面，2011 年湛江市启动了全面的湛江港湾清障行动，对从湛江港的入口到加隆码头的主航道上的各式养殖捕捞设施进行了全面清理。但是这种突击式的行动，并不足以改变全市海洋生态保护大格局。湛江市沿海生态保护的最大问题，是过于突出对港口、航道、能源、矿产、渔业等海洋资源的利用，即过度以服务经济发展为导向，存在过度开发岸线资源、大规模围海造陆和滨海地区高消耗、高排放产业高度密集等问题，而对海洋生态的保护重视程度不够，致使近海岸的海洋生态环境呈不断恶化之势。

第二，湛江市生态环境保护形势严峻的另一个突出表现，体现在沿海滩涂地区由于粗放式开发，已遭受严重破坏。随着海洋开发利用活动的日益频繁，特别是前期无序的大规模随意构建养殖场，湛江市已被毁的防风林带、红树林等海生植物群落总量达到 0.67 万公顷，盐沼泽地、上升流区等也同样遭到破坏。沿岸水土大量流失，自然堤岸破碎，海洋动物、生物生存和繁衍场所正逐步消失，近海渔场日渐萧条，鱼类品种越来越少。海域水体也因缺乏海生植物、生物的自净化功能而污染日趋严重。

海洋产业区域同构严重，且本地海洋产业特色不突出。从区域来讲，以广东省惠州—广州—珠海—茂名—湛江一线的临海开发区为载体的沿海石化产业带正在形成，包括湛江在内的沿线城市产业同构现象日益严重。从湛江本地来讲，一方面，传统的原材料加工、化工、电力、钢铁等重化工项目向滨海集聚，在沿海地区"遍地开花"；另一方面，湛江本地在港口等方面的优势没有充分发挥，海洋产业特色不突出，表现在：①湛江港素以天然深水良港著称，在全国大港口中位居第八，具备建设亿吨大港的条件。然而，湛江港口完成的货物吞吐量虽然已经过亿吨，但与排在其之前的大港相比仍然相去甚远。②湛江航运业的船小、企业小、航运范围小，导致湛江航运业发展水平较低，本地的货运量有相当一部分被周边港口抢占。

第三，陆海联动的交通基础设施建设滞后对地区发展形成严重制约。长期以来，湛江的港口建设、海洋产业发展与货物集散能力增长不匹配，"小交通"对地区产业发展造成制约。公路方面，湛江每百平方千米国道密度是 2.6 千米，仅为广东全省的 70%，市域高速公路 238 千米，每百平方千米密度才 1.8 千米，不及广东全省的一半，不及珠江三角洲的 1/3。与此同时，在 2013 年底茂湛铁路开通前，湛江始发或经停的火车班次少，飞机航班更是又少且贵。交通"短板"成为制约产业发展和湛江加快发展的最大瓶颈。

第四，陆海统筹管理体制存在矛盾。在其他滨海城市存在的陆海多头管理、管理体制不完善的问题在湛江表现得也较为突出。如近年来海洋部门积极推行的海域使用权直通车制度，毫无疑问，这一方面提高了围填海土地使用的灵活性，但另一方面，也进一步加剧了海洋部门、土地部门和规划部门的矛盾：由于市域总体城市规划和土地利用规划在进行编制时，一般只将海岸线以内地区纳入规划范围，尚未涉及海域的开发建设和使用，因此一方面围填海海域尚难以纳入上层规划的统筹考虑范围内，另一方面由于规划部门缺乏规划依据，海域用地难以进入城市建设审批环节。因此，做好与土地部门、规划部门的统筹、衔接十分重要。

## 2.2.4　天津滨海新区

### 2.2.4.1　发展概况

滨海新区位于天津东部沿海，面积为 2270 平方千米，海岸线为 153 千米，常住人口为 263.52 万人。地处环渤海经济带和京津冀城市群的交汇点，距北京 120 千米，内陆腹地广阔，辐射西北、华北、东北 12 个省（自治区、直辖市），是亚欧大陆桥最近的东部起点；拥有世界吞吐量第五的综合性港口，通达全球 400 多个港湾，是东、中亚内陆国家重要的出海口；拥有北方最大的航空货运机场，连接国内外 30 多个世界名城；四通八达的立体交通和信息通信网络，使之成为连接国内外、联系南北方、沟通东西部的重要枢纽。按照规划，滨海新区主要由五大功能板块组成，即东部现代港口物流板块，西部先进制造业板块，南部重化重装板块，北部休闲旅游板块，以及中部金融服务板块。

### 2.2.4.2　发展历程

（1）第一阶段（1984~1994 年）：初步开发时期

1984 年天津被批准成为首批对外开放城市，同期天津经济技术开发区成立，即滨海新区前身。初建的天津经济技术开发区选址塘沽盐场三分场，总面积为 33 平方千米。1991年国务院批准设立了天津保税港，成为当时华北、西北地区、也是中国北方规模最大的保税区。开发区相继开辟中信工业区、韩国工业园、泰丰工业园等"区中区"，土地开发模式也从最初的"借贷开发模式"转向"融资划片开发模式"。到 1994 年，以天津经济技术开发区、保税区和天津港为骨架的滨海新区雏形渐现。

（2）第二阶段（1994~2005 年）：滨海新区地区战略地位确立

天津市第十二届人民代表大会第二次会议上正式提出"用 10 年左右时间，基本建成滨海新区"。时任天津市长李瑞环提出"整个城市以海河为轴线，改造老市区，作为全市的中心，工业发展重点东移，大力发展滨海地区"，同时"开辟海河下游新工业区"，"建设发展滨海新区"的战略构想，强调天津市工业发展的重点要东移，要大力发展滨海地区，逐步形成以海河为轴线，市区为中心，市区和滨海地区为主体的发展格局。1994~2002 年，天津滨海新区 GDP 年均增长 26%，累计增长 8 倍；工业总产值增长 7 倍；出口额增长 10 倍；财政收入增长 10 倍；累计利用外资额则从 12 亿美元跨越到 171 亿美元。2001 年，天津港港口年吞吐量突破一亿吨，成为中国北方第一大港，跻身世界港口 20 强之列。

（3）第三阶段（2005 年至今）：天津滨海新区国家发展战略地位的确立

2005 年 10 月 11 日，党的十六届五中全会通过十一五规划，提出"推进天津滨海新区等条件较好地区的开发开放"，将天津滨海新区纳入全国总体发展战略布局，由地区发展战略上升为国家发展战略的重要组成部分。2006 年 5 月 26 日，国务院发布《国务院关于推进天津滨海新区开发开放有关问题的意见》，天津滨海新区开发开放被正式纳入国家发展战略布局。

根据 2006 版《天津市城市总体规划（2005—2020 年)》，天津滨海新区将形成以滨海新区核心区为中心，汉沽新城和大港新城为两翼的组团式结构，建成"一轴""一带""三个城区""八个功能区"的城市空间和产业布局。"一轴"，即沿海河和京津塘高速公路的城市发展主轴，"一带"，即东部滨海城市发展带，"三个城区"，即天津滨海新区核心区、汉沽新城和大港新城，"八个功能区"包括：先进制造业产业、滨海新技术产业园区、滨海化工区、滨海新区中心商务商业区、海港物流区、临空产业区、海滨休闲旅游区、建设临港产业区。规划到 2020 年，天津滨海新区常住人口规模为 300 万人，城镇人口规模为 290 万人，城镇建设用地规模 510 平方千米。

### 2.2.4.3 陆海统筹的主要做法和成效

第一，明确规划主导，并通过规划调整实现产城联动、区港联动。天津滨海新区自设立以来，一直十分重视规划的引领作用。随着天津滨海新区的发展壮大，天津市适时地对全市规划进行了调整，在主城区与天津滨海新区的关系上，由之前的"一主一副"调整为"双城双港、相向拓展、一轴两带、南北生态"，进一步确定了天津滨海新区在天津市发展中的龙头地位。与此同时，天津滨海新区内部在空间布局上也进行了调整。针对之前各功能区间产业雷同、内耗严重的问题，天津滨海新区逐步确立了"东海港、南重化、西高新、北旅游、中服务"的产业布局体系。

同时，天津滨海新区通过区港联动，推动了区内各类园区的一体化发展和协同发展。天津滨海新区具有集港口、经济技术开发区、高新技术园区、出口加工区和保税区于一体的优势，2006 年，天津成为我国第一批"区港联动"试点。区港联动全面提升了天津港及天津港保税作为中国现代物流的重要龙头品牌效应，世界知名物流企业纷纷入驻，中转、仓储、配送、第三方物流及其他物流业务也随之兴旺，极大地促进了港口物流业的发展壮大。

第二，在空间布局上，优先保证大项目在滨海地区的用地，保证了大项目成为天津滨海新区经济发展的重要抓手。天津滨海新区产业发展的一个特点就是大项目拉动作用强劲。例如，2012 年，天津市固定资产投资为 8871 亿元，超过北京、上海、广州，其中天津滨海新区的投资就达到 4453 亿元。在固定资产投资方向上，天津滨海新区重点投向高质、高端、高新的大项目，并以此作为产业发展的重要抓手。航空航天、装备制造、石油化工等一批产业链条长、带动作用大的优势产业集群纷纷落户天津滨海新区，这也成为天津滨海新区经济快速发展的动因所在。天津滨海新区在土地供应上，通过土地储备等形式优先保证大项目的用地需求，为大项目带动战略提供了空间保障。

第三，在功能结构上，由单一的产业功能区向产城一体化新城转变。天津滨海新区的前身"天津经济技术开发"在设立之初，总面积仅为 33 平方千米，并且主导功能以单一产业园区为主，当时开发区相继设立了中信工业区、韩国工业园地、泰丰工业园、海晶工业园、中航小区、泰丰工业区等"区中区"，这些园区无一例外都是较为纯粹的工业加工园区。随着天津滨海新区功能地位的不断提升和空间规模的扩大，在发展定位上也从原先十分突出产业功能，向综合性新城区转变。这一思路在新一轮天津滨海新区总体规划中得到充分体现：园区总体布局结构为"东海港、南重化、西高新、北旅游、中服务"，生活服务功能不断强化。

第四，土地利用管理方式上进行了多项探索创新。①以中新天津生态城为试点，探索实施"三规合一"，将城市总体规划、环境保护规划、土地利用规划在规划内容、规划编制、规划实施与监管等方面进行综合协调，最终形成"一图三规划"的管理模式。②创新土地利用计划管理和耕地保护模式。为适应天津滨海新区开发开放初期建设项目多、用地需求大的特点，天津滨海新区实行了"前期适当集中、后期相应调减"的计划安排。同时，变指标分配为额度调控，以避免闲置土地现象。同时，鼓励开发利用滩涂资源，保护耕地。天津滨海新区所属海域沿线具有天然淤积的属性，适合填海造陆。目前规划中的海滨休闲旅游区、临港工业区、东疆保税区和南港工业区等区域都将大量进行填海造陆。国家海洋局等相关部门也给予了相当支持，为临港重大用海项目的建设争取了时间和空间。③改革集体建设用地使用制度，推进城乡建设用地增减挂钩改革。在国土资源部支持下，滨海新区被列为城乡建设用地增减挂钩试点，周转指标"一次核定，集中下达"到天津市政府，由天津市政府确定拆旧建新项目，编制城乡建设用地增减挂钩设施规划并组织实施。拆旧建新项目以小城镇示范项目为代表，坚持承包责任制不变、可耕种土地不减、尊重农民意愿等原则，将较低效产出的农村集体建设用地通过宅基地换房等方式实现集约使用，将增量部分转为城市建设用地，并将原有宅基地统一进行复耕，实现耕地占补平衡。

第五，以陆海统筹的多式联运交通网络，保障海洋产业集聚区与都市功能区、内陆腹地的高度互动发展。在交通体系建设方面，天津滨海新区以建设"北方国际航运中心和国际物流中心"为核心，完善航空、公路、铁路、管道等多种运输方式协同发展的综合交通运输体系，一方面增强与以"三北"（东北、华北、西北）地区为服务范围的腹地之间的交通联系，另一方面强化对外交通联系。空港方面，改造扩建滨海国际机场，建成中国北方航空货运基地和客运干线机场；铁路方面，建设天津港疏港铁路战略通道，形成沟通周边和腹地的便捷、高效的客货运铁路交通网；公路方面，建设"四横、四纵、五条联络线、一个港城交通枢纽"的路网骨架，形成连通"三北"，通达华东、华南地区的快速公路体系。

第六，行政管理体制上进行大胆创新。2010 年，天津滨海新区政府出台了《天津滨海新区行政管理体制改革方案》，天津滨海新区行政管理体制改革全面启动。天津滨海新区的管理体制改革主要集中在以下两个方面：①探索建立协调统一的管理体制。打破长期以来天津滨海新区内部各自为政的体制障碍，撤销天津滨海新区原工委、管委会及塘沽、汉沽、大港三个行政区政府，成立天津滨海新区行政区，由天津滨海新区区委区政府统一行使新区管理职权，统一编制和实施发展规划，统一产业布局和结构调整，统一大型基础设施和公共设施建设，统一利用配置土地资源，统一财政预算，统一社会管理。②探索建立经济职能与社会职能相对分开的管理模式。组建两类区委区政府的派出机构：一类是城区管理机构，成立塘沽、汉沽、大港三个城区管委会，主要行使社会管理职能，保留部分经济管理职能，强化教育、卫生、文化、社会保障等工作；另一类是功能区管理机构，成立九个功能区党组和管委会，主要行使经济发展职能，集中精力搞产业开发、抓经济建设，实现了经济职能和社会职能各有侧重、互补协同的新型管理模式。

### 2.2.4.4 存在的问题

第一，城乡土地利用统筹力度不足。2010 年天津滨海新区有街镇 27 个，其中涉农街镇 12 个，行政村 151 个，农业人口 21 万余人，占总人口的 10.6%，耕地面积为 30.6 万亩。由于长期存在的土地利用与管理上的二元结构，城乡建设用地市场长期处于割裂状态。一方面，城镇建设用地十分紧张；另一方面，由于农村集体建设用地流转的局限性，农村建设用地长期处于粗放式管理状态，农村空心村、闲置宅基地大量存在，制约了城乡土地利用的协调发展。

第二，由于行政分割、建设时序不一等原因，造成天津滨海新区用地空间布局不尽合理，各功能区在空间布局上相互干扰较为严重。天津滨海新区是由三个行政区合并而来，原有各行政区的产业布局并没有随着天津滨海新区的成立而得到有效协调，产业布局的不合理必然伴随着土地使用的不合理，具体表现在：一是工业反向布局问题，一些化工等重工业分布在居住区上游、上风向，直接影响了地区居民的生活环境；二是天津滨海新区产业相对集中，产业对周边地区的带动性较弱；三是区域间经济发展不平衡，经济发达地区的地价、土地利用率均高于相对不发达地区，导致了区域间土地使用的不平衡。另外，由于产业过于集中，加重了废料、废水、废气处理的难度，对土壤造成严重污染。

## 2.2.5 国内陆海统筹的主要经验与教训

### 2.2.5.1 主要以发展规划的形式进行，更多关注经济发展

目前我国的陆海统筹基本都是在地区发展规划的大背景下展开，与真正的陆海统筹有一定相似性，差异也较为显著。主要表现在：国外以海岸带管理形式出现的陆海统筹规划更加强调战略目标的综合性，特别是将海岸带地区的生态保护作为最基本、最重要的立足点和出发点。正如"海岸带综合管理"的定义，这是一种为了解决生态的、文化的、历史的、审美的及经济发展等众多利益需求冲突的理论与实践模式；它不仅关注沿海地区环境的保护与恢复，也注重海岸带地区经济和社会的发展，注重海洋和陆地产业之间的关联；通过对生态系统、海岸经济、社区的整合，以期实现经济发展过程中对海岸资源的可持续利用，实现海岸安全健康的人类生存环境。反观国内的陆海统筹规划和实践，虽然在不同地区的发展规划体系中都强调了生态保护和管理，但不论规划本身还是地方政府执行层面，更多的还是强调地区经济的发展，究其本质还是一类地区发展规划。

### 2.2.5.2 国内城市积极申请陆海统筹试点，目的往往是获得相应配套政策支持

纵观国内正在积极进行陆海统筹规划和实践的城市，不可否认，凡是获批为国家、省级战略的城市和地区，都获得了在土地、财税、资金等多方面的配套政策支持，这些配套政策赋予了相应的城市和地区明显优于其他城市与地区的权限或利好。例如，舟山新区获批后，其建设用地总规模和年度利用计划由省政府单列审批，并在符合土地利用总体规划和海洋功能区划的前提下，允许舟山新区通过围填海拓展发展空间。在当前对地方政府的考评仍然是经济发展占主导的大环境下，地方政府往往更加关注如何利用配套政策促进本地经济发展，而生态保护、社区建设等国外实践中更为重视的发展目标往往得不到相应的重视，也就很难真正实现陆海统筹综合性发展的初始目的。

### 2.2.5.3 管理体制上的部门分割导致统筹规划或管理难以实施

无论是舟山、湛江还是东营案例，可以看到，部门分割、多头管理导致的部门间沟通协调力度不足，是当前我国陆海统筹实践中面临的共性问题。三个案例城市/地区中做得较好的黄河三角洲生态经济示范区，虽然在省级层面成立了黄河三角洲建设办公室，并以党政联席会等形式加强地区、部门间的沟通与协调，但各地区和部门出于自身利益、管理权限的考虑，在实际工作中很难自发的从全局高度进行协调，地区间、部门间"打架"或责任推诿的情况仍然存在。

### 2.2.5.4 海岸地区土地节约集约利用、合理利用存在难度

据统计，全国海岸线人工化的比例早已过半，海岸带适合开发的临港区域几乎被开发殆尽，并且在已开发的港口区域中，主要以货主、企业主主导开发为主，导致港口地区开发普遍缺乏可控性和整体性，港口资源的集约化、规模化利用水平较低。另外，众所周知，滨海旅游是海洋经济中对环境影响最小、也最富民的工程。全世界 40 个旅游胜地，其中 37 个处于沿海国家和地区，这 37 个沿海国家和地区的旅游收入占世界旅游总收入的 80% 以上。加拿大、英国、法国、澳大利亚等国家的滨海旅游业已成为国内经济的支柱产业。然而在中国，滨海旅游却不是地方政府的兴趣所在，各地政府极力争夺的是大港口、大钢铁、大石化。在当前对地方政府的考核体系下，虽然有上位发展规划的引导和指导，但沿海地带仍然被理所当然地优先用于大型石化等经济项目建设，生态空间、滨海旅游空间被一再挤压。

### 2.2.5.5 海岸地区与内陆腹地联动发展不足

在经济发展仍然占主导的现状下，沿海地区城市产业同构现象严重，我国仅从南京到上海的长江沿岸就布局了八个大型的临港化工，杭州湾也正向石化工业区的目标大步迈进，在北方的环渤海地区，天津、大连等地全面提升石化、造船、重型机械等支柱产业。重化工导向的港口建设大多与腹地地区的支柱产业联系薄弱，难以为地方特色产业发展形成支撑。

# 2.3 对南通陆海统筹工作的主要启示

## 2.3.1 国内外案例城市与南通的基本情况比较

### 2.3.1.1 地理条件

（1）基本概况

如图 2-7 和图 2-8 所示，2011 年，在九个城市中，南通的总面积位居第三位，人口数量居第二位。

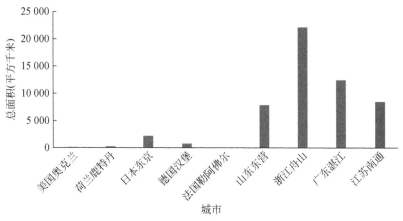

图 2-7 九城市总面积对比

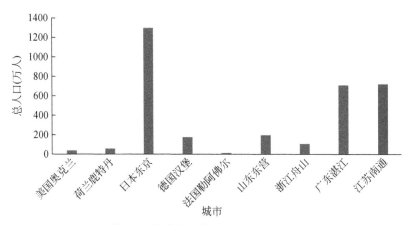

图 2-8 九城市总人口对比（2011 年）

（2）岸线条件

与东营、舟山、湛江几个国内城市相比，南通的海域面积略高于东营，但远少于湛江、舟山，在四个城市中居第三位，南通海岸线也在四个城市内最短，但南通滩涂资源丰富，仅次于湛江，在四个城市中居第二位，开发潜力大（图2-9～图2-11）。

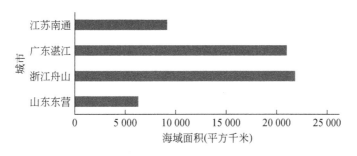

图 2-9　海域面积对比图

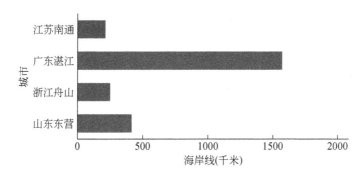

图 2-10　海岸线对比图

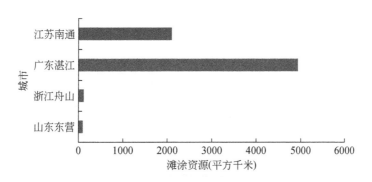

图 2-11　滩涂资源对比图

### 2.3.1.2　经济发展阶段

南通市人均GDP在九个城市中处于倒数第二的位置。总体来说，汉堡等国外城市的人均GDP一般在4万美元之上；而国内城市中以东营人均GDP最高，在2万美元左右，湛江与南通的人均GDP都较为落后（图2-12）。

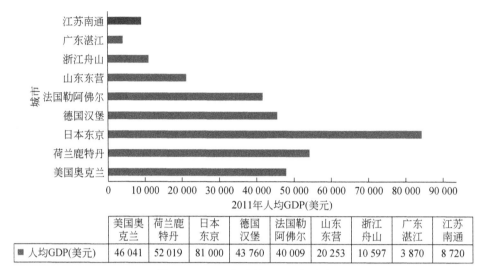

图 2-12  2011 年人均 GDP 对比图

依据产业发展阶段判断标准，包括东京、奥克兰、鹿特丹、汉堡及勒阿佛尔在内的国外城市已经处于后工业化阶段，国内城市中，南通与舟山已迈入工业化后期，而湛江仍处于工业化中期阶段（表 2-15）。

表 2-15  产业发展阶段判断　　　　　　　　　　　　　　　（单位：美元）

| 项目 | 前工业化阶段 | 工业化实现阶段 | | | 后工业化阶段 |
|---|---|---|---|---|---|
| | | 初期 | 中期 | 后期 | |
| 人均 GDP | 740～1 480 | 1 480～2 960 | 2 960～5 920 | 5 920～11 110 | >11 110 |

注：指标选取参照 2006 中国社会科学院重大课题"中国工业化、信息化和工业现代化的关系研究"的研究成果《中国地区工业化进程的综合评价和特征分析》

### 2.3.1.3  陆海产业发展

总体来看，奥克兰、鹿特丹、汉堡、东京湾及勒阿佛尔等国外城市与区域的主导产业类型丰富多样，并主要由海洋产业与陆地产业共同构成，且已经使与海洋及陆地产业相关的服务业作为城市发展的主导产业，产业联系更为紧密（表 2-16）。

表 2-16  九个城市与地区的主导产业比较

| 地区 | 电子 | 化工 | 服务业 | 生物制药 | 造船 | 航空 | 机械 | 服装 | 食品加工 |
|---|---|---|---|---|---|---|---|---|---|
| 奥克兰 | √ | ○ | ○√ | ○ | | | √ | | |
| 鹿特丹 | √ | ○ | ○√ | | ○ | | √ | | √ |
| 汉堡 | √ | ○ | ○√ | | ○ | √ | √ | | √ |
| 东京湾 | √ | ○ | ○√ | | ○ | | √ | | |
| 勒阿佛尔 | | ○ | ○√ | ○ | | √ | | | √ |

续表

| 地区 | 电子 | 化工 | 服务业 | 生物制药 | 造船 | 航空 | 机械 | 服装 | 食品加工 |
|------|------|------|--------|----------|------|------|------|------|----------|
| 东营 | √ | ○ | | | | | √ | √ | |
| 舟山 | | ○ | ○√ | | ○ | | | | |
| 湛江 | | ○ | | | | | √ | | √ |
| 南通 | | ○ | | | ○ | | | √ | √ |

注：○代表海洋产业；√代表陆地产业

东营、湛江等国内城市更多倚重于陆地产业的发展，对海洋产业的发展程度不够，并且缺乏陆海相关服务业的发展，难以形成陆海产业联动。而舟山在倚重海洋产业发展的同时，服务业过于侧重旅游业发展，对其他与陆海产业相关的生产性服务业重视不够。

南通在陆海统筹过程中，除了对陆海各自产业拓展升级，更应注重与陆海产业相关的服务业发展，强化陆域产业与海洋产业间的发展纽带，实现陆海产业的统筹发展。

#### 2.3.1.4 陆海统筹发展阶段

通过对国外几个城市与区域的案例研究，对各个城市的陆海统筹发展阶段进行了一个预判断，即根据区域的陆海统筹实践现状，判断国外这几个城市所处于的陆海统筹发展阶段（表2-17）。

表 2-17　国外案例城市陆海统筹发展阶段

| 城市或区域 | 法国勒阿佛尔 | 美国奥克兰 | 荷兰鹿特丹 | 德国汉堡 | 日本东京湾 |
|------------|--------------|------------|------------|----------|------------|
| 陆海统筹发展阶段（从低到高） | 实践期 | 成长期 | 调整期 | 成熟期 | 升级期 |

将国内城市与国外这些城市及区域相比，可以看出，以上几个国外城市及区域虽然没有明确提出陆海统筹这一概念，但都将陆海统筹这一理念付诸实践当中。而国内的陆海统筹仍处于理念探寻阶段，总体上并没有切实落于实践，并不属于这几个阶段，总体上应该是处于"规划期"。

从国内几个案例城市来看，东营、湛江及舟山这几个城市均属于国家战略中首批发展海洋经济（山东、浙江、广东）的省市，均拥有陆海统筹的坚实背景，但这几个城市在陆海统筹的发展过程中处于不同的阶段（表2-18）。

表 2-18　国内案例城市陆海统筹发展阶段

| 城市 | 成就 | 问题 | 阶段判定 |
|------|------|------|----------|
| 湛江 | 将陆海统筹列入城市总体规划中 | 停留在理念阶段，缺乏具体践行措施 | 停滞期 |
| 东营 | 陆海统筹先行区，探索陆海统筹相关政策方式 | 局限于政策探索缺乏宏观多要素考虑 | 规划期 |
| 舟山 | 舟山群岛新区，是全国陆海统筹先行区，拥有绝佳政策条件 | 局限于政策，缺乏具体措施 | 规划期 |

南通并没有国家首批发展海洋经济的区域背景，目前南通从理念及实践模式、管理等各个方面探索陆海统筹的发展模式，提出了陆海全要素统筹的发展概念。总体来说，南通

目前仍然处于陆海统筹的"规划期"。

### 2.3.1.5　陆海统筹管理机制

奥克兰、汉堡、鹿特丹及勒阿佛尔的陆海统筹管理机制是在海岸带综合管理体制下建立的，海岸带综合管理见图2-13。

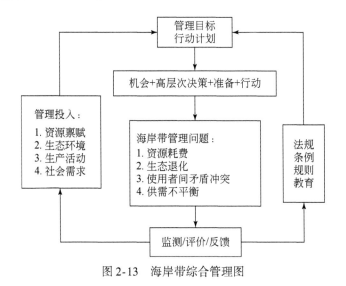

图 2-13　海岸带综合管理图

东京区域则采取半集中式管理的方法，虽然拥有较为明确的海岸带管理法规，但海岸带管理分属于各部门，主要靠协调机构来实施海岸带管理，强调高层统筹决策。

与国外这几个城市相比，包括南通在内的国内陆海统筹协调管理机制还没有建立，依旧处于探索阶段。

## 2.3.2　国内外案例对南通的主要启示

### 2.3.2.1　以"多规合一"思路，制定跨部门、行业的综合性发展规划

目前，陆海统筹涉及的规划包括土地利用规划、城市规划、国民经济和社会发展规划、环境保护规划、海洋功能区划、港口规划等，涉及的部门、行业更是达到十几个之多。显而易见，要真正实现陆海统筹发展，在当前的规划体系中，缺少一个类似西方国家海岸带综合管理的统一性的发展规划。国外类似的规划一般是从国家层面开始自上而下制定的，我国地域面积广，沿海各省市经济社会发展状况差异很大，因此，更为可行的是自下而上首先尝试建立地方的类似于国外海岸带综合管理规划的陆海统筹规划，并以初步编制—实践—完善—全国推广的形式，自下而上逐步建立起覆盖全国的陆海统筹规划体系。而作为全国陆海统筹发展先行区的南通，当仁不让地应当承担起这一职责。

## 2.3.2.2　将生态保护摆在首位，真正实现生态、经济、社会等多种发展要素一体化考虑、统筹的布局

国内目前以发展规划形式出现的海洋经济区规划等，虽然也提出了经济、社会、生态等多方面的发展目标，但是更多还是强调地区经济的发展，究其本质还是偏重地区经济发展的规划。南通要真正成为国内陆海统筹发展的首位示范区，就必须强调综合考虑陆地和海洋资源与环境的特点，系统考察陆地和海洋的经济功能、生态功能和社会功能，以充分发挥陆海活动优势，实现区域社会经济的可持续发展，即不仅关注海岸带地区经济和社会的发展，还更关注沿海地区环境的保护与恢复，并以划定城市发展边界等形式，将生态优先、生态保护作为发展的最基本的前提真正落实。

## 2.3.2.3　发展目标和发展策略随城市的不同发展阶段动态演进

从国内外特别是国外城市和地区的陆海通统筹实践中可以看出，海岸带城市和地区的发展目标和具体发展策略，不是一成不变的，而与所在城市和地区的发展阶段相适应。城市经济快速发展时期，在确保基本的生态保护红线的前提下，可能需要更多服务于地区经济的发展，有更多的滨海地区是城市的生产空间；随着城市和地区的发展、地区产业结构的不断升级，更多的海岸空间从生产空间向生态、生活空间转化。在西方国家，海岸带综合管理也被定义为一种动态的过程。南通目前处于工业化中期向工业化后期迈进阶段，城市发展处在转型、变革时期，其城市发展在可预见的二十年内必然会有较大变动。因此，在南通的陆海统筹规划中要充分考虑城市发展阶段性特点，并设定一定的发展弹性，制定阶段性的陆海统筹目标和相应策略。

## 2.3.2.4　强调着眼于大区域一体化统筹考虑

发达国家和地区的陆海统筹实践大多是自上而下进行，在进行到城市层面时，与外部地区的多方协调往往在上位规划中已做好设定。在国内尚未形成国家层面或区域层面的陆海统筹规划时，地方性的陆海统筹规划应主动考虑与周边地区的协调发展。具体到南通来讲，长江三角洲北翼中心城市、上海自贸区成立等外部环境，更是将城市发展与地区发展紧密地联系在了一起（勒阿佛尔的发展与大巴黎规划的契机就是很好的案例），在陆海统筹实践中更应着眼于大区域的发展诉求和机遇一体化统筹考虑。

## 2.3.2.5　探索规划管理体制创新，建立多部门协同推进的统筹管理机制

陆海统筹规划和管理工作的一个重点与难点，就是后期的规划管理工作。由于涉及的部门众多，且各部门都有自己的利益考量，如何在规划制定后切实有效地进行管理，是关系到南通陆海统筹工作推进的关键。建议借鉴国外海岸带管理的相关经验，并不强求通过一个统一的部门替代部门管理，而是在市级乃至省级层面确定一个高效的协调机构，由涉及陆海统筹的各部门负责人参加，负责协调各机构对陆海统筹战略的执行，并以地方法规的形式予以确认，保障陆海统筹工作的严肃性和可执行性。

# |第3章| 陆海统筹行动的理论
## 基础和战略体系研究

本章主要介绍陆海统筹所依据的理论基础和战略体系，依托江苏沿海开发和长江三角洲区域一体化发展两大国家发展战略，坚持统筹协调，加强耕地保护，优化用地布局，推进集约高效。以保护生态用地空间，合理控制土地开发强度，提高集约利用水平，整合陆海空间资源为目标，构建"双核一轴多中心"的陆海国土空间开发新格局，严格实施"三线"（生态保护红线、永久基本农田、城镇开发边界）管控，优化生态、生产、生活空间结构和耕地、建设及滩涂等陆海国土资源配置，推进陆海节约集约创新，加强生态环境保护，统筹基础设施建设，探索土地政策创新。

## 3.1 陆海统筹主要理论

### 3.1.1 最小成本理论

最小成本理论实质是追求利润的最大化。企业进行生产的主要目的就是追求利润的最大化。在完全竞争的条件下，商品的价格和生产要素的价格都被假定为既定的，因此，企业可以通过对生产投入量的不断调整来设定产量，从而实现利润的最大化。而在这一过程中，也同时实现最优生产要素的组合（张卫东，2013）。

通过一定的数学方法，可以证明最优生产要素的组合即可达到利润的最大化，在这一数学证明过程中，引入了总收益、平均收益和边际收益这三个概念。经过数学计算，可知利润的极大化可以表示为边际成本等于边际收益。也就是说，生产商通过生产要素的合理配置，达到利润的最大化，也就是通常所说的成本最小化原则。

### 3.1.2 聚集经济理论

聚集经济这一概念最早是由经济学家阿尔弗雷德·韦伯在他的著作《工业区位论》一书中提出的。他把区位因素分为两大类，一类是区域因素，另一类则是聚集因素。他强调了产业聚集的自发性，并深入探讨了产业聚集的优势（林金忠，2005）。

在韦伯的理论基础上，又产生了区域经济学和城市经济学。区域经济学传统上是沿用了马歇尔关于内部经济与外部经济的概念，把城市聚集经济的形成机制理解为对外部经济的充分利用。基于经济活动的外部性，城市聚集经济被分为三个层次及相应的三种类型：

①企业、产业内部规模经济；②对企业而言是外部的，但对产业部门而言是内部的经济；③对企业和产业都是外部的，但由于聚集在某个城市而产生的经济。其中，第一种类型就是一般意义上所说的规模经济（economies of scale），第二种类型被称为地域化经济（economies of localization），第三种类型则被称为城市化经济（economies of urbanization）。而城市经济学则是把城市看作一个完整的单位，研究城市内部的经济发展问题，在城市经济学中，也有相关的理论及模型来研究，在这里不多做介绍。

从大范围看，随着全球经济的飞速发展，聚集经济成了世界经济发展的重要组织形式，各国企业在全球范围内寻找最优区位，降低生产成本。从小范围看，一个国家乃至一个城市的发展，也需要充分考虑到聚集经济，决策者要尽可能为企业创造资源共享的环境，充分发挥产业集聚的作用，谋求经济的长远发展。

## 3.1.3 杜能圈理论

约翰·冯·杜能在《孤立国同农业和国民经济的关系》一书中假定了这样一幅图景：某"孤立国"与别国隔绝，仅有一个中心都市；境内各地交通条件完全一致，没有可以通航运输的河川，亦无阻隔商旅的高山；各地土质和气候条件亦无差异；中心都市所需农产品全由周围乡村供给，而乡村所需农具等手工业品则由中心都市提供。

杜能按照距离远近将都市周围划分成六个环状同心圆。第一圈为自由农作区，为紧邻市中心的农业地带，主要生产鲜果时蔬，如蔬菜、鲜奶。这些农产品的保质期短，不易储藏，需要紧邻消费市场。第二圈为林业带，为城市提供薪柴，由于成本和利润的考量，在第二圈种植林木。第三圈为谷物轮作区、农作物种植区，轮作谷物，供给城市。第四圈为谷草轮作地带，轮作谷草。第五圈为牧业区，发展畜牧业。第六圈为荒芜土地区，由于距离市中心太远，远离消费市场，交通运输成本太高，利用率很低。

杜能依据市场的需求及运输成本的高低对城市周围的农业生产活动做了一个划分。根据杜能的这一理论，可以看出，距离市中心越近，农业的商品化程度就越高。

## 3.1.4 圈层结构理论

圈层结构理论主张以城市为中心，逐步向外发展，适合于工业化程度较高的地区。圈层结构理论最早由德国农业经济学家冯·杜能提出。其主要观点是，城市在区域经济发展中起主导作用，城市对区域经济的促进作用与空间距离成反比，区域经济的发展应以城市为中心，以圈层状的空间分布为特点逐步向外发展。

### 3.1.4.1 圈层结构的内涵

城市是一个不断变动着的区域实体，从外表形态上来说，它是指有相当非农业人口规模的社会经济活动的实际范围。城市和周围地区有密切的联系，城市对区域的作用受空间相互作用的"距离衰减率"法则的制约，这样必然导致区域形成以建成区为核心的集聚和扩散的圈层状的空间分布结构。由建成区至外围，以及由城市核心至郊外，各种生活方式、经济活动、用地方式都是从中心向外围呈现圈层状的规律变化。

### 3.1.4.2 圈层结构理论的基本特征

"圈"意味着向心性，"层"体现了层次分异的客观特征。圈层结构反映城市的社会经济景观由核心向外围呈规则性的向心空间层次分化，由内到外可以分为内圈层、中圈层和外圈层。

内圈层，即中心城区或城市中心区，该层是完全城市化了的地区，基本没有大田式的种植业和其他农业活动，以第三产业为主，人口和建筑密度都较高，地价较贵，商业、金融、服务业高度密集。

中圈层，即城市边缘区，既有城市的某些特征，又保留着乡村的某些景观，呈半城市、半农村状态。

外圈层，即城市影响区，土地利用以农业为主，农业活动在经济中占绝对优势，与城市景观有明显差别，居民点密度低，建筑密度小。

圈层理论主张以城市为中心，逐步向外发展，适合于工业化程度较高的地区。圈层理论总结了城市扩张和发展的一般规律，对发展城市经济、推动区域经济发展具有重大指导意义。尤其是我国正在大力发展小城镇，提高城市化水平，这对合理规划和发展城市经济、合理规划小城镇的发展更具有现实意义。圈层结构理论在日本已成为国土综合规划的重要指导思想，并且发展成为大城市经济圈构造理论。我国的大城市也比较重视该理论的应用，注重研究城市发展和边缘区的关系，并提出了城市经济圈的许多构想。其中，南京、上海、石家庄、武汉、广州、北京等地对城市经济圈的模式都曾进行了深入的研究，并以该理论为指导对城市经济的发展进行了规划。

## 3.1.5 人地关系理论

人地关系理论是人文地理学中的重要理论，影响到人文地理学的各个要素和方面。人地关系是普遍存在的一种客观关系，人类的生存和活动，都要受到一定的地理环境的影响。人地关系的产生经历了一个漫长的历史过程，这一过程中出现过许多不同的人地观，由最初的天命论到环境决定论、或然论和生态论等。

环境决定论强调自然环境对社会发展起决定性作用，该思想在西方有很长的渊源。希腊学者亚里士多德在他的著作中提出气候和自然环境对人的性格有影响。法国政治哲学家孟德斯鸠认为气候对人造成的影响可以体现在民族、政治制度和宗教方面。之后德国哲学家黑格尔提出了世界上三种地理环境，不同的环境对当地社会历史产生不同作用。德国地理学家拉采尔在《人类地理学》中提出人是环境的产物，活动、发展和分布受环境的严格控制，而其学生森普尔对地理环境决定论思想持较为慎重的态度。环境决定论过分强调环境的决定作用，忽视了各种因素之间复杂的关系。20世纪30年代后地理学家认识到不同地域的人类社会不仅受自然环境的影响，而且受社会、历史等诸多因素的影响，地理环境并不能起决定性影响。

或然论注重人对环境的适应与利用方面的选择能力，而不是强调环境在人地关系中的决定作用。法国地理学家 P. 维达尔·白兰士在 20 世纪初提出，人地关系中，人是积极力量，不能用环境控制来解释一切人生事实，而一定的自然条件为人类的居住规定了界限并提供了可能性，但人们对这些条件的反应或适应因传统生活方式的不同而有所差异，他认为生活方式是决定某一特定人群选择的基本因素。白兰士的学生 J. 白吕纳通过对这一理论的进一步研究，对人类对环境利用与适应的选择能力有了更深的理解，他提出心理因素是人类与自然的媒介和一切行为的指导者。

适应论由英国人文地理学家 P. M. 洛克斯比提出。他认为人文地理学包括人群对自然环境的适应和居住在一定区域内人群及其和地理区域之间的关系两部分组成。这里所说的适应是指通过文化的发展而对自然环境和环境变化的长期适应，意味着自然环境对人类活动的限制和人类社会对环境的利用和利用的可能性。

生态论是美国地理学家 H. H. 巴罗斯提出的研究人类对自然环境的反应的理论，他认为地理学研究的目的在于研究人类对自然环境的反应，侧重于分析人类在空间上的关系。生态论和适应论都试图借助生物学上有关生态学的观点来分析人地关系的特点，彼此之间论点大体相同。

环境感知论研究者认为人与自然环境关系中的各种可能性进行选择时不是任意的、随机的和毫无规律的，而是有一定客观规律的，它受环境感知支配。每个人都生活在一定的环境中，由于受其环境及文化的影响，在人们的头脑中形成一种印象，这种由环境影响而产生的印象就称为环境感知，它为该环境中共同文化集团内的所有成员所共有。人们一旦形成某种环境感知以后，对现实环境的认识和理解就必然受到已经存在的环境感知的影响，无法十分准确地理解客观现实环境。这样，人群对该环境所做出的反应和决策必然是以不全面的理解为依据的。要想了解某一文化集团在该环境中为何会产生这种不全面的误差，就必须从文化集团所产生的环境感知入手。

随着科学技术的发展，人类对环境的利用和影响已经达到相当高的程度。特别是在一些国家，为了克服自然条件的不足，设计和建设了一些伟大的工程。这种情况下，一些人认为在现代技术条件的支持下，人类不仅可以利用自然，而且可以按照人类的意愿来改造自然，征服自然。因此在人地关系中产生了一种人起着决定性作用的观点，且在人地关系中，人是通过文化在起作用。

随着工业发展，环境问题日益显现，一些地理学家提出人地关系中和谐的思想。他们认为人地关系包括两个方面：一方面人类应顺应自然规律，充分合理利用地理环境；另一方面人类要对已经破坏的不协调的人地关系进行优化调控。人地关系和谐论的内容主要包括：①协调的目标是一个由多元指标构成的综合性战略目标，应包括生态、社会、环境等多元指标；②要保持经济系统与生态系统的和谐发展；③合理利用资源，维护资源的永续利用，寻求经济发展的同时也要对资源进行有效的保护，使社会生产力和自然生产力保持和谐共生；④整治生态环境，实现生态系统良性循环。现代人地关系和谐论与早先的人地关系理论相比有了巨大的进步，在社会实践中发挥着积极的作用。

# 3.2 南通市陆海统筹总体要求

## 3.2.1 指导思想

按照党的十八大和党的十九大精神，依托江苏沿海开发和长江三角洲区域一体化发展两大国家发展战略，以科学发展观为指导，以相关法律法规为依据，以深化改革开放为动力，以节约集约利用土地为核心，立足陆海统筹发展，坚持生态优先，充分发挥滨江临海的资源优势和区位优势，统筹考虑陆海国土空间资源的开发、利用、保护与整治，推进沿海地区土地资源综合开发利用，强化优质耕地资源和生态红线区域保护，提高建设用地、建设用海的利用效率，实现生产、生活、生态空间的统筹协调可持续发展，为打造"长江三角洲北翼经济中心"和创建"国家陆海统筹综合配套改革试验区"提供用地支撑和保障。

## 3.2.2 基本原则

1）坚持统筹协调。立足陆海统筹发展和城乡一体化建设，深化土地制度改革，探索土地政策创新，充分协调部门、行业和区域的规划安排与现实需求，统筹陆海国土空间布局、生产要素配置、资源开发利用和生态环境建设，为实现陆海产业联动发展、基础设施联动建设、资源要素联动配置、生态环境联动保护奠定坚实的规划基础。

2）加强耕地保护。加强优质耕地资源保护，协调好各类建设用地与基本农田空间布局的关系，科学调整基本农田布局，在为经济社会发展留出必要的用地空间的同时，重点保护市域东中部、西部和北部优质耕地，划定优质耕地保护红线。推进高标准基本农田建设，进一步提高耕地综合生产能力，保障粮食安全。探索创新耕地占补平衡模式，高效利用沿海滩涂资源。

3）优化用地布局。从土地资源的生产、生活和生态功能出发，合理布局"三生"空间，促进陆海空间发展格局的不断优化与协调发展。坚持空间联动，探索陆海土地置换，保障重点区域发展；坚持产业联动，深化优江拓海，优化提升沿江地区，加快建设沿海地区，构建区域协调发展的国土空间开发新格局。

4）推进集约高效。控制国土开发强度，不断提升建设用地节约集约水平和产出效益，促进城乡建设用地的适度集聚。全面推进农村建设用地整治，有序开展城乡建设用地增减挂钩，促进城乡土地资源、资产、资本的规范有序流动。加快存量建设用地盘活挖潜，推进低效用地再开发，提升土地利用效率，实现节约集约用地"双提升"。

5）促进生态和谐。加强生态环境保护与统筹治理，发展生态产业，改善人居环境，强化生态红线保护区域管控，重点加强对自然保护区、饮用水源保护区和海洋生态功能区的保护，加快生态廊道与生态林建设，保护好具有重要生态功能的林地、草地、渔场、风景名胜及特殊用地，推进沿江沿海地区生态系统保护与修复。

# 3.3 陆海统筹体系框架

## 3.3.1 基础目标

1）生态用地空间得到有效保护。注重协调土地利用与生态环境建设，强化国土综合整治，保护基础性生态用地，充分发挥耕地和基本农田的生态服务功能，加强优质耕地保护和高标准基本农田建设；在确保生态安全的前提下，适度有序、依法科学开发沿海滩涂，并优先用于发展现代农业和生态保护与建设；明确划定以湿地、自然水体、水源保护区等为主的生态环境敏感区域，因地制宜改善土地生态环境，提高土地资源质量，构建以自然保护区、生态隔离带、防护林网为主的生态安全网络。规划期内，全市划定生态红线保护区域面积为 1846 平方千米，高标准农田面积不低于 540 万亩。全市耕地保有量不低于 44.3 万公顷（664 万亩），基本农田保护面积约为 38.5 万公顷（578 万亩），基本农田保护率约为 87%。

2）土地开发强度得到合理控制。严格限制区域内的土地利用活动类型和强度，合理控制和引导建设用地规模与布局。实施城乡一体化、江海联动战略，统筹建设用地与建设用海资源配置，以开发强度配置建设用地和建设用海总量。确保支柱产业、重大基础设施项目和社会公益性及民生项目用地；结合新农村建设，积极开展农村居民点治理，推进以中心城镇为核心，面向沿江、沿海的"五轴、三区"开放式空间格局的形成。规划期内，全市划定城市开发边界面积为 571 平方千米，单一国土开发强度控制在 20.7% 以内，建设用地总量控制在 21.9 万公顷（328 万亩）以内；建设用地和建设用海总量控制在 23.6 万公顷（353 万亩）以内。

3）集约利用水平逐步提升。注重内涵挖潜，积极盘活存量建设用地，全力推进农村居民点用地整治，城乡建设用地集约利用水平显著提升。充分利用闲置空闲地，努力提高用地效率，降低单位 GDP 用地能耗，提升地均 GDP 产出水平，提高沿海滩涂围垦建设用海利用效率。规划期内，全市盘活城镇建设用地面积不低于 8 万亩，实施农村居民点整治规模不低于 12 万亩，人均城镇工矿用地控制在 105 平方米；单位 GDP 用地能耗降低 34% 以上，地均 GDP 产出水平提升 52% 以上，国家级开发区和省级开发区集约用地水平比全市"双提升"水平高 5%，已实施围垦的建设用海利用率不低于 55%（表 3-1）。

表 3-1 规划主要控制指标

| 指标类型 | 指标名称 | 指标值 |
| --- | --- | --- |
| 生态安全 | 生态红线（平方千米） | 1846 |
| | 耕地保有量（万亩） | 664 |
| | 基本农田保护面积（万亩） | 578 |
| | 高标准农田面积（万亩） | 540 |

续表

| 指标类型 | 指标名称 | 指标值 |
|---|---|---|
| 开发强度 | 单一国土开发强度（%） | ≤20.7 |
| | 建设用地总规模（万亩） | 328 |
| | 建设用海总规模（万亩） | 25 |
| 集约利用 | 城市开发边界（平方千米） | 571 |
| | 城镇低效用地盘活量（万亩） | 8 |
| | 农村居民点整治规模（万亩） | 12 |
| | 人均城镇工矿用地面积（平方米） | 105 |
| | 单位 GDP 用地能耗 | 完成力争超额完成省下达指标 |
| | 地均 GDP 产出水平 | |
| | 已围建设用海利用率（%） | ≥55 |

4）陆海空间资源有序整合。加强围填海造地与土地利用管理的协调和衔接，将规划期内已经实施完成和计划实施的围填海形成土地纳入土地利用总体规划与年度计划管理的框架之内，允许建设用地与建设用海在符合海洋功能区划和土地利用总体规划的条件下进行异地置换，推动陆海空间资源的合理配置和高效利用，促进内陆地区和沿海地区的协调、联动发展。

## 3.3.2 策略路径

### 3.3.2.1 构建陆海国土空间开发新格局

**（1）构筑"双核一轴多中心"国土开发格局**

根据南通现有的发展基础、优势、潜力及资源环境承载能力，结合打造"长江三角洲北翼经济中心"的战略定位，按照"以陆促海，以海带陆，陆海统筹"的原则，在严格落实永久基本农田保护红线、生态保护红线和划定城市开发边界的基础上，围绕全市"一主一副"两个发展核心，提升中心城区发展水平，大力发展滨海核心，构建沿江、沿海产业带和陆海统筹发展轴，培育"海安—如城""洋口港—掘港""吕四港—汇龙"三大组团和15个重点镇，构建南通"城市双核，轴带支撑，网状发展"的陆海国土空间统筹发展的新格局（图3-1）。深化江海联动，坚持陆海统筹，推进区域的协调发展。

a 一主一副，双核发展

以中心城区为主核，以通州湾示范区为副核，优化提升主核，发展壮大副核，通过双核驱动，促进陆海空间的均衡发展。

1）优化提升主核。按照"长江三角洲北翼经济中心"、上海都市圈副中心城市定位，调整中心城区规划范围，重点提升中心城区的辐射带动能力、科技创新能力和综合经济实力，突出其在江苏省经济梯度发展体系中"承南启北"的门户作用和中心城市地位，推进

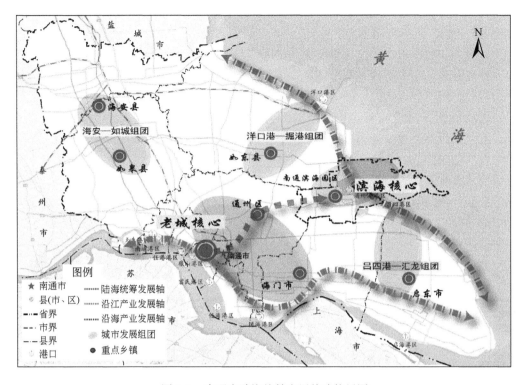

图 3-1　南通市陆海统筹发展战略格局图

"大南通"城市组群形态的形成。运用跨区域的空间优化配置与统筹调整机制，通过适度的布局优化调整，缓解中心城区部分地区建设用地空间不足、耕地与基本农田保护空间冲突等问题。将主城区及其相关联的功能组团所涉及的城区与乡镇纳入中心城区规划控制范围，涉及崇川区、港闸区、开发区及通州区的兴仁、先锋等镇（街道、场），总面积为 377.8 平方千米。规划期末，中心城区用地规模控制在 270 平方千米以内，重点向东发展、积极向南发展，整合发展西、北方向，优化沿江区域。依托带状、组团式空间结构，逐步引导并促进不同产业在空间上的集聚，形成各具特色的"两轴三区四带"的空间结构。

2）发展壮大副核。逐步提升通州湾示范区（原南通滨海园区）的双向辐射带动能力，依托通州湾港区，重点发展临港产业、综合物流、重型装备制造业、新能源基地及生态旅游度假区，建设成为"港口、产业、新城"三位一体的现代化国际滨海新城，打造全市发展的滨海核心。强化滨海核心与中心城区的发展互动，通过核心驱动，促进全市陆海统筹发展"T"形发育轴的形成。适时在通州湾示范区开展土地利用总体规划、海洋功能区划、城乡总体规划、生态红线区域保护规划、园区产业发展规划等"多规融合"工作，建立统一衔接、功能互补、相互协调的规划体系，实现园区"一本规划、一张蓝图"的空间管控目标。至 2020 年，通州湾示范区用地规模控制在 553 平方千米以内，其中，陆域规模为 225 平方千米，海域规模为 328 平方千米。重点以三余镇为主向北发展，并适当向东西两侧拓展。依托通州湾形成"一城一镇多点"的城乡空间结构。

b 两带一轴，江海联动

充分发挥江海资源优势，建设沿江和沿海两条产业带，作为全市社会经济发展的有力支撑，打造陆海统筹发展轴，联结两条发展带和两个发展核，引导沿江和沿海双"T"形发展结构的形成，促进陆海空间的联动发展。

1）推动沿江产业带升级。以中心城区为主体，沿长江流域向下游辐射带动经济产业发展，以通州西部、如皋港为西翼，以启海滨江为东翼，构建沿江产业发展带，重点发展海洋工程、船舶修造、电子信息、新材料等，带动中心城区现代功能的不断提升，加快发展港口物流、滨江旅游、现代商贸等现代服务业，有序推进大用地量、大运输量的能源、石化等部分产业向沿海转移，促进沿江、沿海产业互动，以形成沿江产业转型升级与沿海产业集聚发展互动并进的区域发展格局，争取将沿江打造成为实力雄厚、带动力强的滨江高端装备产业带。

2）加快沿海产业带建设。以通州湾为龙头，向南北辐射带动，以洋口港、老坝港为北翼，吕四港、东灶港为南翼，构建沿海产业发展带，发挥港口和土地资源优势与潜力，推进区镇合一、陆海统筹和江海联动，构建新兴基础产业基地和海洋产业集聚区，重点发展石油化工、电力能源、冶金建材、重型装备等制造业；挖掘海洋资源潜力，发展海洋经济，大力发展现代物流、滨海旅游等现代服务业，因地制宜发展特色农业，构建特色突出、竞争力强、对全市具有重大引领作用的现代临港基础产业带。

3）构建陆海统筹发展轴。通过铁路、高速公路和干道运河等集疏运体系的建设，加快建立中心城区与沿海地区、内陆地区的发展通道，以中心城区和通州湾港区为核心，依托苏通大桥及北接线、通洋高速、洋口河及通吕运河，构建"中心城区—通州城区—通州湾港区"陆海统筹发展轴，形成一条南通都市区向东拓展、联结江海、互动发展的辐射带动轴，强化双核驱动，推进江海联动，加快"江-海-陆"资源、产业、空间的有效对接。

c 组团节点，网状发展

积极培育城镇组团、港城组团，依托核心发展区、三大组团和发展轴带，借助交通互联引导，形成以重点镇为节点的网状发展格局，促进陆海空间的全面发展。

1）培育"海安-如皋"城镇组团。充分发挥海安在苏中的交通枢纽地位，深入挖掘如皋的人文资源和特色资源，大力发展物流业和旅游业，同时要加强城镇基础设施的共建共享，将其建成南通市北拓西进的门户型走廊。实现城镇土地利用总体规划、城乡总体规划、生态红线区域保护规划及海洋功能区划的"多规融合"，建立统一衔接、功能互补、相互协调的规划体系，开展规划修编工作，实现城镇范围内"一本规划、一张蓝图"的管控目标。

2）培育"洋口港—掘港"和"吕四港—汇龙"两大港城组团。重点协调洋口港与掘港镇、吕四港与汇龙镇之间的港城关系，依托洋口港和吕四港开发建设，强化陆海城镇与产业发展互动，大力培育新能源产业和临港临海产业，加快推进冷家沙海域的开发，建设若干临港工业新区与滨江临海型城镇。积极完善调整土地利用总体规划，合理调配陆地、海岸带、近海海域的开发规模和时序，严格控制组团区域土地开发强度，优化空间布局，科学配置建设用地，统筹安排生态、生产、生活用地。

3）培育长沙、吕四港、长江、搬经、近海、寅阳、三星、包场、二甲、石港、曲塘、李堡、岔河、洋口、三余 15 个重点镇。加强完善服务配套设施，形成综合性较强的城镇，发挥重点镇在陆海统筹、江海联动、城乡统筹、新型城镇化建设中的示范和带动作用，带动全域有机有序协调发展。

（2）严格实施"三线"管控（图 3-2）

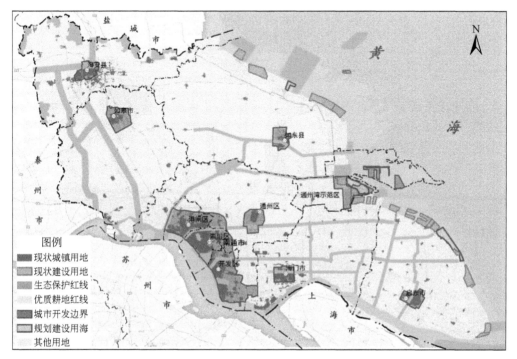

图 3-2　陆海土地利用总体格局图

1）严格落实生态保护红线。严格落实《南通市生态红线区域保护规划》，确保规划期末全市生态红线保护区域面积不低于 1846 平方千米，对全市划定的自然保护区、风景名胜区、饮用水源保护区、森林公园、重要湿地、清水通道维护区、生态公益林、特殊生态产业区、海洋特别保护区、湿地公园 10 类共 62 个重要生态红线保护区域实施重点建设与保护（表 3-2），强化各类生态功能保护区在保持水土和涵养水源等方面对城市发展的生态安全屏障作用，充分发挥其在保持流域和区域生态平衡、防止和减轻自然灾害、维护区域生物多样性等方面的生态服务功能和价值。

表 3-2　生态红线区域统计表

| 功能分类 | 数量（个） | 规划面积（平方千米） | 一级管控区面积（平方千米） |
| --- | --- | --- | --- |
| 自然保护区 | 1 | 214.91 | 149.59 |
| 风景名胜区 | 4 | 28.89 | 1.69 |
| 饮用水源保护区 | 11 | 43.88 | 11.08 |
| 重要湿地 | 6 | 231.75 | 21.21 |

| 功能分类 | 数量（个） | 规划面积（平方千米） | 一级管控区面积（平方千米） |
|---|---|---|---|
| 清水通道维护区 | 26 | 793.68 | — |
| 生态公益林 | 4 | 28.36 | — |
| 特殊生态产业区 | 6 | 174.51 | 26.46 |
| 湿地公园 | 1 | 6.63 | 1.16 |
| 海洋特别保护区 | 2 | 46.56 | 22.94 |
| 森林公园 | 1 | 11.61 | — |
| 合计 | 62 | 1580.78 | 234.13 |

2）严守优质耕地保护红线。充分利用农用地分等定级、土壤地质环境调查、耕地适宜性和耕地质量等级评价、第二次全国土地调查及基本农田划定等成果，根据依法批准的土地利用总体规划、城市总体规划及全市耕地保护的实际需求，以保护优质耕地资源为重点，进一步调整优化耕地和基本农田布局，将农业配套设施完善、土壤肥沃、地力上等、抗灾能力强的优质耕地和通过土地整治、滩涂围垦、城乡建设用地增减挂钩、万顷良田工程等新增加的耕地及其他具备优质耕地培育潜力的耕地划入优质耕地保护红线，强化高标准农田建设，至2020年建成高标准农田540万亩，占耕地面积比重为81.3%（表3-3）。

表3-3　耕地保护指标表

| 行政区域 | 2014年现状耕地 | | 2020年保护目标 | | 标准农田线 | |
|---|---|---|---|---|---|---|
| | 万公顷 | 万亩 | 万公顷 | 万亩 | 万公顷 | 万亩 |
| 南通市 | 44.3 | 664 | 44.3 | 664 | 36.0 | 540 |
| 崇川区 | 0.1 | 2 | 0.04 | 1 | — | — |
| 港闸区 | 0.4 | 6 | 0.33 | 5 | — | — |
| 开发区 | 0.5 | 7 | 0.19 | 3 | — | — |
| 通州区 | 7.0 | 104 | 7.2 | 108 | 5.9 | 88 |
| 通州湾示范区 | 1.3 | 20 | 1.23 | 18.5 | 0.4 | 6 |
| 海门市 | 5.3 | 80 | 5.44 | 81 | 4.5 | 68 |
| 如皋市 | 7.8 | 117 | 8.0 | 120 | 5.0 | 75 |
| 启东市 | 7.1 | 106 | 7.1 | 106 | 5.9 | 89 |
| 海安县 | 5.3 | 80 | 5.3 | 80 | 5.2 | 78 |
| 如东县 | 10.8 | 162 | 10.7 | 160 | 9.5 | 142 |

3）划定城市开发边界。依据人口和产业迁移规律、城镇经济社会发展趋势和建设用地适宜性，确定城市核心发展区的城镇、产业空间布局及用地发展方向。结合土地利用总体规划和城市总体规划确定的有关发展边界及全市生态红线区域划定和基本农田的布局安排，合理划定城市核心发展区的开发边界，有效限制和引导城市空间增长。变增量扩张为增量控制，以限制规模无序蔓延；变低效利用为集约高效，优化存量土地资产，加强基础设施建设投入，提升土地价值；变结构单一为科学规划，精细利用城市土地及地上地下空

间，充分发挥城市功能。全市共划定城市开发边界面积为 571 平方千米，约为现状城镇工矿用地总面积的 1.3 倍，主要包括中心城区（崇川区、港闸区、开发区、通州区）和通州湾示范区两大发展核心，以及海安县、如皋市、如东县、启东市、海门市的中心城区。

（3）优化"三生"空间结构（图 3-3）

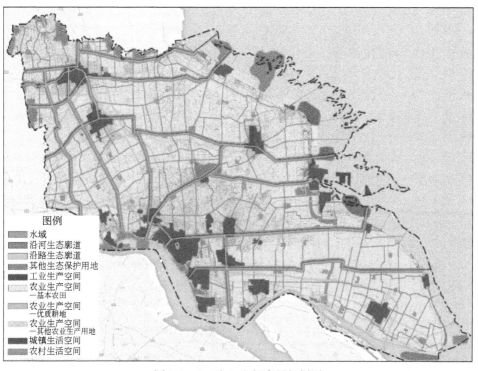

图例
- 水域
- 沿河生态廊道
- 沿路生态廊道
- 其他生态保护用地
- 工业生产空间
- 农业生产空间
  —基本农田
- 农业生产空间
  —优质耕地
- 农业生产空间
  —其他农业生产用地
- 城镇生活空间
- 农村生活空间

图 3-3 "三生"空间布局规划图

1）构建"绿成廊，水脉融城"的生态空间结构。充分发挥河流廊道、交通廊道等生态廊道的连续性作用，通过生态斑块、生态廊道及生态红线区域的叠加组合，构建南通市生态空间结构。加快通吕运河清水通道维护区、九圩港清水通道维护区、桑蚕等种质资源保护区、老洪港湿地公园、狼山风景名胜区、濠河风景名胜区、启东长江口（北支）湿地省级自然保护区等生态斑块和廊道的保护修复力度，通过生态廊道的引入，形成"蓝绿成廊，水脉融城"的生态格局。发挥生态系统的自然恢复功能，保护天然植被和生物的多样性，适度开发自然保护区、风景名胜区等生态空间，加快旅游集散中心、酒店等生活配套设施的建设。积极推进生态工业园区建设，合理利用水资源，保证生态用水，提高水资源的循环利用率。加快开展生态建设工程，围绕交通网络构建生态廊道，对新开发工业园区进行生态隔离，防止污染与生态破坏，完善交通沿线与城乡绿化建设。

2）构建"双核引领，多珠并举"的生产空间结构。以中心城区和通州湾示范区两个发展核心为引领，加快沿江、沿海、沿重要交通线产业园区开发，协调安排农业生产空间和工业生产空间。加强优质耕地资源等农业生产空间保护力度，加快发展花卉等绿色低碳农业，满足上海等周边市场需求；加快农业生产的标准化和无公害化生产，从产业链的初级环节确保南通市农产品质量；开展中低产田改造、土壤改良培肥、标准良田建设等耕地质量建设工程，防治耕地盐渍化和水土流失，提高耕地质量。加快低效工业生产空间的内部挖潜与治理，优化提升沿江产业布局，加快石化、能源等产业向沿海地区转移进程；推动沿海地区能源、石化、物流等产业发展，把沿海地区打造成为南通地区未来重要的经济增长带。充分发展交通廊道对产业布局的引导作用；改变南通市目前产业布局较分散、功能分区不明晰、上下游产业链关联不紧密的现状，依据产业前后向的联系进行合理布局，同时加快产业向产业园区集聚，通过集中布局最大限度地提高区域资源、能源及配套设施的合理利用水平，实现产业集群的最佳组合和集聚效益最大化。

3）构建"城乡协调，五级发展"的生活空间结构。坚持生活空间与生产空间、生态空间相得益彰与高度融合发展，以"市域中心—市域副中心—组团级中心—重点镇——般镇"五级城镇体系格局为指引，构建功能完善、有机联系、相互协调的城乡生活空间结构。在生态屏障和基本农田的间隔地带，协调农村居民点与基础设施、公共设施布局的空间关系，统筹安排集镇村庄建设用地，引导人口合理集聚，形成方便生产、有利生活、环境优美的集镇和村庄用地布局。生活用地与水面、耕地、园地、林地、草地穿插布局，形成城乡宜居环境的基础。选择岔河镇、余东镇等若干有发展前景的居民点作为今后农村人口集中居住的场所，加速中心村以外居民点的淘汰，形成镇区（集镇）—中心村两级模式，引导居民点向城镇和中心村集中。通过基础设施建设先行，合理引导农户向镇区和中心村集中。对于一些零散分布、基础较差、影响生态环境的居民点应该严格控制扩大，通过城乡建设用地增减挂钩积极开展农村居民点整治，逐步引导居民进入中心村。加快中心城区的提质升挡和南通滨海园副中心建设，带动南通市融入"大上海"和长江三角洲经济网络，重视与上海跨省市的合作。积极促进小城镇的发展，提高小城镇农业产业化配套服务水平和对广大农村地区的基本服务能力；加强小城镇道路交通和社会服务基础设施建设，提高小城镇自身的发展动力；加强小城镇与中心城市的空间整合力度，提高土地利用效率。保护好区域自然、人文资源，做好历史文化名城的保护工作，促进风景旅游城镇的发展。

### 3.3.2.2　优化陆海国土资源配置

（1）严格保护耕地资源

1）强化优质耕地保护，推进高标准农田建设。全面落实耕地保护目标，严格实施土地用途管制，严格要求耕地数量与质量占补平衡。实施耕地分级保护与建设，强化优质耕地保护，优质耕地原则上全部划入永久基本农田实施永久性保护，任何单位和个人不得擅自占用或改变用途。各部门、各行业在编制城乡建设、基础设施、生态建设相关规划时，应与优质耕地布局充分衔接，原则上不得突破优质耕地边界。规划期内，全市建成高标准农田不少于 540 万亩，其中如东县为 142 万亩、如皋市为 75 万亩、通州区为 82 万亩（含通州湾示范区 6 万亩）、海安县为 78 万亩、启东县为 89 万亩、海门县为 68 万亩。继续开展如皋市国家级高标准基本农田示范县及如东县、海门市省级高标准基本农田示范县（市）建设，确保优质耕地全部纳入高标准基本农田建设范围。

2）优化基本农田布局，实施永久基本农田特殊保护。结合全市基本农田保护任务、农业发展的区域特点及"十三五"期间城镇发展、基础设施及重大项目安排，在确保落实基本农田保护任务的前提下，进一步优化基本农田布局，全市基本农田重点向市域中部、西部和北部集中，并将城镇周边及交通沿线优质耕地及沿海地区滩涂围垦新增的优质耕地划入基本农田保护区。统筹做好永久基本农田管制性保护、建设性保护和激励性保护工作，强化土地用途管制，严格占用基本农田建设项目土地用途转用许可，规划许可程序，提高占用成本，严格先补划后占用等政策规定。

3）加强中低产田改造，持续提升耕地综合产能。将中低产田耕地纳入高标准农田建设范围，实施提质改造，以补足耕地数量与提升耕地质量相结合的方式，落实占补平衡、占优补优。建立政府主导、部门协同、资金整合的工作机制，以财政资金引导社会资本参与高标准农田建设，充分调动各方积极性。重点改造南通市中心城区、海门市和启东市等区域中低产田，加大海安县、如皋市中低产田改造力度。规划期内，全市完成 20 万公顷（300 万亩）的中低产田改造，耕地质量平均提高 0.5 ~ 1 个等级。

4）有序开发宜耕后备资源，实现优质耕地有效供给。充分发挥沿海滩涂后备资源优势，以生态文明理念为指导，以滩涂开发适宜性评估为基础，加大滩涂围垦造地和耕地改良力度，实现优质耕地的有效供给，缓解陆域耕地后备资源缺乏和占补平衡实施的压力。有序推进，逐步实施洋口港黄海大桥以西、冷家沙北部、掘坎河与如泰运河之间东部滩涂及协兴河以东的滩涂区域围填海农业用地项目。加大沿海新增耕地的防护措施，通过水利设施的配套、沿海防护林的建设，降低沿海土地耕作的自然风险。规划期内，全市安排宜耕后备资源开发面积 15 万亩（图 3-4）。

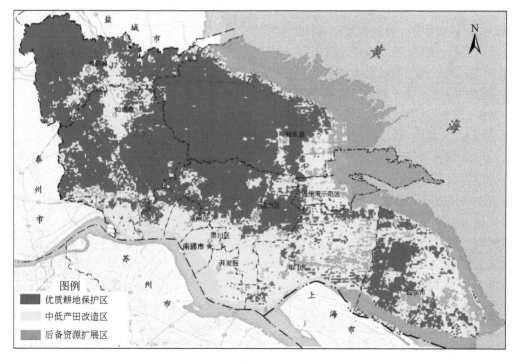

图 3-4  耕地分级保护图

（2）合理安排建设用地空间

1）合理控制国土开发强度，以开发强度配置建设用地总量。坚持最严格的节约用地制度，大力推进节约集约用地，加快转变土地利用方式和经济发展方式，合理控制国土开发强度，加强建设用地与建设用海的总量控制。规划期内，全市单一国土开发强度控制在20.7%以内（表3-4）。

表3-4　土地开发强度控制指标表

| 地区 | 土地总面积（万亩） | 2014年 | | 2020年 | | |
|---|---|---|---|---|---|---|
| | | 建设用地（万亩） | 开发强度（%） | 建设用地（万亩） | 其中：建设用海（万亩） | 单一国土开发强度（%） |
| 南通市 | 1582 | 314 | 19.9 | 354 | 25.0 | 20.7 |
| 中心城区 | 87 | 38 | 43.7 | 43 | — | 49.4 |
| 通州区 | 234 | 47 | 20.1 | 57.5 | 4.5 | 22.6 |
| 通州湾示范区 | 84 | 5.4 | 6.4 | 11.8 | 9.5 | 14.0 |
| 海门市 | 172 | 42 | 24.4 | 44.5 | 1.5 | 25.0 |
| 如皋市 | 236 | 59 | 25 | 60 | — | 25.4 |
| 启东市 | 257 | 38 | 14.8 | 50 | 10.0 | 15.6 |
| 海安县 | 177 | 40 | 22.6 | 41 | — | 23.2 |
| 如东县 | 419 | 50 | 11.9 | 58 | 9.0 | 11.7 |

2）优先保障中心城区和重点项目用地需求，统筹兼顾各地平衡。按照优化提升主核，发展壮大副核的战略格局安排，根据中心城区"十二五"期间年均实际使用新增建设用地空间，综合考虑节约集约用地水平和土地开发强度，统筹安排新增建设用地规模，确保中心城区"十三五"用地需求。依据通州湾示范区"十三五"发展目标与基础设施建设需要，积极保障建设用地需求。综合考虑其他各县（市、区）土地开发强度、建设用地产出水平、增减挂钩潜力和剩余规划空间，统筹安排新增建设用地空间。

（3）有序推进沿海滩涂综合开发

1）科学配置滩涂开发空间。优先安排生态保护空间，有序高效拓展港–工–城发展空间，合理增加农业种养区域。规划期内优先安排生态建设空间27万亩，约占南通市沿海0米等高线以上滩涂区域总面积的12.4%，主要分布于栟茶运河入海口北部外侧、掘坎河入海口两侧、如泰运河与遥望港入海口之间区域及启东沿海东南部长江入海口地区；安排农业种养区域68万亩，占规划期内可围滩涂总面积的32.2%，主要分布于掘坎河入海口以北、冷家沙西北部及协兴河与联兴港入海口之间滩涂区域；安排港–工–城滩涂开发建设用地119万亩，占规划期内可围滩涂总面积的55.4%，主要分布于掘坎河入海以南、腰沙、冷家沙南部及协兴河以北沿海滩涂区域。

2）强化滩涂开发时空管制。控制总体的开发建设强度，强化不同区域空间管制。生态保护区域内禁止滩涂围垦，限制高强度的农渔业海域使用，强化海洋公园、海洋特种保护、海洋渔业种质资源保护区和湿地自然保护区生态系统完整性保护；港-工-城发展空间严格遵循高效利用原则，加强遏制滩涂围垦后的闲置行为，严格控制产业集聚区污染性工业项目规模，加强港口、工业发展空间与周边沿海滩涂区域的生态隔离带建设；农业种养区域内禁止污染性工业项目发展，控制农药化肥使用量，鼓励使用低毒无害农药，减轻滩涂农业发展对近岸海域环境影响。

### 3.3.2.3 推进陆海节约集约创新

（1）大力提高建设用地效率

1）有效降低单位 GDP 用地能耗，不断提升建设用地产出水平。综合调控建设用地的增量、存量、流量和效率，逐步减少新增建设用地规模。提高建设用地利用强度，严格执行建设项目用地标准控制制度，落实建设项目节地评价制度，强化节约集约用地目标考核和约束。规划期内，全市单位 GDP 建设用地占用规模下降 34% 以上，单位 GDP 建设用地占用规模下降到 383 亩/亿元，建设用地地均产出水平提升 52% 以上。

2）积极改进用地计划安排，优化土地供应结构。依据土地利用总体规划和相关规划，更多考虑年度进城落户人口数量，优先安排吸纳进城落户人口镇的用地。按照方便进城落户人口生产生活的要求，统筹考虑各类建设用地供应，优先保障住房特别是落户人口的保障房，以及教育、医疗、养老、就业等民生和城镇基础设施建设用地，合理安排必要的产业用地。

3）进一步发挥市场配置的决定性作用，促进建设用地节约集约。深化国有建设用地有偿使用制度改革，不断扩大有偿使用和市场配置覆盖面，大力推进存量划拨土地逐步实行有偿使用。探索实行工业用地弹性出让及长期租赁、先租后让、租让结合的供地方式。完善城乡土地转让、出租、抵押二级市场，健全主体平等、规则一致、竞争有序的市场体系。加快形成充分反映市场供求关系、资源稀缺程度和环境损害成本的土地市场价格机制，通过价格杠杆约束粗放利用，激励节约集约用地。

（2）加快城镇低效用地再开发

1）统筹推进区域存量建设用地再开发。完善存量建设用地再开发机制，推进城镇低效用地二次开发，提升产业用地效率，优化土地利用结构，拓宽城镇和产业的发展空间。规划期内，全市重点推进中心城区、沿江地区和沿海地区三大区域的城镇低效用地再开发，城镇低效用地再开发面积不低于 8 万亩。

2）加快推进中心城区改造提升。中心城区经济发展相对较快，工业化、城镇化已初具规模，城镇低效用地规模相对较大。规划期内，重点加强崇川区、港闸区和开发区的"三旧改造"和"退二进三"，盘活土地资源，提升用地效益，城镇低效用地再开发面积不低于 3.6 万亩。

3）积极推动沿江地区转型升级。沿江地区发展较早，已经形成独具特色的区域经济，通过城镇低效用地再开发，可促进区域经济进一步转型升级，拓展沿江产业集聚区产业优化新空间，提高沿江岸线集约利用水平。规划期内，如皋市、通州区和海门市等沿江地区的城镇低效用地再开发面积不低于 2.0 万亩。

4）推进沿海地区集约高效用地。沿海地区海岸线资源丰富，海洋经济发展相对较快，未来发展主要是依托港口和土地资源优势，构建新兴基础产业基地和海洋产业集聚区。规划期内，如东县、启东市、海安县以及通州湾示范区等沿海地区的城镇低效用地再开发面积不低于 2.4 万亩（图 3-5）。

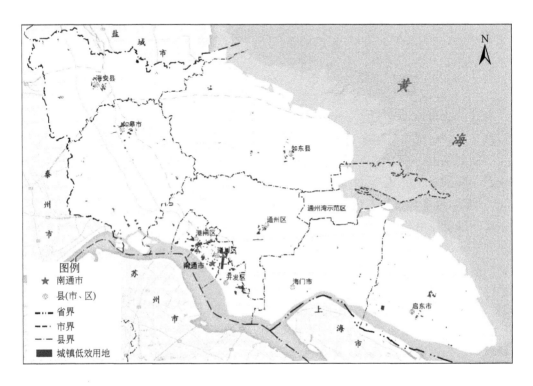

图 3-5　城镇低效用地挖潜区

（3）强化农村居民点用地整治

1）加强农村居民点用地挖潜。按照"适度超前，因地制宜，各具特色"的要求，逐步优化农村生产空间、生活空间，引导农村居民点用地集聚式发展，促进农村居民点用地的集约高效利用。依据农村居民点用地整治潜力测算，科学评估潜力实现的难易程度，合理安排整治时序和整治规模，完善相关政策，逐步释放农村居民点用地的整治潜力。规划期内，全市安排农村居民点（用地）整治规模 12 万亩，主要分布在通州区、海安县、启东市、如皋市和海门市（图 3-6）。

2）创新城乡建设用地增减挂钩模式。加强农村居民点整治与城乡建设用地增减挂钩的有效衔接，适当扩大挂钩周转指标规模；开展政策创新，尽快建立全市挂钩指标储备机制，实行有偿调剂。在海安县开展城乡建设用地增减挂钩改革试点，并结合农村土地综合整治，在市级以上中心镇开展土地整治示范工程，探索在镇域范围内村庄建设用地调整由省统筹安排。

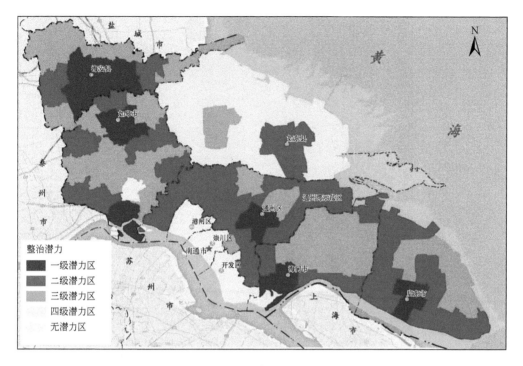

图 3-6　农村建设用地整治区

（4）推进建设用海高效利用

1）提高建设用海标准，提高建设用海利用效率。加强沿海地区建设用海利用管理，完善建设项目用海审查、供应和使用的用地控制标准和供地政策。开展建设用海利用情况普查，全面掌握建设用海开发利用和投入产出情况、集约利用程度、潜力规模与空间分布等情况，并将其作为土地管理的基础。强化建设用地与用海的统筹配置，推进城镇建设与产业发展在全域范围内的合理配置，推动建设用海有效利用。规划期内，全市已实施围垦的建设用海利用率不低于 55%。

2）探索闲置建设用海的空间置换，优化陆海资源配置。对闲置两年以上或无明确用途的建设用海，在将建设用海转为农业用途的前提下，探索将规模指标用于城镇建设。相关指标优先满足沿海区域产业和城镇开发，适度统筹部分用于内陆中心城区、重点中心镇建设（图 3-7）。

### 3.3.2.4　加强陆海生态环境保护

以滩涂湿地、物种保护区、水源保护区等重要生态功能区为主构建"江-海-陆"一体的生态安全总体格局，保护自然生态、维护物种传输通道，增加水、陆生态系统之间的能量、物质和信息交流。严格落实生态红线，对重要生态功能区实施分级管控。大力开展陆海生态环境综合整治，提升资源环境承载能力。

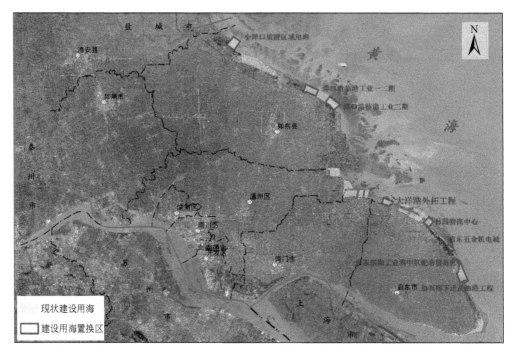

图 3-7　建设用海空间置换图

（1）构建生态安全总体格局

1）加强内陆地区生态保育。以内河的生态廊道及城镇、交通干线周边的生态隔离带建设为重点，进一步加强内河流域的水质清理，推进工业节能减排，减少污水排放；对环南通主城区生态隔离带、沿扬启高速生态隔离带、沿通启运河—通启高速公路生态隔离带、沿如海运河生态隔离带、沿通洋高速生态隔离带及沿包临公路生态隔离带进行重点培育，优化提升生态系统服务功能。同时，加强农田的生态保育，发挥农田的生态服务功能。改善农田生态环境，加强农田污染综合防治，建设高标准农田林网；合理调整耕地与基本农田布局，增加生态建设空间；加大中低产田改造力度，维护和改善农田用养关系，稳步提升农田基础地力。

2）建设沿江沿海生态环境保护带。坚持土地利用与生态环境协调发展，加强沿江沿海地区的生态环境保护与建设。建设以滩涂湿地、物种保护、水源保护等重要生态功能区为主的沿江沿海生态环境保护带，保护自然生态，维护物种传输通道，增加水、陆生态系统之间的能量、物质和信息交流。严格控制影响和破坏生态环境保护带的各类建设项目，确保生态廊道不被分割和破碎化，保证各节点重要生态功能得到正常发挥。

（2）强化生态红线区域管控

按照"保护优先、合理布局、控管结合、分级保护、相对稳定"的原则，加强对全市划定的 63 个生态红线保护区域的管控，实施生态空间管制，将生态红线保护区的一级管控区和二级管控区分别列为禁止开发区域和限制开发区域，并分别制定相应的管控措施，保障生态红线的落实，维护区域生态安全。

1）一级管控区。一级管控区是生态红线的核心，主要包括具有重要生态功能的自然保护区核心区和缓冲区、风景名胜区的核心景区、森林公园的生态保护区、饮用水源的一级保护区、重要渔业水域的珍稀鱼类种质繁保区、海洋特别保护区的生态保护区和资源恢复区等特别重要的生态功能区，实行最严格的管控措施，严禁一切开发建设，已经存在的工矿企业必须搬迁，并开展生态恢复建设。要结合生态环境建设措施，对已经破坏的重要生态系统组织重建与恢复，遏制生态环境恶化趋势。

2）二级管控区。二级管控区以生态保护为重点，实行差别化管控措施，严禁有损主导生态功能的开发建设活动。对生态功能相对脆弱、环境敏感性较高、环境容量较小、具有较重要生态功能价值的自然保护区试验区、风景名胜区非核心景区、森林公园非生态保护区、饮用水源的二级和准保护区、洪水调蓄区、重要湿地、重要水源涵养区、清水通道维护区、海洋特别保护区的非生态保护区和资源恢复区、国家级和省级重点公益林等实施强制性保护。按照保护优先的原则，实施限制性开发；在适度开发的同时，要更加注重保护环境，加强生态环境整治，引导人口有序外迁，发展高效农业、引导生态旅游、倡导可持续消费，促进区域生态功能的改善和提高。

（3）推进土地生态环境整治

1）开展城乡环境综合整治。统筹城乡生态发展，整体、同步推进城乡环境整治，改善城乡人居环境，提升区域环境质量。推进城乡水环境综合整治，结合旧城改造，更新城市排水系统，全面治理城乡内河，逐步恢复内河生态和景观功能。加快推进城市深度处理尾水的资源化利用，建设尾水再生利用系统。开展农村环境连片集中整治，着力解决农村水污染问题，使农村环境脏、村貌乱、设施差、布局散的现象得到根本性好转，重点建设一批生态环境优良、生产生活便利的典型示范村。

2）加强海岸带综合治理。按照"海陆一体，分类指导，分区推进"的原则，统筹考虑各个层面和各种要素，重点加强以海岸线（高潮线）为基准，向陆延伸到第一个自然村，向海延伸到水深6米区域的环境综合整治，整治对象以渔港、渔村（或靠近海岸线的自然村）、海水养殖水域和主要排污口（包括泄洪口）水域、临海工业区、风景区、海洋保护区和港口码头等为主。陆域以生活垃圾无害化处理，乡村污水处理设施建设，畜禽养殖场清理和近岸临海开发区、风景区、乡镇企业生产废水达标排放，工业固废规范处置为主，海域以海上船舶及港口环境整治、养殖海域环境整治、海漂垃圾整治、滩涂环境整治为主，重点对开发利用造成的自然景观受损严重、生态功能退化、防灾减灾能力减弱，以及利用效率低的海域海岸带进行整治修复，恢复功能，提升效率。

### 3.3.2.5 统筹陆海基础设施建设

（1）加快构建综合性交通枢纽

1）完善交通网络体系。完善由干线公路、铁路、港口、内河航道、机场和管道构成的综合交通网络体系，加快形成"三横三纵三联"总里程为590千米的高速公路网和"八横十纵"总里程约为1500千米的普通干线公路网；推进以"两纵两横一环"干线铁路和

"一纵一横"城际铁路为主骨架，铁路支线及专用线为辅助的铁路网络构建；规划形成"一港两翼、江海组合"苏东大港，依托"黄金水道"和"黄金海岸"，逐步整合沿江沿海港口资源，促进港–产–城和谐开发建设；规划形成以"三纵四横"干线航道为骨架、干支相通、层次分明、通江入海、连城达港的航道网络；加快兴东机场扩建、续建，以天然气管道，即西气东输南通段管道及如东 LNG（liquefied natural gas，液化天然气）配套输送管网为主，逐步形成以天然气、沿江沿海原油及成品油运输共同构成的管道运输体系。

2）建设江海发展通道。过江通道建设，加速对接上海和苏南，满足跨江交通需求。加强濒海通道建设，积极推进洋口港区、吕四港区建设，重点实施洋口港区 15 万吨级进港航道工程、吕四港区 10 万吨级进港航道工程，积极打造濒海通道，实施临海高等级公路、海启高速公路等重点工程，加快形成铁路集疏运通道，加快推进洋口港区、吕四港区、通州湾港区疏港航道前期工作；加快建设通洋通道，加强重点港区（新城）与主城区、沿海与沿江地区的快捷通道建设。加快江海组合港、空港、保税物流园区等建设，完善横向运输通道，全面提高运输能力和服务水平，突出海进江运输功能，降低综合物流成本，进一步拓展腹地服务范围，发挥带动长江北和服务中西部的战略作用。扩充现有沿江通道能力，改善对外交通联系，重点实施宁启铁路复线电气化改造、宁启铁路二期、336省道改建等工程。

3）加强区域对外衔接。通过苏通、崇启、崇海、沪通四座过江通道及多条高速公路，使南通全面融入长江三角洲高速公路网，通过宁启铁路、沪通铁路及通苏嘉城际铁路、北沿江城际铁路等快速铁路，实现与上海及长江三角洲核心区城市的便捷快速通达，进一步奠定"长江三角洲长江北翼铁路枢纽"的地位。通过长江航道和内河高等级航道实现江海直达运输，并使南通港与上海港、长江沿线主要港口、苏北内河港口之间建立紧密联系。

（2）完善现代化水利建设

1）加强防洪除涝工程建设。整治长江，稳定河势，加固洲堤，消除长江堤防防洪隐患。全面完成海堤达标工程建设；配合沿海滩涂围垦工程进行沿海挡潮闸的外迁。加强区域防洪除涝治理，重点加强海安里下河圩区和低洼区的治理，进行半高地设防和低洼区独立水系建设，完善高低水系控制线建设。加快骨干河道的整治，恢复提高原有排水能力和调蓄能力，适当增加排涝口门。按照特大城市标准进行南通市区的城市防洪建设，加强各中心城市和省级开发区、沿海重要港区、港城和临港工业区的防洪建设的力度，依托流域和区域治理，构建城市防洪的外围屏障。

2）推进农田水利建设。进一步加快小型农田水利工程建设和大中型灌区续建、配套与节水改造，巩固提高农村河道引排能力，推进农村水利现代化建设；全面解决农村居民饮水安全问题，逐步实现城乡同质、同网供水。对如海大型灌区，红星、通扬、九洋江海、如环、马丰等中型灌区进行配套建设，完成骨干渠道衬砌，更新改造渠系、沟系建筑物；推动灌区信息化建设，加快建设灌区自动化控制和灌区信息管理系统，提高灌区运行管理效率。结合高标准农田建设，综合治理，大力实施农田小型灌排泵站及小型水源建设，对现有灌排系统进行更新改造，大力发展以渠道防渗、微灌为主的高效农业和设施农业区。全面完成农村饮水安全工程建设。强化农村饮水安全工程运行管理，落实管护主体，明确管护责任，加强水源保护和水质监测，确保工程长期发挥效益。"十三五"期间解决 40.29 万农村人口饮水不安全问题及 22.91 万农村学校学生饮水不安全问题。

3）优化水资源配置。扩大九圩港闸、节制闸、营船港闸、焦港闸引江能力，畅通河网，调整配置，增建如东、启东两座滨海平原水库，以增加调蓄水能力，研究建设九圩港引江泵站，提高供水保证率，满足用水高峰期和特殊干旱年份的用水需求，进一步完善自流引江的供水体系并辅以动力提水。实施海安里下河地区沙贲河开挖工程，着力减少泰东河开挖后对里下河地区及海安县城引水的负面影响。拓浚北凌河、栟茶运河等骨干引水河道，为海安沿海开发输送淡水资源。同时准备建设北凌河外迁工程，提高该区域防洪排涝能力。加快如东东凌水库建设前期工作进程，力争规划期内建成并发挥水库供水效益。开展启东沿海平原水库建设的前期研究，提高启东沿海开发淡水资源供给保证率。

（3）打造区域性现代能源基地

1）优化能源总体布局。以打造长江三角洲北翼千万千瓦级电力能源基地为目标，优化全市能源项目总体布局。依托江海港口资源和较高的经济发展水平，重点在沿江沿海区域布局大型火电项目；依托沿海广袤滩涂和潮间带资源，重点在如东、启东等沿海县（市）布局风电项目；充分发挥各地发展新能源的积极性，重点在海安、如东、启东、市开发区及苏通科技产业园等地发展光伏电站建设。

2）保障重点能源项目。建成江苏南通电厂"上大压小"项目一期工程（2×100 万千瓦）；积极推进江苏南通电厂"上大压小"项目二期工程（2×100 万千瓦）、大唐吕四港电厂二期工程（2×125 万千瓦）；在其他适宜布局火电电源点的地区，有序推进相关项目前期工作。"十三五"期末，全市并网火电装机容量达到 700 万千瓦。积极推进如东 LNG 燃气电厂，"十三五"期间，建成 2×40 万千瓦一期工程，力争开工建设 2×40 万千瓦二期工程。主动引导热用户集中布局，积极推进区域集中供热，加速关停不符合规定的小锅炉。"十三五"期间，在市区范围内积极推进通州华电燃气热电厂、江山农化热电厂、南通美亚热电有限公司扩建等项目建设。

3）加强新型能源开发。大力发展风能、生物质能、太阳能、LNG 等高效优质能源，调整能源结构，建设绿色能源基地。积极开展生物制氢、沼气发电、生物柴油等项目的前期研究工作。科学、有序推进潮间带风电场项目，积极推进龙源风电场三期工程、龙源 15 万千瓦潮间带风电场、华能启东风电场二期工程建设，全力打造南通风电"海上三峡"，全市风电装机容量达到 200 万千瓦以上。积极推进地面光伏电站、屋顶和建筑一体化光伏电站等光伏应用项目建设，重点依托沿海滩涂、园区、校区、成片公共建筑或厂房等场地，实施一批具有一定规模的太阳能光伏利用示范工程。全市光伏电站装机容量力争达到 10 万千瓦。重点在符合条件的公共建筑和新建小区规模化应用太阳能光热系统，建设太阳能采暖和制冷示范工程，在郊区、农村大规模推广太阳能光热利用。

### 3.3.2.6 统筹陆海土地政策创新

（1）创新耕地占补平衡方式

1）探索预备耕地入库管理。结合滩涂资源开发利用特点，创新耕地占补平衡方式，通过滩涂围垦形成的耕地，可进行淡水渔业养殖，并作为预备耕地纳入占补平衡库统一管理。经过一定年限（3~5年）的淡化、熟化达到种植要求后，再进行耕地质量评定，保证纳入耕地占补平衡库的数量、质量不变。

2）清晰界定政策边界。清晰界定围垦滩涂浅淡水养殖水面用于耕地占补平衡的政策边界。依据可调整耕地的基本内涵，提出浅淡水养殖水面的具体界定指标，明确可作为调整耕地的基本界定标准。达不到界定标准的围垦养殖水面一律不得作为可调整耕地纳入耕地占补平衡库。

3）明确规模与时序。明确围垦滩涂浅淡水养殖水面用于耕地占补平衡的数量规模、改造时序。按照陆海统筹土地利用总体规划，科学划定围垦造田区域，确定围垦形成浅淡水养殖水面的规模及纳入耕地占补平衡库的时序安排。根据对盐碱土地的改良熟化时效，成熟一批纳入一批，对不能在规定时期内实现耕作功能转换的要退出占补平衡库。

4）强化过程监督控制。确保纳入耕地占补平衡库的浅淡水养殖水面可持续利用。建立健全浅淡水养殖水面作为补充耕地验收的内容、程序、标准、方法等，确保数据的真实性和占补平衡的实际效果。在项目实施、备案、核实和补充耕地占补挂钩使用、占补考核等环节上强化监督管理，明确养殖水面的所有权、使用权及承包经营权等权属和养护责任，加强动态巡查与实时监控，避免抛荒废弃。

5）制定经济激励措施。鼓励养殖户将浅淡水养殖水面转换为水田。结合淡水养殖市场行情，对经过3~5年淡水养殖之后，自愿改造为水田进行粮食生产的农户，在粮食直补政策的基础上增加地方性补贴，鼓励采取培肥措施，将浅淡水养殖水面转换为水田耕作。

（2）强化围填海统一管理

1）强化规划统筹与协调。强化土地利用总体规划、海洋功能区划、城市规划及相关产业发展规划的衔接与协调，将围填海造地和闲置建设用海的空间置换纳入土地利用总体规划统筹安排。完善建设用海空间置换的条件、程序、补偿、监管等具体规范和要求，建立数据库强化信息化管理。

2）探索围填海综合管理。按照建设用地总量控制要求，推进围填海造地计划管理与土地利用年度计划管理的融合，将围填海造地计划指标直接纳入年度土地利用计划指标管理，促进陆海资源合理配置。优化海域使用权证与土地使用权证换发程序，并在土地利用现状调查中同步变更。

3）规范供地方式。规范围填海造地的供地方式，对单个项目建设的经营性项目围填海形成土地的供地，如果围填海形成的土地为经营性用地的，由政府土地储备机构收购后按照规定以公开交易方式出让。

4）加强批后监管。对完成确权和土地供应的围填海形成的土地，由国土资源管理部门实施建设用地批后监管，重点对用地标准、投入强度等集约利用指标进行评价和监管，防止出现土地闲置或供而未建等现象。对闲置两年以上且未纳入空间置换的建设用海，可参照《闲置土地处置办法》处理。

## 3.3.3 保障支撑

### 3.3.3.1 加强规划组织实施

1）加强规划实施组织领导。切实加强对规划实施的领导，建立规划执行机制，明确工作分工，落实工作责任。抓紧制定规划的实施方案和工作计划，优化资源配置，采取有力措施，推进规划项目的实施。在规划实施的过程中，注意研究陆海统筹发展中出现的新情况、新问题，及时总结经验，调整完善政策措施，对执行中遇到的重大问题要及时向省市有关部门报告。

2）推进规划调整完善。抓紧推进市县级土地利用总体规划的评估和完善工作，加快修编市县海洋功能区划，进一步明确耕地和基本农田保护任务、建设用地控制规模及建设用海置换总量，将沿海滩涂开发利用空间纳入土地利用总体规划控制范围，统一规划，统筹安排。

3）设立规划先行试点。结合全市陆海资源利用的区域性差异和陆海统筹发展的政策需求，选取条件较为成熟的地区先期开展试点工作，总结问题和经验，逐步完善相关政策和措施，发挥典型地区的示范和带动作用，为规划的全面实施奠定基础。

### 3.3.3.2 强化规划实施监管

1）建立健全监管机制。建立社会监督与专业监督检查相结合的监管机制，明确监管事项、监管流程和监管要求，将规划实施情况纳入市、县（区）领导干部政绩考核体系，对规划确定的重点事项、重点指标、重点项目的落实情况进行动态考核，确保规划的顺利实施。

2）开展规划监测评估。加强规划实施的评估和监控，完善评估体系，健全监控机制，及时提出规划落实的改进措施和政策建议。要建立规划实施的公众参与机制，畅通社会监督渠道。同时，要充分发挥各种新闻媒体和宣传媒介的作用，营造有利于规划实施的良好社会环境。

# |第4章| 统筹陆海空间布局，
推进区域协调发展

南通市在统筹陆海空间布局推进过程中面临"江–海–陆"发展不均衡，陆海空间资源有待进一步有效整合，城乡一体化发展不平衡，生产生活用地不合理等重要问题。针对问题提出"一主一次，一轴两带"的总体空间结构，"蓝绿成廊，水脉融城"的生态空间结构，"优江拓海，江海联动"的生产空间结构和"江海风景，品味生活"的生活空间结构。从多个方面对南通市开发强度的限度和需求进行分析和测算，初步划定生态保护红线、优质耕地保护红线和城市增长边界。

## 4.1 陆海空间布局遇到的主要问题

### 4.1.1 "江–海–陆"发展不均衡

#### 4.1.1.1 "江–海–陆"发展不均衡，产业高度集聚于沿江及内陆沿路地区，沿海产业发展相对滞后

1）从园区分布看：作为经济社会发展的主要载体，南通市主要产业园区，尤其是国家级重点产业园区与高新技术产业园区都分布在沿江及内陆交通走廊带地区，沿海地区产业园区发展较为薄弱。具体来看，南通市四个国家级产业园区，两个分布在沿江地区，两个位于内陆交通沿线，沿海地区没有分布；省级产业园区在沿江地区分布有五个，沿海地区仅分布有三个。

2）从港口分布看：南通港地处长江和沿海"T"字形经济发展带的交汇点上，共有369千米岸线，其中沿江166千米，沿海203千米，目前，有11个港区，其中沿江有如皋、天生、南通、任港、狼山、富民、江海、通海、启海9个港区，沿海有洋口、吕四两个港区。地处腰沙—冷家沙海域的通州湾港区规划，即将成为南通港第12个港区。

#### 4.1.1.2 沿江及内陆产业布局及产业门类需要优化提升

沿江及内陆地区企业的关联度不高，产业集群度较低，布局不合理。沿江主要分布一些环境污染大、用地效益低、对岸线依赖较低的企业（建材和化工），而内陆一些用地效益高、就业带动大、岸线依赖较高的企业（船舶修造）发展空间不足。沿江地区面临发展

的转型与升级，同时需要将能源、石化、物流等产业向沿海转移。

## 4.1.2 陆海空间资源未得到有效整合

### 4.1.2.1 陆海用地空间资源没有得到有效的整合，利用效率低下

南通市海洋资源丰富，按照《江苏省沿海滩涂规划（2010—2020 年)》安排，规划期间南通市可围垦土地面积为 124.5 万亩，占全省总围垦土地面积的 46%。"十一五"期间，南通市围垦土地面积为 29.26 万亩，农业和建设用途围垦土地面积分别为 13.70 万亩和 15.56 万亩，分别占全部围垦土地面积的 47% 和 53%，主要集中在滩涂资源丰富、围垦历史悠久的如东县和启东市。

与海洋资源丰富相对应的，是陆地资源紧缺，发展空间严重不足。2012 年全市人口为 765 万人，人口密度每平方千米近 1000 人，是全国人口密度最大的地区之一。同时，人均耕地面积不足 0.9 亩，是全省沿海地区人地矛盾最突出、用地压力最大的地级市。经过多年的高强度开发利用，南通市陆域资源逐步减少，耕地后备资源和用地空间资源日趋不足，整个南通市已经处于"无地可用"的境地，对经济社会发展的制约越来越明显。

陆海用地空间布局的不均衡性逐步凸显，对全市产业发展、城镇化建设、交通体系建设、耕地和基本农田保护及生态功能布局产生深刻的影响。未来如何进一步完善城镇发展体系，基于"开发强度天花板"代替"总量天花板"控制思路，加快陆海土地的统筹联动利用，确保土地利用效率的最大化就显得十分有必要。

在实际规划和使用过程中，如果考虑以"开发强度天花板"代替"总量天花板"控制，将会给南通市增加建设用地指标，在一定程度上缓解指标使用超标的现象。但随着未来建设用地大规模扩张，如何节约集约利用建设用地、提高建设用地产出也是未来需要解决的重点问题。

### 4.1.2.2 生态空间格局整体较单调，稳定性差

目前南通市生态空间总面积为 263 596.44 公顷，占全市土地总面积的 24.99%，以内陆地区纵横交织的河流水系网络与沿海地区未利用的滩涂为主。其中，水域面积为 122 302.7 公顷，占全市生态用地的 46.40%，沿海滩涂面积为 126 461.63 公顷，占全市生态空间总面积的 47.98%。因此南通市主要生态空间用地类型为水域和沿海滩涂，两类用地占生态空间比重达到 94.38%（表 4-1）。

表 4-1　南通市生态空间用地类型

| 用地类型 | 面积（公顷） | 比重（%） |
| --- | --- | --- |
| 风景名胜及特殊用地 | 1 508.9 | 0.57 |
| 林草地 | 4 186.91 | 1.59 |
| 内陆滩涂 | 4 210.7 | 1.60 |

续表

| 用地类型 | 面积（公顷） | 比重（%） |
|---|---|---|
| 沿海滩涂 | 126 461.63 | 47.98 |
| 水域 | 122 302.7 | 46.40 |
| 其他未利用地 | 4 925.6 | 1.87 |
| 汇总 | 263 596.44 | 100.00 |

整体上看，南通市生态格局较为单薄，内陆地区生态空间多以线状为主，稳定性与影响力较差，生态调节功能较弱，目前内河水质已经受到了不同程度的污染，加强对内河流域的水质清理和内部生态功能区的培育，尤其是内陆的生态廊道建设与城区周边生态隔离带建设迫在眉睫（图4-1）。

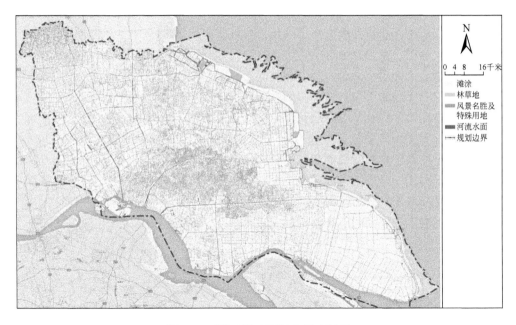

图4-1  南通市生态用地空间布局图

### 4.1.2.3  沿海地区环境保护压力渐增

随着新一轮沿江沿海开发的全面启动和南通市新型城镇化进程的进一步加快，南通市经济总量仍将保持较快增长，能源资源需求继续增加，减排因子和范围进一步扩大，尤其是沿海重点发展地区，抑制污染物增量、削减存量的压力将不断加大。因此南通市在加快陆海统筹进程中，除了加快海域空间资源经济效益的发挥外，也要充分保证海域空间的生态效益。

## 4.1.3 城乡一体化发展相对滞后

### 4.1.3.1 中心城区辐射带动能力有限

一个城市对周围地区的吸引力，与它的规模成正比，与距它距离的平方成反比。这里运用断裂点公式，确定南通市中心城区经济辐射的主要范围，其基本公式如下所示：

$$B = \frac{d_{ij}}{1 + \sqrt{\dfrac{P_i}{P_j}}}$$

式中，$P_i$、$P_j$ 分别为两个城市的规模或综合实力；$d_{ij}$ 为两个城市的距离；$B$ 为断裂点到城市 $j$ 的距离。城市人均 GDP 综合反映了城市节点的生产能力、生产效率与消费水平，城市人均 GDP 与人口规模反映了城市节点的综合实力，也反映了一个中心城市向外输出生产要素的能力和对区域的影响力。因此，本次研究采用城市人均 GDP 和城市人口规模作为反映城市综合实力的指标，分别计算其所影响的断裂点距南通市中心城区的距离。

目前南通市中心城区的辐射带动力有限，中心城区到通州区、海安县、如东县、启东市、如皋市和海门市的实际距离为 18.82 千米、72.58 千米、46.23 千米、74.06 千米、51.55 千米和 27.48 千米，而实际的辐射断裂点距离仅为 13.65 千米、50.09 千米、31.86 千米、52.60 千米、36.62 千米、和 19.87 千米（表 4-2）。中心城区的辐射带动能力仍然相对有限，严重影响了区域经济的发展，加快做强做大中心城区仍是南通市工作的重点。

**表 4-2　南通市中心城区到各县（市、区）的断裂点分析**

| 地区 | GDP（亿元） | 中心城区到各县（市、区）的距离（千米） | 中心城区到各县（市、区）断裂点的距离（千米） |
|---|---|---|---|
| 南通市中心城区 | 990 | —— | —— |
| 通州区 | 604 | 18.82 | 13.65 |
| 海安县 | 429 | 72.58 | 50.09 |
| 如东县 | 425 | 46.23 | 31.86 |
| 启东市 | 520 | 74.06 | 52.60 |
| 如皋市 | 520 | 51.55 | 36.62 |
| 海门市 | 590 | 27.48 | 19.87 |

### 4.1.3.2 现状城镇体系不符合经济社会发展需要

目前，南通市整体上形成了"中心城区—各县城中心镇—全国重点城镇—一般镇"四级城镇体系结构。整体上看，目前南通市沿海地区城镇发展相对滞后，随着国家对海洋空间资源的重视，南通市未来应该重视长沙镇、滨海新区等沿海城镇的发展。

### 4.1.3.3 公共服务配套不均衡

基于金融设施、科教文卫设施等统计数据，对南通市各镇区进行基础生活服务设施进行评价，可以看出，南通市市辖（市、区）与各县区行政中心及部分沿江地区综合服务较好，农村生活空间综合服务相对较差，整体上呈现城区集中外围缺失的局面。

## 4.1.4 生产及生活用地不合理

### 4.1.4.1 建设用地总量超标，发展空间严重不足

随着原有城区和乡镇中心的急剧蔓延，村庄建设用地呈串珠状布局，交通建设用地迅速扩张等使得南通市建设用地总量超标，发展空间严重不足。根据《南通市土地利用总体规划（2006—2020 年）中期评估报告》，规划到 2020 年土地建设用地总量控制在 201 093.0 公顷，而 2012 年的实际总量已经达到 201 967.1 公顷，与规划远期目标相比超出 874 公顷，已使用规划远期目标的 100.4%。

其中，建设用地总规模超出规划远期目标的地区为启东市、如皋市、如东县、海安县和海门市，已使用规划远期目标的 102.9%、101.0%、100.8%、100.5% 和 100.1%；建设用地总规模未超出规划目标的地区为崇川区、开发区、港闸区和通州区，已使用规划远期目标的 98.8%、95.7%、98.8% 与 99.9%。虽然整体上看中心城区建设用地规模没有超标，但这与分配指标主要集中在中心城区有关，中心城区发展空间不足问题仍相对严重。

### 4.1.4.2 工业生产空间用地较粗放，节约集约提升潜力大

南通市工业生产用地主要是聚集程度较高的工业园区，2012 年工业生产空间面积为 15 620.86 公顷，主要集中在城镇建设用地边缘地区，远离中心城区。但近年来由于经济发展迅速，人口数量增加，城市扩张现象日益严重，使原本处于城市边缘的生产空间，逐渐被其他建设用地包围，成为城市内部的工业生产用地，尤其是在启东市、如皋市等地，以及南通市区个别地区，形成了生活用地包围工业生产用地的情况（图 4-2）。

工业生产用地相对粗放。2012 年，南通市单位建设用地第二、第三产业增加值为 2.09 亿元/千米$^2$，不仅低于苏中地区平均水平，更远低于苏南地区的 4.19 亿元/千米$^2$（表 4-3）。人均建设用地面积为 277.86 平方米，其中的人均城镇工矿用地面积为 101.38 平方米，低于国家制定的人均城镇工矿用地标准（120 平方米），使用较为集约；但人均村庄建设用地面积为 443.24 平方米，高于全省的 355.28 平方米的平均水平，为国家标准（140 平方米）的 3 倍多，使用较为粗放。

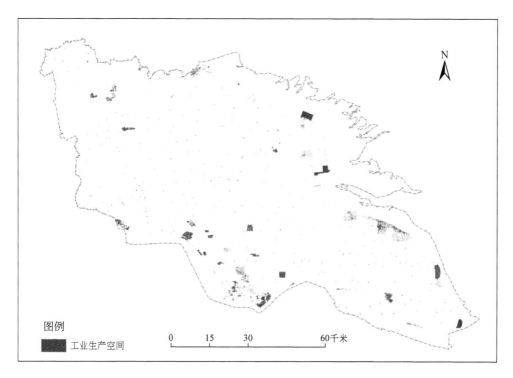

图 4-2　南通市工业生产空间分布图

表 4-3　南通市与江苏省各地区产业用地地均产值

| 地区 | 建设用地面积（平方千米） | 单位建设用地第二、第三产业增加值（亿元/千米²） |
|---|---|---|
| 南通市 | 2 019.67 | 2.09 |
| 苏中地区 | 4 386.64 | 2.15 |
| 苏南地区 | 7 755.97 | 4.19 |
| 江苏省 | 21 968.04 | 2.39 |

开发区建设用地效率较低。2011 年，南通市开发区平均土地开发率约为 82%，少数开发区土地开发率较低，如江苏南通出口加工区与江苏海门工业园区的土地开发率只有 30%、63.3%，土地开发利用粗放，进行用地节约集约利用的潜力空间很大。土地供应率与土地建成率整体上维持在较高水平，部分开发区土地建成率达到或接近 100%。南通市各开发区综合容积率大部分在 65% 以下，低于"南通市工业用地项目控制指标体系"中规定的容积控制指标，还有较大优化提升空间（表 4-4）。

**表4-4 2011年南通市开发区土地集约利用情况** （单位:%）

| 名称 | 土地开发率 | 土地供应率 | 土地建成率 | 工业用地率 | 综合容积率 | 建筑密度 | 工业用地综合容积率 | 工业用地建筑系数 |
|---|---|---|---|---|---|---|---|---|
| 江苏南通出口加工区 | 30.0 | 63.7 | 81.8 | 75.0 | 55 | 38.7 | 73 | 58.9 |
| 南通经济技术开发区 | 93.9 | 90.1 | 91.0 | 84.0 | 69 | 53.3 | 75 | 62.6 |
| 江苏海安经济开发区 | 94.2 | 99.7 | 77.2 | 80.5 | 61 | 51.7 | 66 | 60.5 |
| 江苏海门工业园区 | 63.3 | 99.5 | 99.4 | 53.5 | 60 | 36.1 | 082 | 50.2 |
| 江苏海门经济开发区 | 100.0 | 99.4 | 97.4 | 57.3 | 63 | 44.2 | 75 | 51.4 |
| 南通崇川经济开发区 | 99.1 | 100.0 | 99.2 | 78.0 | 47 | 45.1 | 59 | 46.7 |
| 南通港闸经济开发区 | 72.0 | 96.1 | 100.0 | 72.1 | 98 | 38.3 | 89 | 41.1 |
| 南通高技术产业开发区 | 91.4 | 100.0 | 96.6 | 38.0 | 75 | 42.8 | 85 | 42.6 |
| 江苏启东经济开发区 | 98.2 | 86.6 | 93.9 | 43.0 | 92 | 35.7 | 91 | 49.2 |
| 江苏如东经济开发区 | 87.9 | 92.8 | 98.4 | 37.9 | 53 | 39.9 | 63 | 46.5 |
| 江苏如皋经济开发区 | 70.0 | 99.4 | 99.0 | 54.7 | 83 | 43.1 | 78 | 52.7 |

**4.1.4.3 耕地布局分散，总量有所减少，且生产效率和质量仍处于较低水平**

南通市农业生产空间主要包括耕地、设施农用地、农村道路、沟渠、果园等用地，总面积为598 375.83公顷，占总用地的比重为56.72%，是南通市用地类型的主要组成部分，面积最大，分布最广，既起到农业生产的作用，同时在构建全南通泛绿地系统中也是重要组成部分。在南通市农业生产空间中，耕地面积为446 276.9公顷（包括基本农田426 338.4公顷）（图4-3和表4-5）。

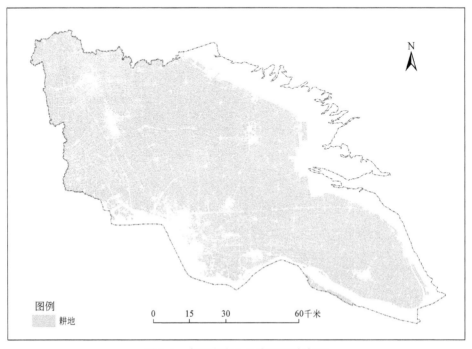

图4-3 南通市农业生产空间分布图

表 4-5    南通市农业生产空间细分表

| 地类 | 面积（公顷） | 比重（%） |
|---|---|---|
| 田坎 | 271.04 | 0.03 |
| 水田 | 240 468.06 | 22.79 |
| 水浇地 | 151 857.61 | 14.39 |
| 设施农用地 | 3 058.75 | 0.29 |
| 其他园地 | 23 778.01 | 2.25 |
| 农村道路 | 22 682.45 | 2.15 |
| 坑塘水面 | 50 287.87 | 4.77 |
| 旱地 | 65 649.82 | 6.22 |
| 果园 | 1 674.47 | 0.16 |
| 沟渠 | 38 647.27 | 3.66 |
| 茶园 | 0.48 | 0.00 |
| 小计 | 598 375.83 | 56.72 |

1）空间布局上较为分散，集中连片的耕地较少。南通市大部分耕地资源均由不同历史时期的滩涂围垦而来，受水网、路网密集和农村居民点分布分散等因素影响，耕地呈现小斑块状分布，集中连片的耕地较少。从遥感影像数据看，全市耕地（主要指水田、旱地和水浇地）斑块平均面积仅为 0.4 公顷。

2）耕地总量有所减少。2012 年，南通全市耕地总面积为 446 276.9 公顷，占全市土地总面积的 42.3%，较 2006 年净减少 13 397.4 公顷，耕地占全市土地总面积比重下降 1.3%。分区县来看，2006～2012 年通州区、如皋市与海门市为耕地规模减少较多地区，耕地总量分别减少 6940.9 公顷、2825.5 公顷与 2487.5 公顷，较 2006 年耕地占区域总面积比重分别减少 4.44%、1.79%、2.18%；如东县与启东市耕地总量有一定程度的增加，2006～2012 年分别增加耕地 3938.0 公顷与 675.6 公顷，较 2006 年耕地占区域总面积比重分别增长 1.41%、0.4%（表 4-6）。

表 4-6    南通市各县（市、区）耕地面积变化情况（2006～2012 年）

| 地区 | 2006 年 | | 2012 年 | | 2012 年与 2006 年相比 | |
|---|---|---|---|---|---|---|
| | 面积（公顷） | 比重（%） | 面积（公顷） | 比重（%） | 面积（公顷） | 比重（%） |
| 崇川区 | 2203.7 | 13.80 | 1367.7 | 8.56 | -836.0 | -5.24 |
| 开发区 | 7159.8 | 26.85 | 5514.7 | 20.68 | -1645.1 | -6.17 |
| 港闸区 | 5751.2 | 37.84 | 4223.6 | 27.79 | -1527.6 | -10.05 |
| 通州区 | 77053.8 | 49.33 | 70112.9 | 44.89 | -6940.9 | -4.44 |
| 海安县 | 55230.8 | 46.66 | 53482.4 | 45.19 | -1748.4 | -1.47 |
| 如东县 | 104573.5 | 37.47 | 108511.5 | 38.88 | 3938.0 | 1.41 |
| 启东市 | 70646.9 | 41.20 | 71322.5 | 41.60 | 675.6 | 0.4 |

| 地区 | 2006 年 | | 2012 年 | | 2012 年与 2006 年相比 | |
|---|---|---|---|---|---|---|
| | 面积（公顷） | 比重（%） | 面积（公顷） | 比重（%） | 面积（公顷） | 比重（%） |
| 如皋市 | 81207.2 | 51.52 | 78381.7 | 49.73 | -2825.5 | -1.79 |
| 海门市 | 55847.4 | 48.84 | 53359.9 | 46.66 | -2487.5 | -2.18 |

3）耕地生产效率和质量仍处于较低水平。南通市有超过一半的耕地是经过围垦形成的，土壤、水体盐分含量较高，农业生产能力较差。中华人民共和国成立以后，虽然经过农田水利设施建设等大大改善了农业生产条件，2005～2012 年，粮食单产从 5434 千克/公顷增长到 6376 千克/公顷，每公顷增加了 942 千克（图 4-4 和图 4-5）。但是，总的看来仍然处于较低的水平，截至 2012 年仍是江苏省粮食单产最低的地市。

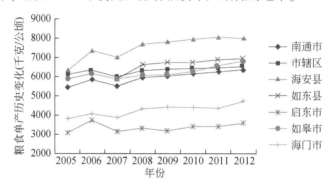

图 4-4　南通市及各县（市、区）粮食单产历史变化

市辖区含崇川区、港间区、开发区、通州区，其中通州区 2009 年以前数据全部归入市辖区统计

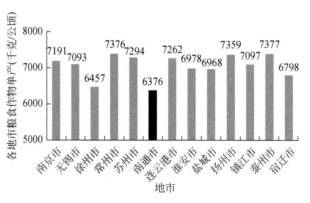

图 4-5　2012 年江苏省各市粮食单产对比

4）从耕地质量来看，目前被大量占用的耕地资源主要集中在中心城区和县城周围，这部分耕地是经过长期整理、熟化后的优质耕地，生产条件较好，农作物产量高。补充的耕地则主要集中在沿海和沿江地区，以及经过土地整理、万顷良田等工程所整理出来的土地，这些耕地土壤成分相对较差，有机质含量较低，仍需要较长时间的整理才能作为优质

耕地资源。因此，在耕地数量不断下降的同时，优质耕地下降的速度更快，导致整个粮食生产效率长期处于较低的水平。

因此，面对建设占用耕地不断增加、后备资源日趋紧张、优质耕地被大量占用的客观现实，耕地数量保护和质量维护是南通市面临的重要任务。

#### 4.1.4.4 农村生活空间开发规模相对较大，布局分散，人均面积大，且处于不断增加态势

根据江苏省 13 个地级市空间开发强度数据，2012 年，南通市整体空间开发强度为 19.22%，与南京市、苏州市、无锡市等经济社会发展水平较高地区 25% 以上的空间开发强度相比，还有一定空间；而其农村生活空间开发强度较高（12.53%），居江苏省第二位，仅次于无锡市（12.62%）。因此可以适度增加总体空间开发强度，同时调整城镇、农村开发比重，增加城镇生活空间开发强度，减小农村生活空间开发强度（表4-7）。

表4-7　江苏省各地市 2009~2012 年空间开发强度　　　　（单位：%）

| 地区 | 空间开发强度 | | | | 2012 年农村生活空间开发强度 |
|---|---|---|---|---|---|
| | 2009 年 | 2010 年 | 2011 年 | 2012 年 | |
| 江苏省 | 19.68 | 20.11 | 20.36 | 20.56 | 9.81 |
| 南京市 | 25.92 | 26.69 | 27.14 | 27.46 | 8.73 |
| 无锡市 | 29.31 | 30.35 | 30.87 | 31.18 | 12.62 |
| 徐州市 | 20.01 | 20.19 | 20.24 | 20.36 | 11.74 |
| 常州市 | 24.51 | 25.23 | 25.56 | 25.83 | 8.38 |
| 苏州市 | 26.18 | 27.01 | 27.79 | 28.09 | 8.15 |
| 南通市 | 18.31 | 18.70 | 18.92 | 19.22 | 12.53 |
| 连云港市 | 22.53 | 22.75 | 22.81 | 22.86 | 8.67 |
| 淮安市 | 15.99 | 16.17 | 16.32 | 16.39 | 9.73 |
| 盐城市 | 15.35 | 15.72 | 15.93 | 16.08 | 8.27 |
| 扬州市 | 18.28 | 18.71 | 18.92 | 19.11 | 9.77 |
| 镇江市 | 24.08 | 24.55 | 24.83 | 25.18 | 9.18 |
| 泰州市 | 18.31 | 18.86 | 19.08 | 19.30 | 10.65 |
| 宿迁市 | 15.36 | 15.58 | 15.74 | 15.99 | 9.41 |

1）布局分散：南通市农村生活空间总面积为 133 487 公顷，但图斑数量达到 474 504 个，平均单个图斑面积仅为 0.28 公顷，呈现沿交通沿线随意分布的形态，没有形成较为聚集的村落空间结构，仅在重要交通节点与城镇建设用地边缘地带呈现较为聚集的面状分布特征。未来应当集中治理农村居民点这种小而散的问题，集中安置农村生活空间，优化国土空间布局，增强土地集约利用效率，从而为集中改善农村居民环境、增加生活服务配套设施创造条件（图4-6）。

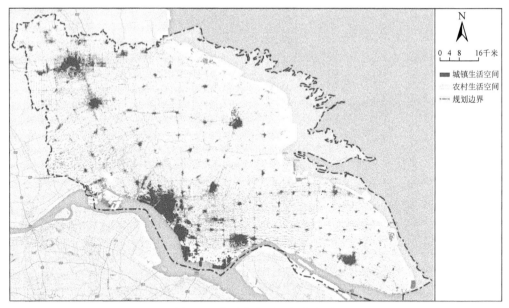

图 4-6 南通市生活空间分布图

2）人均面积大：2012 年农村生活空间占总用地的比重高达 12.65%，人均农村居民点面积高达 445 平方米，远超出《镇规划标准》（GB 50188—2007）中 150 平方米的标准，所有县（市、区）人均村庄建设用地指标均超出该标准。从南通市农村生活空间分布来看，如皋市、通州区城区及崇川区周边村庄建设用地分布密集，其余县（市、区）村庄建设用地分布均呈现临河临路的串珠状的分布形态，村庄建设用地整治是南通市全局性的重要问题。

3）人均用地呈增加态势：2005～2012 年农村居民点建设用地面积呈现不断上升态势，而且农村人口不断减少的趋势，南通市人均农村居民点建设用地面积不断上升，2012 年人均农村居民点建设用地面积高达 445 平方米，远远高于国家标准的 150 平方米。

### 4.1.4.5 城镇生活用地扩张明显

城镇生活用地近年扩张明显，但城市生活用地的扩张与工业生产用地、农业生产用地产生了一定的交集与冲突。从分地区城镇生活空间来看，海安县城镇生活空间面积为 8194.00 公顷，占南通市城镇生活空间总面积的 24.06%；如东县、通州区、如皋市、启东市四个地区的城镇生活空间用地较少，占全市城镇生活空间比重不足 10%。南通市城镇生活用地扩张与人口增长、经济社会发展、居民生活品质及消费能力提高有关，但城镇生活用地与工业生产用地的交集使城市生活品质产生一定的影响，噪声、污染、物流运输等，对城市居民正常生活造成一定程度的负面影响。城市生活用地的扩展与农业生产用地的冲突尤为突出，表现在城镇建设用地对农用地的占用，尤其是近年来城镇化进程的加快，对耕地安全造成了一定的威胁，因此，如何处理城镇用地与农用地尤其是耕地的布局问题，是南通市国土空间资源合理布局的重点。

# 4.2 陆海空间布局优化战略

## 4.2.1 总体空间结构：一主一次，一轴两带

通过双核驱动、一轴支撑、两带强化、培育网络，全市整体构建"一主一次，一轴两带，生态网络组团"的总体空间结构（图4-7）。

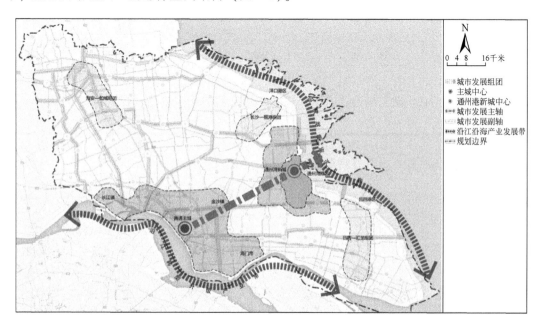

图 4-7 南通市国土空间总体布局图

### 4.2.1.1 一主

南通市中心城区及其辐射影响下的海门城区和如皋长江镇，是南通市最主要的城市化地区和产业聚集地区，规划期末建设用地面积为 248 平方千米，人口规模将达到 215 万人。规划期内，该区域应该以提升中心城区的辐射能力、科技创新能力、综合经济实力为目标，大力发展现代服务业、高新技术产业与先进制造业，并逐步淘汰重工业与高污染、低附加值与劳动密集型的传统产业。加强产业园区建设，尤其是现代物流园区、软件园区、金融城、科技城等。

### 4.2.1.2 一次

南通滨海园区是南通市未来重点开发地区，规划期末建设用地面积为 146 平方千米，人口规模将达到 86 万人。规划期内将主要依托通州湾，重点发展临港产业、综合物流、

重型装备制造业、新能源基地及生态旅游度假区，将建成集港口、产业、城市融合三位一体的现代化滨海新城和南通副中心。

### 4.2.1.3 一轴

依托苏通大桥及北接线、通洋高速、洋口运河及通吕运河，形成一条南通都市区向东拓展、联结江海、互动发展的辐射带动轴，加快陆海资源、产业、空间的有效对接，带动南通市陆海统筹的快速发展。

### 4.2.1.4 两带

科学利用宝贵的岸线资源，构建沿江、沿海两条特色产业带，促进优势互补、协调发展。

沿海战略性新兴产业发展带是南通市未来发展潜力最大的地区，要发挥港口和土地资源优势，以通州湾为龙头，洋口港、老坝港为北翼，吕四港、东灶港为南翼，推进区镇合一、陆海统筹和江海联动，构建新兴基础产业基地和海洋产业集聚区。

沿江转型升级产业发展带：南通市两个国家级产业园区、五个省级产业园区，南通港十个港区中有八个位于沿江地带上，因此以中心城区为主体，以通州西部、如皋港为西翼，以启海滨江为东翼构建沿江产业发展带。

### 4.2.1.5 生态网络组团

借助生态廊道和交通引导，形成覆盖全市的生态型网络组团，形成超越城镇概念，覆盖城乡的发展组团。在生态网络、城镇网络、特色村镇网络、交通网络、公共服务网络等网络构架下形成生活组团、产业组团、生态组团、城镇组团、乡村组团等组团，从而构成多个生产、生活、生态一体的发展组团。

## 4.2.2 生态空间结构：蓝绿成廊，水脉融城

加快通吕运河清水通道维护区、九圩港清水通道维护区；桑蚕、刀鲚等种质资源保护区；老洪港湿地公园；狼山风景名胜区、濠河风景名胜区；启东长江口（北支）湿地省级自然保护区启东长江口（北支）湿地省级自然保护区等湿地、公园、森林、重要生态功能区、河流水系等生态斑块、廊道等的保护和修复力度，通过生态廊道的引入，使城市融于优美的生态基底中，形成"蓝绿成廊，水脉融城"的生态结构。

## 4.2.3 生产空间结构：优江拓海，江海联动

加强优质耕地红线等农业生产空间保护力度，加快低效工业生产空间的内部挖潜与整治，优化提升沿江产业发展带，统筹推进沿海产业发展带合理有序开发，优先安排中心城区生产空间需求，合理安排滨海新区生产空间，加快沿海、沿江、沿重要交通线的合理开发，同时在生产空间的开发利用过程中要注重生态、生活空间的协调互动。

## 4.2.4 生活空间结构：江海风景，品味生活

坚持生活空间斑块作用，与生产、生态空间相得益彰，高度融合发展，与经济发展阶段相适应，加快中心城区做大做强，紧抓陆海统筹、上海自贸区机遇，加快滨海副中心和沿海长沙镇、吕四港镇等沿海重点镇建设，最终形成市域中心—市域副中心—组团级中心—重点镇—一般镇组成的五级城镇体系。

# 4.3 陆海空间布局优化方案

## 4.3.1 方法原则

在判断现状特征及问题、分析发展形势、确定战略定位的基础上，将南通市陆海用地作为整体，探索基于 GIS 技术的南通市土地利用结构与布局优化方法，确定合理的三大红线及"三生"分区。

三条红线在土地利用总体规划中是密不可分、互为前提的几条线，应优先确定优质耕地保护红线，并尽可能以此为基础来划定城市增长边界。生态保护红线包括重要生态功能区、生态敏感区、脆弱区、禁止开发区。优质耕地保护红线主要依据耕地保护规模目标、耕地适宜性评价，在保障总量的前提下适当考虑城市开发用地的需要。城市开发边界包括城市生活空间、工业生产空间及部分城市内生态空间，其确定方法是在开发强度分析确定总量的基础上，根据开发动力评价及开发阻力评价结果，利用元胞自动机模拟获得。在划定三大红线的基础上，进行"三生"空间（生产、生活、生态空间）划分。"三生"空间在空间上存在融合，在功能上也有重叠，这里"三生"空间分区指空间及功能主导区，本着生态优先，生产生活集约、适当融合的原则进行布局（图 4-8）。

## 4.3.2 国土开发强度

2010 年，《全国主体功能区规划》采用区域建设空间占该区域总面积的比重表征土地开发强度，为探讨区域范围内土地整体的开发状况提供了新的思路和指标。建设空间包括城镇建设、独立工矿、农村居民点、交通、水利设施、其他建设用地等空间。

### 4.3.2.1 我国国土开发强度现状及形势

我国城市国土开发强度不断增长，甚至超过一些发达国家，然而使用效率正在下降。1990～2000 年，我国城市的建成区面积从 1.22 万平方千米增长到 2.18 万平方千米，增长了 78.3%；到 2010 年，这个数字达到 4.05 万平方千米，比 2000 年增长了 85.5%。然而，人口密度从 2000 年的 0.99 万人/千米$^2$，下降到 2009 年的 0.89 万人/千米$^2$；建成区的产

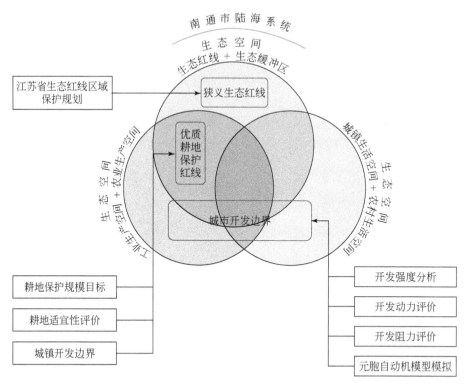

图 4-8　主要技术方法示意图

出强度从 1990 年的 0.79 亿元/千米² 增加到 2000 年的 2.97 亿元/千米²，再到 2009 年的 7.05 亿元/千米²。按照国际惯例，30% 是一国或一个地区国土开发强度的极限，超过该限度，人的生存环境就会受到影响。然而据统计，我国很多人均 GDP 刚超过 1 万美元的城市化地区的开发强度已超过这个数字并大大高于一些人均 GDP 达到 4 万~6 万美元及以上的国家和地区。上海的土地总面积是近 7000 平方千米，开发强度已经达到 36.5%，若扣除崇明、长兴、横沙等不宜大规模开发的 1000 多平方千米的三岛面积，则开发强度近 50%。北京的面积是 1.6 万平方千米，若扣掉不宜开发的 1 万平方千米的山区，开发强度是 48%。国际上，大巴黎的开发强度是 21%，大伦敦开发强度为 23.7%，日本三大都市圈平均的开发强度是 15%，东京的开发强度最高也只有 29.4%。香港、深圳、东莞大体上属于同一尺度空间单元，香港的开发强度为 21%，深圳、东莞的开发强度分别为 46.9% 和 42.3%。

　　同时，在城镇化过程中村庄用地缺乏退出机制，不降反增。村庄用地 13 年来增加了 1837 万亩，主要是存在空心村、能不能走得开的问题，造成建设用地格局结构失衡。

　　由此可见，我国部分城市土地开发强度接近甚至超过国际发达城市，我国仍然处于城市化快速发展时期，城市建设用地扩张不可避免。过高的城市土地开发强度将造成土地利用率和产出率低下，造成城市基础设施和配套服务设施的低效利用，导致城市空间对农业和生态空间的蚕食，威胁生物多样性，严重影响了城市土地资源的可持续利用。因此，合理控制城市土地开发强度，提高城市土地利用效率，在城市化地区保持必要的耕地和绿色生态空间，尤为必要。

针对上述问题，党的十八大报告明确提出要大力推进生态文明建设，控制国土开发强度，调整空间结构，构建科学合理的空间发展格局。中央城镇化工作会议也提出要严控增量、盘活存量、优化结构、提升效率，切实提高城镇建设用地集约化程度。当前，开发强度控制成为土地利用总体规划中政府实施建设用地总量控制、实现空间结构优化的重要手段。国土部门提出，今后对开发强度已经超过 20%，达到 30%、40% 的地方，在用地上要考虑以盘活存量为主。上海市确定未来土地开发强度将控制在 39% 以内，江苏省将通过严格守住耕地保护红线、开发红线、生态环境红线，将土地开发强度控制在 30% 以内。

#### 4.3.2.2　基于非建设用地的南通市开发强度限度分析

采取先从划定非建设用地入手的规划方法，尽可能全面涵盖和明确城市非建设用地的范围，反推有限土地可以承载的人口规模。根据南通市 2012 年土地利用变更调查成果，南通市总面积为 10 549.35 平方千米；《南通市重要生态功能保护区区域规划（2012—2020）》划定禁止开发区域面积 174.41 平方千米，限制开发区域面积 1584.53 平方千米；针对耕地现状和耕地保护目标，优质耕地 85% 保护率下，保护面积为 3960 平方千米。因此总国土面积扣除生态保护区域及耕地保护区域等非建设用地范围后，剩余面积为 5004.82 平方千米。

除此之外，可以通过对南通市生态足迹和生态承载力进行计算来确定南通市国土开发规模的增长限度，具体的计算方法会在 8.2.1 节中资源环境承载力评价的部分中进行说明。

#### 4.3.2.3　基于趋势外推的南通市开发强度需求测算

预测的基本思路是：依据历史统计数据，找出经济社会指标与建设用地数据之间的统计相关性，进而运用多种统计回归方法，根据经济社会发展与建设用地的关系预测规划期末的建设用地总量。具体包括：①基于经济发展与建设用地关系的预测；②基于人均 GDP 与建设用地关系的预测；③基于固定资产投资与建设用地关系的预测；④基于建设用地自身扩张趋势的预测。

（1）总人口规模预测

人口规模是确定建设用地规模的基本依据，科学合理地预测人口规模是控制建设用地规模的前提条件。人口规模预测项目包含户籍人口和流动人口。

根据《南通市城市总体规划（2011—2020 年）》：到 2015 年南通市规划总人口为 825 万人，2020 年规划总人口为 870 万人；到 2015 年规划城镇人口为 512 万人，2020 年规划城镇人口为 609 万人；到 2015 年规划城市化水平为 62%，2020 年规划城市化水平为 70%（表4-8）。

表 4-8　南通市人口规模预测表

| 项目 | 2015 年（近期） | 2020 年（远期） |
| --- | --- | --- |
| 总人口（万人） | 825 | 870 |
| 城镇化率（%） | 62 | 70 |
| 城镇人口（万人） | 512 | 609 |
| 乡村人口（万人） | 313 | 261 |

（2）基于 GDP 与建设用地关系的预测

经济产出与建设用地之间也有很强的相关性，经济发展必然带来建设用地的增长，而经济产出可以用地区 GDP 来衡量。本书根据 2005～2012 年建设用地的发展与地区 GDP 之间的关系，预测建设用地在规划期内的合理规模（表4-9）。

**表4-9　南通市历年地区 GDP 与建设用地规模**

| 年份 | 地区 GDP（亿元） | 建设用地规模（平方千米） |
| --- | --- | --- |
| 2005 | 1483.8 | 1681.033 |
| 2006 | 1788.39 | 1761.619 |
| 2007 | 2163.69 | 1797.198 |
| 2008 | 2593.13 | 1845.997 |
| 2009 | 2872.8 | 1931.221 |
| 2010 | 3465.67 | 1972.271 |
| 2011 | 4080.22 | 1998.633 |
| 2012 | 4750 | 2019.671 |

从历史数据还可以看出，单位 GDP 耗地也是越来越低的，从 2005 年的平均每亿元 GDP 耗地 1.13 平方千米到 2012 年的平均每亿元 GDP 耗地 0.43 平方千米，仅为 2005 年的 1/3。随着地区 GDP 的增长，集约水平的提高，单位 GDP 耗地仍会不断下降，因此在选取回归模型时采用对数形式，可以体现随着地区 GDP 的快速增长，建设用地的增长速度不断放缓。对建设用地总量和地区 GDP 的回归得到以下对数关系。GDP 总量指标回归拟合图（图4-9）及公式如下：

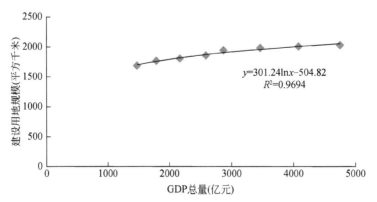

图4-9　南通市建设用地总量预测（GDP 回归分析法）

$$y = 301.24\ln x - 504.82$$

式中，$y$ 为建设用地；$x$ 为 GDP 总量，所得公式相关系数 $R^2 = 0.9694$，具有较好的拟合度。预测得出南通市 2015 年和 2020 年建设用地总量分别为：214 658.3 公顷和 229 008.4 公顷。

（3）基于人均 GDP 与建设用地关系的预测

人均 GDP 指标回归拟合图（图4-10）及公式如下：

$$y = 361.86x^{0.1563}$$

式中，$y$ 为建设用地；$x$ 为人均 GDP，所得公式相关系数 $R^2 = 0.9624$，具有较好的拟合度。预测得出南通市 2015 年和 2020 年建设用地总量分别为 211 521.4 公顷和 225 991.9 公顷。

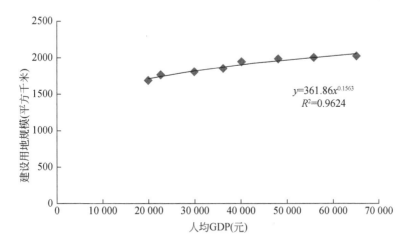

图 4-10  南通市建设用地总量预测（人均 GDP 回归分析法）

（4）基于固定资产投资与建设用地关系的预测

固定资产投资是建设用地增长的直接影响因素之一，固定资产投资的规模与建设用地的规模之间同样存在较大的相关性。本书对 2005～2012 年南通市建设用地规模与固定资产投资规模的关系进行了研究，两者相关系数达 0.97（表 4-10）。

表 4-10  南通市建设用地规模与全社会固定资产投资规模

| 年份 | 全社会固定资产投资规模（亿元） | 建设用地规模（平方千米） |
| --- | --- | --- |
| 2005 | 815.28 | 1 681.033 |
| 2006 | 1 048.9 | 1 761.619 |
| 2007 | 1 265.8 | 1 797.198 |
| 2008 | 1 505.41 | 1 845.997 |
| 2009 | 1 802.38 | 1 931.221 |
| 2010 | 2 168.38 | 1 972.271 |
| 2011 | 2 378.36 | 1 998.633 |
| 2012 | 2 608.674 | 2 019.671 |

全社会固定资产投资指标回归拟合图（图 4-11）及公式如下：

$$y = 0.187x + 1558.2$$

式中，$y$ 为建设用地；$x$ 为全社会固定资产投资，所得公式相关系数 $R^2 = 0.9712$，具有较好的拟合度。预测得出南通市 2020 年建设用地总量为 235 205.6 公顷。

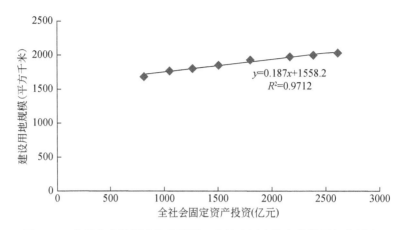

图 4-11　南通市建设用地总量预测（全社会固定资产投资回归分析法）

（5）基于建设用地自身发展趋势的预测

基于建设用地自身发展趋势的预测主要是通过对建设用地变化的时间趋势进行回归模拟预测。由于近几年南通市建设用地增加较快，拟合最好的方程是二项式方程，它是一条上扬的曲线，这表示南通市的建设用地增速会越来越快，在国家严控建设用地规模的形势下，本书认为该变化趋势与实际不符，同样指数方程、乘幂方程等都拟合为上扬的曲线，均不符合现实，而对数曲线虽然最能体现集约用地的思想，但南通市作为苏中地区的"领头雁"和"长江三角洲北翼经济中心"的定位实际要求建设用地的增加不应受到太大的限制，因此选取线性方程作为时间序列的相对适宜模型，$R^2$ 也较大，达到 0.97，$T$ 检验显著，运用 SPSS 软件建立城乡用地变化时间序列趋势外推预测模型，所得预测公式：

$$y = 49.595x - 97\ 736$$

式中，$y$ 为建设用地；$x$ 为时间，所得预测方程相关系数 $R^2 = 0.9727$，具有较好的拟合度。根据以上公式，预测得出 2020 年城乡用地总规模为 244 590 公顷（图 4-12）。

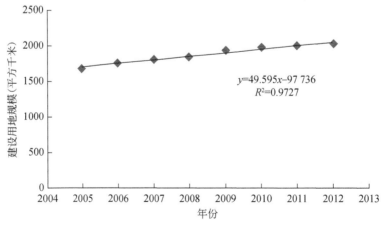

图 4-12　南通市建设用地总量预测（时间序列趋势外推法）

（6）南通市开发强度需求综合预测

本书分别从地区 GDP、人均地区 GDP、固定资产投资和自身发展趋势四个方面对建设用地总规模进行了预测，预测结果见表4-11。

表 4-11 南通市建设用地需求预测结果汇总

| 项目 | 2020 年建设用地总规模（公顷） | 增量（2020 年—2012 年）（公顷） |
| --- | --- | --- |
| 方案一：基于地区 GDP | 229 008.4 | 27 041.3 |
| 方案二：基于人均地区 GDP | 225 991.9 | 24 024.8 |
| 方案三：基于固定资产投资 | 235 205.6 | 33 238.5 |
| 方案四：基于自身发展趋势 | 244 590.0 | 42 622.9 |
| 平均值 | 233 699.0 | 31 731.9 |

基于地区 GDP 的预测由于采用的是对数方程，表明随着经济发展的加快，建设用地的增长速度不断下降，该方案充分反映了集约用地的思想，但由于对数关系可能导致随着地区 GDP 的增长建设用地的增加过少，促使土地利用过于集约，对于经济社会的和谐发展反而存在反作用，因此方案一的预测规模可能偏小。

基于固定资产投资的预测因为在预测建设用地规模时采取了线性模型，该模型的劣势是假设了固定资产投资与建设用地规模呈绝对直接对应关系，虽然两者的相互作用相对更为直接，但认为建设用地的增速与固定资产投资相同，仍然有不完善的地方，因此，方案三预测的建设用地规模可能偏大。

基于自身发展趋势的预测则认为规划期内建设用地的年均增量与 2005～2012 年的平均增长增量相同，这种方法没有充分考虑南通作为江苏省重点发展区域的发展前景，因此认为未来建设用地的增长与历史增长相同是不尽合理的，预测的规模可能偏小。

综合考虑各方案的优劣性，本专题综合了各个方案求平均值，寻求既体现经济快速发展对建设用地的需求趋势，又能体现集约用地思想的综合方案。因此，将四个方案预测结果的平均值作为规划期末的建设用地预测总规模，即到 2020 年建设用地为 233 698.9 公顷，到 2020 年开发强度为 22.15%。

### 4.3.2.4 建设用地重点细分领域规模的确定

（1）城镇用地规模

a 人均城镇用地标准确定

人均城镇建设用地标准的确定既要遵循城镇节约集约用地，充分挖掘土地利用潜力的要求，又要符合居民生活水平提高，实现小康社会发展目标的需求，同时，还要求有较现实的可操作性和可实现性。

依据《南通市城市总体规划（2011—2020年）》①、南通市人均城镇建设用地指标现状值和《城市用地分类和规划建设用地标准》（GBJ 137—1990）（表4-12）中允许调整幅度进行双因子控制，确定规划目标年南通市人均城镇建设用地标准实施方案（表4-13）。

**表4-12　城镇规划人均城镇建设用地指标**　　（单位：平方米）

| 现状人均城镇建设用地水平 | 允许采用的规划指标 | | 允许调整幅度 |
|---|---|---|---|
| | 指标级别 | 规划人均城镇建设用地指标 | |
| ≤60.0 | I | 60.1~75.0 | +0.1~+25.0 |
| 60.1~75.0 | I | 60.1~75.0 | >0 |
| | II | 75.1~90.0 | +0.1~+20.0 |
| 75.1~90.0 | II | 75.1~90.0 | 不限 |
| | III | 90.1~105.0 | +0.1~+15.0 |
| 90.1~105.0 | II | 75.1~90.0 | −15~0 |
| | III | 90.1~105.0 | 不限 |
| | IV | 105.1~120.0 | +0.1~+15.0 |
| 105.1~120.0 | III | 90.1~105.0 | −20.0~0 |
| | IV | 105.1~120.0 | 不限 |
| >120.0 | III | 90.1~105.0 | <0 |
| | IV | 105.1~120.0 | <0 |

注：所采用的规划人均城镇建设用地指标应同时符合表中指标级别和允许调整幅度双因子的限制要求。调整幅度是指规划人均建设用地比现状人均城镇建设用地增加或减少的幅度。人均耕地面积小于1亩的地区，在现状人均建设用地水平允许采用的规划指标等级中，只能采用最低一级。新建城镇的规划人均城镇建设用地指标宜在第III级内确定，当城镇的发展用地偏紧时，可在第II级内确定。首都和经济特区城市的规划人均城镇建设用地指标宜在第IV级内确定；经济特区城市人均耕地小于1亩的，可在第III级内确定。边远地区和少数民族地区中地多人少的城镇，可根据实际情况确定规划人均城镇建设用地指标，但不得大于150.0 米²/人

**表4-13　南通市规划目标年人均城镇建设用地标准**　　（单位：平方米）

| 指标 | 2020 年 |
|---|---|
| 人均城镇建设用地 | 120 |

b 城镇用地规模预测

结合人口预测结果，依据上述人均城镇用地标准的实施方案，建立城镇建设用地预测模型（如下式），得到相应目标年南通市城镇建设用地规模预测值。

$$S_1 = P_1 \times A_1$$

式中，$S_1$ 为目标年城镇建设用地规模（公顷）；$P_1$ 为目标年城镇人口（万人）；$A_1$ 为人均

---

① 《南通市城市总体规划（2011—2020年）》指出：城镇建设用地控制在人均120平方米以内，新建村庄建设用地控制在人均130平方米以内。

城镇建设用地标准（平方米）。

得出城镇用地规模见表 4-14。

表 4-14 南通市规划目标年（2020 年）城镇用地规模预测结果

| 地区 | 人均城镇工矿（平方米） | 城镇人口（万人） | 城镇工矿用地（公顷） |
|---|---|---|---|
| 中心城区 | 141 | 130 | 18 350 |
| 通州区 | 95 | 85 | 8 075 |
| 海安县 | 100 | 55 | 5 500 |
| 如东县 | 123 | 35 | 4 305 |
| 启东市 | 90 | 44 | 3 960 |
| 如皋市 | 104 | 50 | 5 200 |
| 海门市 | 106 | 50 | 5 300 |
| 重点镇 | 100 | 90 | 9 000 |
| 一般镇 | 110 | 70 | 7 700 |

（2）农村居民点用地规模

a 人均农村居民点用地标准确定

南通市目前人均农村居民点用地为 443.2 平方米，已经远远超出《江苏省村庄规划导则》中村庄人均规划建设用地指标 130 平方米的限值。依据《关于规范城镇建设用地增加与农村建设用地减少相挂钩试点工作的意见》（国土资发〔2005〕207 号）及江苏省万顷良田工程对农村居民点用地进行拆并和整理，提高土地节约集约利用程度。

《南通市城市总体规划（2011—2020 年）》中提出规划期人均农村居民点建设用地严格控制在 130 平方米以内，但是考虑到南通市人均农村居民点建设用地现状水平较高，虽然目前南通市农村居民点用地节约集约利用的理论潜力巨大，但是规划期内人均农村居民点建设用地降低到 130 平方米以内目标的实现难度较大。综合以上分析，确定规划目标年人均农村居民点用地标准的实施方案见表 4-15 和表 4-16。

表 4-15 人均农村居民点建设用地指标 （单位：平方米）

| 现状人均农村居民点建设用地水平 | 允许采用的规划指标 | | 允许调整幅度 |
|---|---|---|---|
| | 指标级别 | 规划人均农村居民点建设用地指标 | |
| ≤50 | I | 50.1 ~ 60 | 应增 5 ~ 20 |
| | II | 60.1 ~ 80 | |
| 50.1 ~ 60 | I | 50.1 ~ 60 | 可增 0 ~ 15 |
| | II | 60.1 ~ 80 | |
| 60.1 ~ 80 | II | 60.1 ~ 80 | 可增 0 ~ 10 |
| | III | 80.1 ~ 100 | |

续表

| 现状人均农村居民点建设用地水平 | 允许采用的规划指标 | | 允许调整幅度 |
| --- | --- | --- | --- |
| | 指标级别 | 规划人均农村居民点建设用地指标 | |
| 80.1~100 | Ⅱ | 60.1~80 | 可增、减0~10 |
| | Ⅲ | 80.1~100 | |
| | Ⅳ | 100.1~120 | |
| 100.1~120 | Ⅲ | 80.1~100 | 可减0~15 |
| | Ⅳ | 100.1~120 | |
| 120.1~150 | Ⅳ | 100.1~120 | 可减0~20 |
| | Ⅴ | 120.1~150 | |
| >150 | Ⅴ | 120.1~150 | 应减至150以内 |

注：已有的村镇应以现状建设用地的人均水平为基础，根据人均建设用地指标级别和允许调整幅度确定。允许调整幅度是指规划人均建设用地指标对现状人均建设用地水平的增减数值。人均耕地面积小于1亩的地区在现状人均建设用地水平允许采用的指标级别中，只能采用最低一级。新建村镇规划人均建设用地指标宜按表中第Ⅲ级确定。人均耕地面积小于1亩的地区应按表中第Ⅱ级确定。地多人少的边远地区，根据所在省、自治区、直辖市政府规定的建设用地指标确定

表4-16　南通市规划目标年人均农村居民点建设用地标准　（单位：平方米）

| 指标 | 2010年 | 2020年 |
| --- | --- | --- |
| 人均农村居民点建设用地 | 250 | 180 |

b 农村居民点用地规模预测

以农村人口为依据，依据上述人均农村居民点建设用地标准的实施方案，建立农村建设用地规模预测模型，得到规划目标年南通市农村建设用地规模预测值（表4-17）。

$$S_2 = P_2 \times A_2$$

式中，$S_2$为目标年农村建设用地规模（公顷）；$P_2$为目标年农村人口（万人）；$A_2$为人均农村建设用地标准（平方米）。

表4-17　南通市规划目标年人均农村居民点用地规模预测结果

| 指标 | 2020年 |
| --- | --- |
| 人均农村居民点建设用地（平方米） | 180 |
| 农村人口（万人） | 261 |
| 农村建设用地规模（公顷） | 46 980 |
| 变化量（比2012年少）（公顷） | 86 507 |

## 4.3.3　"三线"划定

优化国土空间开发格局，是实现人与自然和谐相处的空间基础，按照"点上开发，面

上保护"要求，控制国土开发强度，划定生态保护红线、耕地保护红线和城镇开发边界，协调生态保护与城市发展之间的矛盾，合理引导和约束各类开发行为。

本书初步划定生态红线、优质耕地保护红线、城市增长边界，由于目前资料的可获得性及翔实程度受限，重在方法探讨，具体空间范围需进一步细化。

### 4.3.3.1 生态保护红线

（1）概念界定

生态保护红线的划定，能够在水源涵养、生态保护、水土涵养等方面为南通市的城市发展提供生态屏障，从而减轻外界对城市生态的影响和风险，从根本上解决经济发展过程中资源开发与生态保护之间的矛盾。

依据《国家生态保护红线——生态功能基线划定技术指南（试行）》，生态保护红线主要分为重要生态功能区、陆地和海洋生态环境敏感区、脆弱区三大类型。

依据《江苏省生态红线区域保护规划》，南通市生态红线指南通市重要生态功能保护区，即在保持流域、区域生态平衡，防止和减轻自然灾害，具有重要生态服务功能和保护价值的，在维护区域生物多样性和生态安全等方面有重要作用的，有明确界线，需要实施严格保护的自然地域。

（2）范围界定

南通市十类共63个重要生态功能保护区，总规划面积为1580.78平方千米。其中禁止开发区域面积为234.13平方千米，限制开发区域面积为1346.65平方千米。

### 4.3.3.2 高标准农田

（1）概念界定

高标准农田的划定，是为了落实好国家耕地保护政策，确保耕地总量不减少、质量不降低，促进农业生产和社会经济的可持续发展，主要依据南通市耕地适宜性及质量评价，对南通市域内部高标准农田实行严格保护、合理利用。

高标准农田的划定，要统筹协调与生态保护用地、城市发展边界和基础设施用地的关系，禁止城市发展对高标准农田的占用，通过高标准农田和生态空间的划定形成对城市发展的天然屏障，确保南通市用地效率的最大化。

（2）范围界定

a 南通市耕地适宜性评价

充分借鉴"耕地与基本农田保护研究"专题成果，通过多边形叠置分析，实现多源数据的评价单元统一。基于网格单元，对各单项指标进行极值标准化，去除各指标空间离散值的单位，实现评价指标的无量纲化，为适宜性综合评价奠定基础。利用层次分析法，获取各单项指标对于耕地适宜性影响程度的初始权重，以此为基础，综合农业、土壤、水利、环保等领域的资深专家经验，对各指标的权重进行修正，形成耕地适宜性评价指标的权重分布表（表4-18）。综合各单项指标进行加权综合，通过求和计算，即可获取各评价单元的耕地适宜性指数。根据各单元耕地适宜性指数的高低分布特征，运用自然断点分类方法，划分耕地适宜性高低等级顺序，形成南通市域耕地适宜性的分布图（图4-13）（图中红色表征耕地适宜性指数高，相反，绿色则表示耕地适宜性较低）。

表4-18 耕地适宜性指标权重

| 类型 | 指标 | 方向 | 权重 |
|---|---|---|---|
| 耕地自然条件 | 有机质含量 | 正向 | 0.15 |
| | 表层土壤质地 | 正向 | 0.07 |
| | 耕作层厚度 | 正向 | 0.05 |
| | pH | 反向 | 0.13 |
| | 盐渍化程度 | 反向 | 0.04 |
| 耕地利用条件 | 灌溉与排水条件 | 正向 | 0.08 |
| | 田块规模 | 正向 | 0.07 |
| 土壤环境质量 | As | 反向 | 0.07 |
| | Cd | 反向 | 0.03 |
| | Cr | 反向 | 0.02 |
| | Cu | 反向 | 0.04 |
| | Hg | 反向 | 0.07 |
| | Pb | 反向 | 0.07 |
| | Zn | 反向 | 0.05 |
| 耕地分布集中度 | 耕地面积比重 | 正向 | 0.02 |

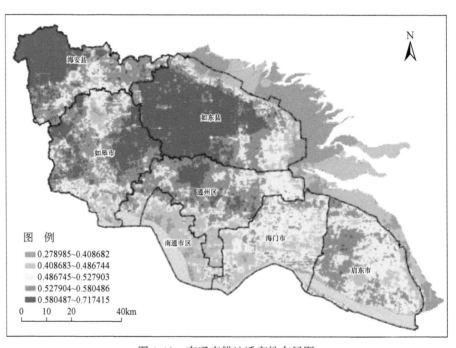

图4-13 南通市耕地适宜性布局图

整体上，海安县西北部、如皋市中部、如东县西部和通州区北部地区土壤较为肥沃、灌排保障水平较高、土壤重金属污染程度较低、土地利用条件较好，且远离工业化和城市化的重点区域，适宜优质耕地的大规模集中布局。南通市中心城区、各县市城区土地耕作的自然条件、利用条件和表层土壤环境质量相对较差，不宜作为未来耕地布局的重点区域。如皋市南部、通州区南部、海门市东部等地土壤肥力较差、重金属元素含量较高，农业耕作的适宜性较差。此外，东部沿海的通州湾和沿海滩涂地区，土壤较为贫乏、土壤酸碱度较高、盐碱侵蚀较重、农田灌排条件较差，耕作利用条件相对较差，且局部地区是潜在城市化地区，但具有作为未来耕地集中布局区域的潜力。

b《南通市土地利用总体规划（2006—2020 年）》对基本农田的划定

《南通市土地利用总体规划（2006—2020 年）》确定了基本农田等优质耕地的保护方案。

基本农田保护目标：按照省级规划下达的基本农田保护任务，规划期内全市基本农田保护面积保持在 425 900.0 公顷（6 388 500 亩）以上，在此基础上，多划一定数量的基本农田，用于基本农田不可预见的占用或布局调整时补划。

划定基本农田集中区：结合土地利用功能分区，将基本农田分布集中度相对较高、优质基本农田所占比重相对较大，需重点保护和建设的区域划定为基本农田集中区。全市共划定 297 682.0 公顷（4 465 230 亩）基本农田集中区。

c 南通市基本农田划定

2013 年年底，南通划定了全市基本农田空间布局图，有效保护了全市优质耕地资源。

d 南通市高标准农田

在耕地适宜性评价的基础上，结合南通市土地利用总体规划对高标准农田的划定，通过与南通市基本农田空间布局图、现状耕地资源的叠加，确定南通市高标准农田。

### 4.3.3.3 城镇开发边界

（1）概念界定

城镇开发边界，即城市的预期扩展边界，边界之内是当前城市与满足城市未来增长而预留的土地。在当前城市快速增长的大背景下，十分有必要通过划定城镇开发边界来控制城市无序蔓延。从时间角度，它是城市在规划期范围内的空间拓展边界线。

根据南通市发展的需要，本专题从城市发展控制角度理解城镇开发边界的含义：通过有效的技术手段，综合考虑城市增长需要与生态及耕地保护的要求，配合交通、用地等相关因素而划定的城市与农村土地之间的分界线，以达到控制城市用地扩张、增强生态保护、提高城市土地利用效率、保护农业用地的目标，从而促进城乡空间和谐发展。

（2）范围界定

a 城镇开发边界划定方法

城镇开发边界的设定在技术层面存在一定的复杂性，各种预测手段各有其特点，需要根据地方特点、城镇开发边界类型选择。当前划定城镇开发边界的技术方法主要有两种：一种是参考城市建设用地边界的划定方法，采用"规模预测—框定指标—空间布局—设定边界"

的模式;另一种是以约束性 CA(元胞自动机)模型为代表的城市动态空间增长模拟方法。前者依据城市的经济、人口规模预测与城市总体规划的空间布局,"自上而下"进行城市建设用地面积增长的反演,并依托已形成的城市空间结构进行城市增长边界的划分,但此方法受限于在城市规划与发展指标,且缺乏灵活的协调功能。后者以城市人口与空间增长规模为前提和宏观约束条件,依托数学模型分析城市扩展的规律并进行预测。基于 CA 模型的城市模拟模型具有利用微观个体"自下而上"模拟复杂系统的能力,因而可以模拟城市扩张过程并根据不同发展政策和方案模拟未来,还有助于理解城镇化进程,为城镇开发边界的划定提供支持。

本书立足于南通市城市特征,借鉴国内外有关城镇开发边界划定的实践经验,通过分析南通市自然、社会经济、区位、建设用地开发潜力等条件,根据生态和耕地保护等限制因素,对城市发展进行预测和边界划定,并给出相关政策建议。

b 南通市城市建设用地拓展历程

近年来伴随城镇化进程的推进,南通市城镇建设取得了一定成效,南通市中心城区及其他城关镇城市建设用地在 2005~2014 年均增长较快(图4-14)。其中,中心城区向内陆的东、南、北均有扩张;其他城关镇镇区的扩张以海安县、如皋市为主。

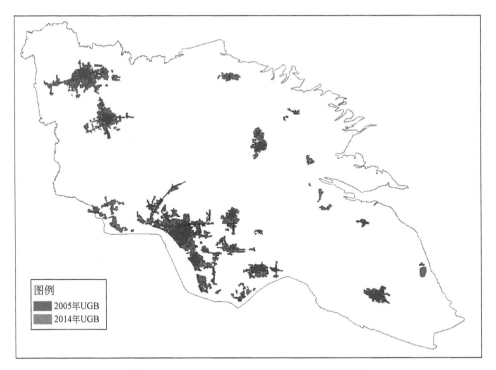

图例
■ 2005年UGB
■ 2014年UGB

图 4-14  2005~2014 年南通市城市扩张示意图

c 南通市城市建设用地现状与 2020 年土地规划、城市规划要求对比情况

目前,南通市除了海安县和如皋市城市建设用地现状超出 2020 年规划建设用地相对较多外,中心城区和其他县(市、区)重点镇大致都在规划用地范围内(图4-15 和图4-16)。

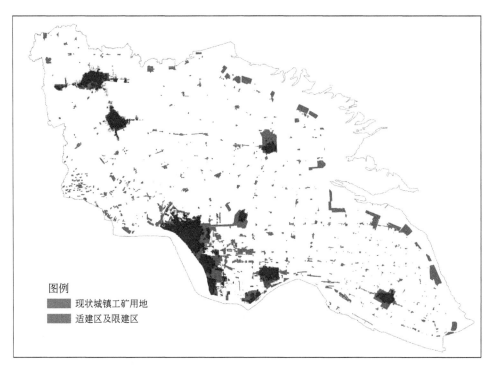

图 4-15　南通市现状城镇工矿用地与 2020 年土地规划对比

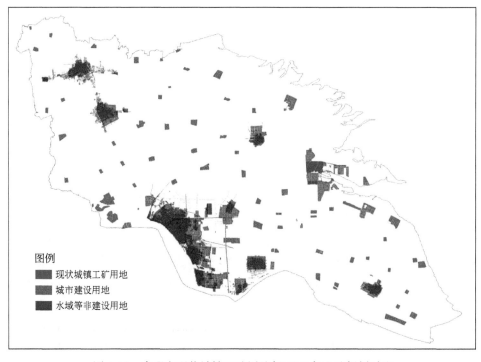

图 4-16　南通市现状城镇工矿用地与 2020 年土地规划对比

d 南通市城市扩张的影响因素分析

目前城市扩张影响因素的研究重点已经从空间演化形式的归纳深化到城市土地开发动力及决策机制的探究；其中人文因素被视为核心影响因素，自然因素研究较少。同时，已有的实证案例中，较多考虑的人文因素包括人口增长、经济发展、城镇化水平、工业化水平、固定资产投资等因子，对政策、产业结构调整、技术因素考虑较少，且未考虑空间异质性。城市扩张是多种因素相互作用的结果，与政策、社会、经济及自然环境状况密切相关，根据南通市城市扩张特征及城市特征，以及相关研究者经验，初步选择自然环境、社会经济、区位条件和约束因素四方面的 12 个因子（表4-19），以进一步分析南通市城市扩张影响因子。

表4-19　南通市城市扩张影响因子分析

| 因子类别 | 因子种类 | 因子名称 |
| --- | --- | --- |
| 自然环境 | 地形 | 高程 |
| | | 坡度 |
| | 近水性 | 距海的欧氏距离 |
| | | 距长江的欧氏距离 |
| | | 距其他主要河流的欧氏距离 |
| 社会经济 | 人口密度 | |
| | 夜间灯光强度（可反映人类活动强度） | |
| 区位条件 | 可达性 | 到城市建成区的时间距离 |
| | | 距现状建设用地的欧氏距离 |
| | 至行政中心距离 | 市、县级行政中心的欧氏距离 |
| 约束因素 | 特殊非建设用地保护 | 生态保护红线 |
| | | 耕地保护红线 |

1）自然环境因子。在自然环境方面，利用地形和近水性表达南通市海-河共生的自然环境。南通市除狼山低丘区外，地势比较低平，属长江三角洲冲积平原和黄淮平原，全境高程普遍在2.0~6.5米，地势由西北向东南略微倾斜。南通市河流分属长江、淮河两个流域，大致以老通扬运河，如泰运河为界，其北为淮河流域，面积约为2400平方千米，其余则为长江流域。南通市最大最重要的河流当属长江，其是南通市工农业、交通航运、水产养殖和生活用水的主要水源。长江流经区域西南缘，南通段岸线长约为164千米，水域面积约为643平方千米。另外，南通市东临黄海，全市境内拥有江海岸线为364.91千米。

2）区位条件因子。区位一方面指事物的位置，另一方面指该事物与其他事物的空间联系，在区位条件方面供选择的因子有三个。首先，城乡结合地区，距已有城市建设用地近的地区与城市建成区联系一般更为紧密，选择到城市建成区的时间距离作为一个区位因子。其次，道路交通设施主要起到加强区域联系的作用，一般对城市形态影响较大，本书选择基于时间距离的可达性进行研究，其计算是将城市建设用地作为源栅格；最后为不同用地及道路设置不同的阻抗，计算结果值越大，时间耗费越大，即可达性低。另外，选择距市、县行政中心的欧氏距离反映城市行政管理作用的影响。

3）社会经济因子。社会经济方面选择两个因子：各镇区 2012 年人口密度及反映人类活动强度的夜间灯光强度数据。DMSP/OLS 夜间灯光数据来自美国国家地球物理数据中心（National Geophysical Data Center，NGDC）。DMSP/OLS，即美国国防气象卫星（Defense Meteorological Satelite Program）线性扫描业务（operational linescan system），其特有的光学倍增管具有很强的光电放大效应，能探测地表灯光，但有一定溢出效应。夜间灯光较强的区域远大于城市建成区，因此将其作为指示未来趋势的指标，选择 2005 年夜间灯光强度数据用于 2014 年城市扩张模拟、选择 2012 年夜间灯光强度数据用于 2020 年城市扩张模拟。

4）约束因素。在对南通市城市增长边界的分析中，依据实际状况，在充分考虑自然环境、社会经济、区位条件的基础上，注重对南通市生态环境及耕地的保护，因此，将南通市市域内自然保护区、重要生态功能区、优质农田纳入考虑范畴，将生态红线内用地、现状优质农田作为城市扩张的约束因素建立约束性 CA 模型进行模拟。其中，现状优质农田的空间分布由《耕地与基本农田保护研究专题》的耕地适宜性评价及现状耕地分布叠加而得。

e 基于 CA 的南通城市扩张模拟

基于 Dinamica EGO 平台建立了南通市城市扩张模型进行城市扩张动态模拟，分别以 2005 年、2014 年为基期、末期，来模拟 2020 年南通市城市扩张过程。

第一步，计算南通城市扩张速率。根据南通市土地利用历史数据，基于马尔可夫链过程计算单步城市扩张速率，并进一步计算多步城市扩张速率。

第二步，计算南通市城市扩张驱动因子的空间权重。将初步选择并已经空间化的驱动因子数据离散化，然后利用证据权法计算每个因子在不同分级上的空间权重，最后对计算结果进行相关性检验并删除相关性高的因子，以确定模型模拟所需的驱动因子及其空间权重。

第三步，建立模型并执行城市扩张动态模拟。根据驱动因子的空间权重、多步城市扩张速率设置元胞增长参数，计算每个非城市建设用地元胞转变为城市建设用地元胞的概率，并根据该概率以 Patcher 和 Expander 规则执行元胞转化。

第四步，验证模型。利用模拟的南通市城市扩张结果与实际观测数据，一方面进行总体评价，另一方面基于多窗口指数衰减函数进行双向模糊比较，若精度达不到要求，需要调整模型参数，并再次验证精度，直到满足要求。

第五步，增加约束因子，结合动态模拟过程所得的参数对南通市城市扩张进行情景预测。

1）计算多步转移概率。基于马尔可夫链计算单步转移概率矩阵，即整个模拟过程初始年份到终止年份不同土地利用类型转移量占基初始年份各类土地利用存量的比例，然后根据单步转移概率矩阵根据计算多步转移概率矩阵。多步转移概率矩阵的计算假设土地利用变化为齐次马尔可夫链，即任一时间间隔上土地利用类型由 $i$ 转化到 $j$ 的速率为 $i$ 土地类型存量的同一固定比例。分别以 2005 年、2014 年为基期、末期，需迭代 9 次，得到南通市非城市建设用地向建设用地单步转移速率、多步转移速率分别为 0.036、0.004。

2）计算驱动因子空间权重。Dinamica EGO 转化概率的估算使用基于贝叶斯准则证据权法，该方法只适用于分类数据，且贝叶斯准则的要求因子之间相互独立。因此有必要将连续数据（距离、高度、坡度等驱动因子空间化结果）分段为离散数据，并去除相关驱动因子。

传统证据权重方法只适用于分类数据，对连续数据证据层进行离散化处理时，会造成数据丢失，影响评价结果。针对这一不足，Dinamica EGO 根据数据结构计算范围，首先为连续的灰度变量建立等间距的 $n$ 个缓冲区，然后计算每个缓冲区内的土地转化概率，若空间相邻的缓冲区内土地转化概率变化在设定的范围，便将这几个缓冲区合并，并计算各缓冲区内该驱动因子的权重。结果是驱动因子的离散化量分别对应不同的权重，也就是同一驱动因子对同种土地利用变化类型在因子值不同的区域内影响不同。权重值为 0，表示未发生变化的区域；权重值大于 0，表示这一分段上驱动因子对这种土地利用变化是正效应；权重值小于 0，是负效应。因此驱动因子权重值的最大值和最小值之间的极差可以表示该驱动因素的对这种土地利用变化的影响大小，从而找出某种土地利用变化的主导因素。由南通市驱动因子权重极差可知，城市扩张的主要驱动因子是到城市建设用地的距离、时间距离可达性。

3）执行动态模拟。首先以 2005 年数据为基期数据，利用各驱动因子空间权重，非城市建设用地转化为城市建设用地的多步转移速率，设置元胞扩散方式参数，通过多次迭代进行南通市城市扩张动态模拟。在每次迭代中，首先利用 Mux Categorical Map 函子初始化土地利用分类图；然后根据驱动因子空间权重计算土地利用转化概率图、根据土地利用转化年速率计算元胞转化量；接着 Expander 函数及 Patcher 函数根据土地利用转化概率图、元胞转化量、Expander 及 Patcher 参数执行转化元胞分配；最后，转化元胞分配的结果反馈到 Mux Categorical Map 函子，土地利用图将被更新为下一时期的状态，并进行下一个迭代过程，当迭代次数达到设定值时，城市扩张动态模拟过程结束。

经检验 2005~2014 年模拟精度满足要求，下一步以历史模拟所得的相关系数，更新影响 2020 年城市扩张的因子，结合约束性因子得到模拟结果（图 4-17）。

f 南通市城市增长边界的划定

CA 模型模拟了在上述城市扩张影响因子框架下 2020 年南通市城市空间扩张结果，通过将 2020 年 CA 模型模拟结果与生态红线、优质耕地现状叠加，发现生态及优质耕地能够得到较有效的保护（图 4-18）。

g 南通市城市增长边界与 2020 年土地规划、城市规划要求相比（图 4-19 和图 4-20）

但 CA 模型模拟结果图斑较破碎；且东部沿海的通州湾地区属于飞地，且规模较大，难以模拟；西北部的海安县、如皋市扩张规模过大，因此结合土地利用规划、城市总体规划，以及主要道路、水体等边界，进一步修改模拟结果。

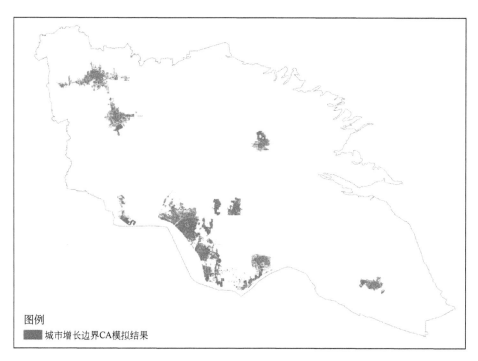

图4-17  南通市城市增长边界CA模拟图

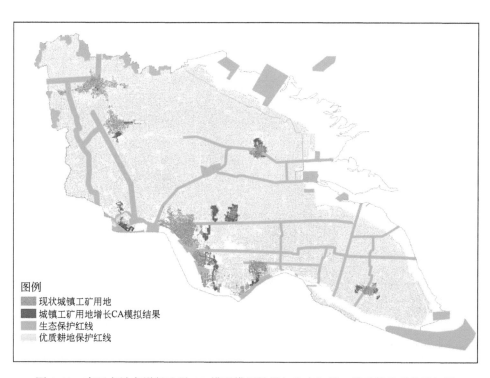

图4-18  南通市城市增长边界CA模型模拟结果与生态红线、优质耕地现状叠加图

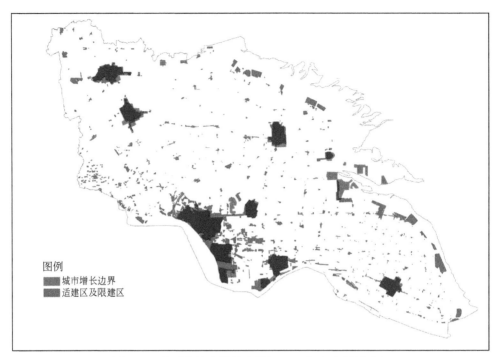

图 4-19　南通市城市增长边界与 2020 年土地规划对比

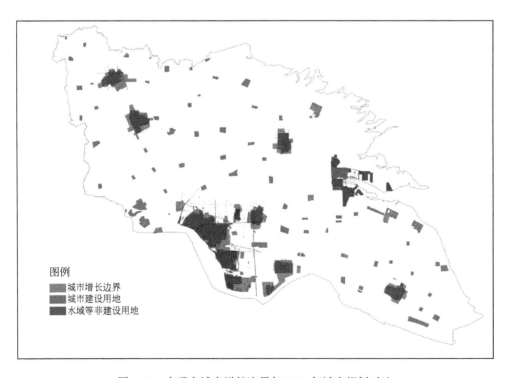

图 4-20　南通市城市增长边界与 2020 年城市规划对比

## 4.3.4 三大空间

### 4.3.4.1 生态空间

生态保护是南通市自始至终都要放在发展之先的问题。根据南通市土地利用现状、生态功能区划、生态环境现状以及建设需要，进行生态保护重要性评价，进而构建以生态控制点、生态廊道、生态功能区为代表的点、线、面相结合的国土生态屏障体系。

（1）生态空间优化方案

充分基于生态学家和生物保护学家关于生境斑块之间相互作用的理论，即"在景观尺度上，通过发展生态廊道来维持和增加生境的连续，保护生物多样性"。因此认为在景观尺度上构建和发展景观生态网络是改善区域系统价值的一种极其有效的方法。

基于上述理论，本书认为增加生境斑块的连续性是生态网络设计的关键原则，构建的生态网络，即生态空间。

本书充分发挥河流廊道、交通廊道（包括铁路、高速等）等生态廊道的连续性作用，通过生态斑块（自然保护区等）、生态廊道的确定和划分，并与生态红线叠加，得出南通市生态空间（图4-21）。

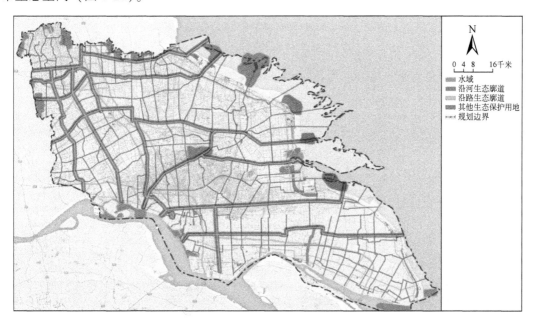

图 4-21　南通市生态空间规划图

（2）生态空间行动指引

在不对生态环境造成破坏的情况下，发挥生态系统的自然恢复功能，保护好南通市自然保护区与风景名胜区的天然植被和生物的多样性，适度开发自然保护区、风景名胜区等生态空间，加快旅游集散中心、酒店等生活配套设施的建设，坚持旅游基础设施建设要与原生态景观保持协调的原则，满足上海等周边城市居民旅游需求。

积极推进生态工业园区建设，坚持保护优先、开发有序的原则，生态保护与治理并重，从源头上控制不合理的资源开发活动。合理利用水资源，保证生态用水，提高水资源的循环利用率。坚持不懈地开展生态建设工程，保护天然林与人工林资源和水资源，围绕交通网络构建生态廊道，对新开发工业园区进行生态隔离，防止其污染与生态破坏，完善交通沿线与城乡绿化建设。

#### 4.3.4.2 生产空间

（1）生产空间优化方案

在现状农业生产空间的基础上，扣除沿海滩涂内的生态空间、工业生产空间，最后确定全域的为农业生产空间（图4-22）。

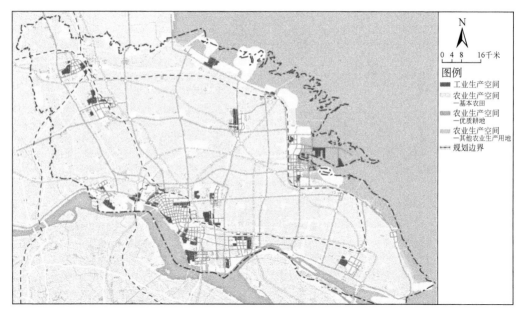

图4-22 南通市生产空间规划图

紧抓长江经济带建设、上海自贸区建设等机遇，加快承接产业转移和优江拓海，依托滨海新区等工业园区载体建设，并加快与城市总体规划和土地利用规划的有效对接，形成合理的工业生产空间格局。

（2）生产空间行动指引

a 农业生产空间

加快发展花卉等绿色低碳农业，满足上海等周边市场需求；加快农业生产的标准化和无公害化，从产业链的初级环节确保南通市农产品质量；开展中低产田改造、土壤改良培肥、标准良田建设等耕地质量建设工程，防治耕地盐渍化和水土流失，提高耕地质量。

b 工业生产空间

优化提升沿江产业布局，加快石油化工、能源等产业向沿海地区转移进程；推动沿海地区能源、石油化工、物流等产业发展，把沿海地区打造成为南通地区未来重要的经济增长带。

充分发展交通廊道对产业布局的引导作用；改变南通市目前产业布局较分散、功能分区不明晰、上下游产业链关联不紧密的现状，依据产业前后向的联系进行合理布局，同时加快产业向产业园区集聚，通过集中布局、最大限度地提高区域资源、能源及配套设施的利用水平，实现产业集群的最佳组合和集聚效益最大化。

沿海产业发展带重点发展石油化工、电力能源、冶金建材、重型装备等制造业；挖掘海洋资源潜力，发展海洋经济，大力发展现代物流、滨海旅游等现代服务业，因地制宜发展特色农业，构建特色突出、竞争力强、对全市具有重大引领作用的现代临港基础产业带（表4-20）。

**表4-20　沿海产业发展带主要园区**

| 名称 | 地理位置 | 面积 | 功能定位 | 主导产业 |
|---|---|---|---|---|
| 通州湾江海联动开发示范区 | 通州区三余镇与如东县大豫镇部分区域 | 820平方千米 | 上海北翼的现代化港口新城 | 装备制造、节能环保、物流、海洋产业 |
| 启东圆陀角旅游度假 | 寅阳镇 | 33平方千米 | 中国江风海韵体验基地、长江口生态度假基地 | 生态观光、运动休闲、科普教育、会议会展 |
| 启东滨海工业园 | 近海镇 | 规划面积50平方千米。先期开发11.35平方千米 | 上海北郊最具发展活力的现代化工业新城 | 精密机械、装备制造、电子电器、船配汽配 |
| 启东吕四港经济开发区 | 吕四港镇 | 8.87平方千米 | 上海北翼第一海港 | 临港工业、海洋物流、海洋渔业、旅游业 |
| 启东江海产业园 | 吕四港镇 | 32.5平方千米 | 打造成沪苏合作、接轨上海、面向国际的产业高地和生态新区 | 战略性新兴产业、加工制造业、装备制造业和生产性服务业 |
| 如东沿海经济开发区 | 洋口港镇 | 26平方千米 | 长江三角洲最具核心竞争力的专业化工园区 | 农药、医药、新材料、新能源 |
| 如东循环经济产业园 | 大豫镇如东东安科技园区内 | 59.5平方千米 | 集再生资源回收、大型二次原料市场、利废企业集群的长江三角洲循环经济产业园 | 再生金属、汽车、电子的拆解加工、再生塑料、再生纸的分拣加工及深加工冶炼 |
| 海门滨海新区 | 东灶港镇 | 总规划面积100平方千米 | 全省沿海发展中具有较大影响的现代化港口新城 | 临港装备制造业和物流产业、航空产业、环保产业、新能源、新材料产业 |
| 海安老坝港滨海新区 | 角斜镇 | 128平方千米 | 与县城呼应的东部地区经济增长极 | 生物产业、食品加工 |

沿江产业发展带应提高岸线的土地集约利用水平，重点发展海洋工程、船舶修造、电子

信息、新材料等，顺应中心城区现代功能的不断提升，加快发展港口物流、滨江旅游、现代商贸等现代服务业，有序推进大用地量、大运输量的能源、石油化工等部分产业向沿海转移，促进沿江、沿海产业互动，以形成沿江产业转型升级与沿海产业集聚发展互动并进的区域发展格局，争取打造成为实力雄厚、带动力强的滨江高端装备产业带（表4-21）。

表 4-21　沿江产业发展带主要园区

| 名称 | 地理位置 | 面积 | 功能定位 | 主导产业 |
|---|---|---|---|---|
| 启东海工船舶工业园 | 惠萍镇 | 规划面积 40 平方千米 | 长江入海口"世界一流的海洋装备产业基地" | 海洋工程及重装备产业 |
| 启东经济开发区 | 启东城区 | 25 平方千米 | 着力打造"上海北翼先进制造业基地，现代服务业发达的新城区" | 电子通信、新型能源、生物医药、精密机械 |
| 启东滨江医药化工园 | 启东经济开发区 | 12.9 平方千米 | 长江三角洲化学工业生产基地、上海北翼化学工业新城 | 医药、日用精细化工、新领域精细化工 |
| 海门灵甸化工园 | 临江镇 | 14.50 平方千米 | 上海北翼绿色生态滨江化工新城 | 精细化工 |
| 海门经济开发区 | 海门镇 | 114 平方千米 | 服务外包示范区、科技创新集聚区、东部核心商贸区 | 轻工纺织、电子通信、新材料、生物医药、化工 |
| 南通经济技术开发区 | 南通市经济技术开发区 | 24.29 平方千米 | 成具有综合功能的现代化新城区 | 纺织、电子、现代装备制造、新材料、新医药、新能源、服务外包 |
| 崇川经济开发区 | 崇川区 | 38.05 平方千米 | 南通市区东部的生产、生活、商贸中心 | 数字视讯电子、新能源、船舶工业研发、现代物流、服务外包 |
| 港闸经济开发区 | 港闸区 | 40 平方千米 | 打造现代临港产业基地和现代化商贸流通业基地 | 机械制造、电力能源、电子产业、船舶配套、精细化工、现代纺织服装 |
| 通州滨江新区 | 三余镇 | 585 平方千米 | 上海北翼的现代化港口新城 | 装备制造、节能环保、物流、海洋产业 |
| 如皋港工业园区 | 长江镇 | 8.145 平方千米 | | 船舶修造及配套、石油化工、精细化工、IT、光伏、新材料、物流 |

**专栏：沿江产业带与沿海产业带统筹发展**

1. 统筹沿江、沿海产业发展，实现沿江、沿海布局与结构优化

沿江、沿海产业布局与产业结构的优化是陆海统筹的核心所在，是主动顺应国家长江三角洲一体化发展战略和江苏沿海开发战略的实施，是解决沿江地区空间发展不足的关键，把南通建成与长江三角洲各城市功能互补，并具有南通特色的我国东部沿海产业集聚新高地。

统筹沿江、沿海工业发展，总的方向是：通过放大苏通大桥等过江通道对要素

资源的传导优势，积极将上海、苏南等先进发达地区优质资本、项目、人才等要素吸聚到沿海，为沿海开发提供要素支撑；利用沿江产业体系初步建成的优势，把沿江产业链向沿海地区拓展，带动沿海地区新型工业化进程；同时，充分利用沿海深水港口、丰富滩涂资源、土地储备量大、环境容量大的优势，为沿江先进制造业的产能转移、传统制造业的转型升级开辟新空间。

在沿海工业发展方面，要充分利用沿江地区已初步形成的工业走廊与产业链，将相关产业积极向沿海地区延伸。根据国务院关于《江苏沿海地区发展规划》，积极布局沿海产业带，打造沿海新兴产业集群；利用沿海地区土地储备资源丰富、环境容量大的特点，依托洋口港、吕四港深水海港的开发，大力发展沿海临港产业，重点发展石油化工、能源、冶金产业、港口物流，打造高附加值的特色农业、海洋产业和畜牧业。

与此同时，要积极统筹沿江、沿海服务业和农业的发展。大力发展现代物流、旅游观光、服务外包、现代商贸、商贸服务等现代服务业，打造一批现代服务业集聚区。要着力推进洋口港化学品物流储运中心建设；加快推进东灶港、老坝港国家中心渔港度假等项目建设。推动滨海旅游业与休闲观光农业的发展。启动启东圆陀角、吕四渔港、南黄海旅游度假区的建设。在沿江沿海农业开发方面，要积极打造现代农业特色产业基地。积极推进国家级商品粮、优质油等基地建设，建成一批沿江、沿海综合性现代农业园区。

2. 统筹沿江、沿海港口开发和岸线利用，实现港口资源的最优配置

沿江、沿海岸线资源是不可复制的自然资源，要统筹推进港口发展，实现沿江、沿海岸线的资源共享、优势互补、江海共兴。通过加紧实施港城联动战略，建设深水航道，发展沿海大港、提升江港功能。推进江海港口联动，构建结构合理、功能互补、便捷高效的现代化港口体系，建成以能源、原材料等综合物流加工和集装箱运输为主的国家主要港口、上海国际航运中心北翼重要组合强港。在港口资源配置过程中，要注重完善江港与海港的功能定位，注重专用码头与公共码头的配置和布局。加强江海港联动的集疏运体系建设，实现江海水中转和港口综合功能的开发；以南通港为核心，联动建设洋口港区、吕四港区、启海港区等，积极打造有竞争力的江海港口群。沿江九大港区要进一步提升功能，逐步实现江港的海港功能，对沿江岸线资源整合优化，提高沿江岸线利用率和纵深开发水平，加快推进沿江重大港口建设工程；通过对沿海岸线合理开发，着力形成洋口、吕四、腰沙—冷家沙三大深水港区，并明确其功能定位：洋口港区通过建设大吨位散货深水泊位，承担原料、煤炭、石油化工等大宗散货中转与内外贸集装箱运输任务；吕四港区主要为临港开发区与产业开发服务，并逐步发展成为沿海能源储备、中转基地；腰沙—冷家沙港区将建成江苏重要出海通道、沿海大型深水港群和大规模临港产业基地。

### 4.3.4.3 生活空间

(1) 生活空间优化方案

在不突破城镇用地规模的前提下，依据区域人口和产业迁移规律、城镇经济社会发展趋势和建设用地适宜性，在五级城镇体系空间格局的指引下，确定各级生活用地的发展方向和空间形态。在生态屏障和基本农田的间隔地带，根据农村经济社会发展趋势，协调农村居民点与基础设施、公共设施布局的空间关系，统筹安排集镇村庄建设用地，引导人口合理集聚，形成方便生产、有利生活、环境优美的集镇和村庄用地布局。生活用地与水面、耕地、园地、林地、草地穿插布局，形成城乡宜居环境的基础，构建功能完善、有机联系、相互协调的城乡生活空间格局（图4-23）。

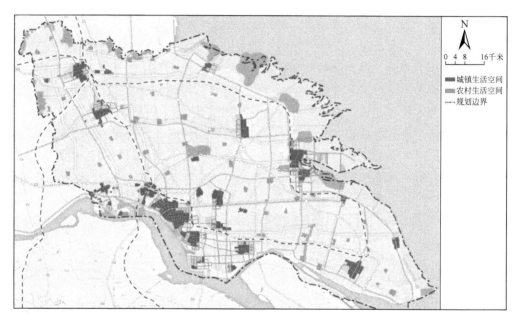

图4-23 南通市生活空间规划图

(2) 生活空间行动指引

a 农村生活空间

选择岔河镇、余东镇等若干有发展前景的居民点作为今后农村人口集中居住的场所，加速中心村以外居民点的淘汰过程，形成镇区（集镇）—中心村两级模式，引导居民点向城镇和中心村集中。同时兼顾地形地貌和耕作半径的限制，力求方便农民的生产生活；应注意农村居民点选址的安全性，避开地势低洼的易涝区和地质不稳定的地段，选择在主要交通干道一侧集中建设，退让高压安全走廊。此外，通过基础设施建设先行，合理引导农户向镇区和中心村集中。对于一些零散分布、基础较差、影响生态环境的居民点应该严格控制扩大，通过城乡建设用地增减挂钩积极开展农村居民点整治，逐步引导居民进入中心村。

b 城镇生活空间

加快中心城区的提质升挡和南通滨海园副中心建设，带动南通市融入"大上海"和长江三角洲经济网络，重视与上海的跨省市的合作。积极促进小城镇的发展，提高小城镇为农业产业化配套服务水平和对广大农村地区的基本服务能力；加强小城镇道路交通和社会服务基础设施建设，提高小城镇自身的发展动力；加强小城镇与中心城市的空间整合力度，提高土地利用效率。保护好区域自然、人文资源，做好历史文化名城的保护工作，促进风景旅游城镇的发展。

#### 4.3.4.4 "三生"空间综合布局

通过生态空间、生产空间和生活空间三大空间的叠加分析，得出南通市"三生"空间综合布局图（图4-24）。

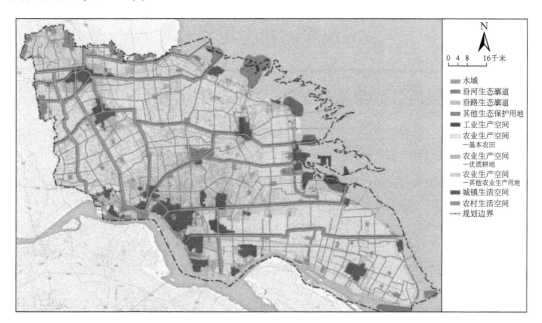

图4-24 南通市"三生"空间分区

# | 第 5 章 |　统筹陆海资源配置，实现集约高效发展

随着城市建设的不断发展，南通市拓展用地已是迫在眉睫，本章首先从大的方面切入，从多个方面指出南通市陆海统筹存在的问题。考虑城市发展的个性特征，本章也会对南通市用地拓展特征进行分析，针对相关问题，给出解决办法，旨在寻求符合南通市今后发展的集约高效之路。

## 5.1　土地及海涂利用现状及其演变

### 5.1.1　土地利用总体结构及变化

#### 5.1.1.1　全市土地利用结构

1）2012 年，南通全市农用地面积为 602 362.3 公顷，占土地总面积的 57.14%，其中耕地面积为 446 276.9 公顷，占土地总面积比重为 42.3%，园地面积为 24 284.3 公顷，占土地总面积的 2.3%，林地面积为 431.8 公顷，占土地总面积的 0.04%，牧草地面积为 1839.6 公顷，占土地总面积的 0.2%，其他农用地面积为 129 529.7 公顷，占土地总面积的 12.3%。

2）2012 年，全市建设用地面积为 201 967.1 公顷，占土地总面积的 19.1%，全市城乡建设用地面积为 175 452.1 公顷，占土地总面积的 16.6%，其中城镇工矿用地面积为 41965.1 公顷，占土地总面积的 3.9%，农村居民点用地面积为 133 487.0 公顷，占土地总面积的 12.7%。交通水利用地面积为 23496.3 公顷，占土地总面积的 2.2%，包括铁路用地、公路用地、港口码头用地、水库水面和水工建筑用地。其他建设用地面积为 3018.7 公顷，占建设用地总面积的 0.3%，包括风景名胜设施用地、特殊用地以及盐田。

3）全市其他土地面积为 250 605.3 公顷，占土地总面积的 23.8%，其中，水域面积为 245 728.0 公顷，占土地总面积的 23.3%；自然保留地面积为 4877.3 公顷，占土地总面积的 0.5%。

#### 5.1.1.2　全市土地利用结构变化

1）农用地变化情况。2006 年初全市耕地面积为 459 674.3 公顷，截至 2012 年底，耕地面积为 446 276.9 公顷，2006～2012 年耕地面积净减少 13 397.4 公顷，主要原因是随着

全市经济社会建设的不断推进，部分分布在城镇周边的耕地被非农建设占用，变更为城镇用地或交通建设用地；2006~2012 年全市园地、林地、牧草地面积均有所减少，其他农用地面积有所增加，减少与增加的主要原因是农业结构的调整。总的看来，农用地面积下降态势快速，除其他农用地外，耕地、园地、林地、牧草地均有减少。

2）建设用地变化情况。2006~2012 年南通全市各类建设用地面积均呈现增加的态势，其中城乡建设用地面积增加 23 662.4 公顷，其中，城镇工矿用地面积增加 16 013.6 公顷，农村居民点用地面积增加 7648.8 公顷，城镇用地扩张的同时，农村居民点用地面积也在增加。全市交通水利用地面积增加 2052.1 公顷，其中，交通运输用地面积增加 1503.0 公顷，水利设施用地面积增加 549.1 公顷；其他建设用地面积增加 90.6 公顷。总的看来，全市建设用地面积增加 25 805.2 公顷，土地开发强度从 2006 年的 16.7% 增加至 2012 年的 19.1%，提高了 2.4 个百分点。

3）其他土地变化情况。2006~2012 年全市其他土地面积减少 9297.2 公顷，其中，自然保留地面积减少 12 689.5 公顷，但水域面积增加了 3392.4 公顷（表 5-1）。

4）从以上变化情况来看，2006~2012 年南通市土地变化大致呈以下变化态势：农用地和其他土地面积显著减少，建设用地面积大幅增加，耕地保护形势严峻，城镇用地与农村居民点用地呈现双扩张态势。

表 5-1　2006~2012 年土地利用变化情况表

| 土地类型 | | | 2006 年 | | 2012 年 | | 2012 年与 2006 年相比 | |
| --- | --- | --- | --- | --- | --- | --- | --- | --- |
| | | | 面积（公顷） | 比重（%） | 面积（公顷） | 比重（%） | 面积（公顷） | 比重变化（%） |
| 土地总面积 | | | 1 053 439.9 | 100.0 | 1 054 924.7 | 100.0 | 1 484.8 | — |
| 农用地 | | 耕地 | 459 674.3 | 43.6 | 446 276.9 | 42.3 | -13 397.4 | -1.3 |
| | | 园地 | 37 238.7 | 3.5 | 24 274.3 | 2.3 | -12 954.4 | -1.2 |
| | | 林地 | 3 353.4 | 0.3 | 2 271.4 | 0.2 | -1 082.0 | -0.3 |
| | | 牧草地 | 10.0 | 0.0* | 0.0 | 0.0 | -10.0 | 0.0* |
| | | 其他农用地 | 117 098.9 | 11.1 | 129 529.7 | 12.3 | 12 430.8 | 1.2 |
| | 农用地合计 | | 617 375.4 | 58.6 | 602 352.3 | 57.1 | -15 013.2 | -1.5 |
| 建设用地 | 城乡建设用地 | 城镇工矿用地 | 27 432.8 | 2.6 | 43 446.4 | 4.1 | 16 013.6 | 1.5 |
| | | 农村居民点用地 | 125 838.2 | 11.9 | 133 487.0 | 12.7 | 7 648.8 | 0.8 |
| | | 小计 | 153 271.0 | 14.6 | 176 933.4 | 16.8 | 23 662.4 | 2.2 |
| | 交通水利用地 | 交通运输用地 | 15 859.6 | 1.5 | 17 362.6 | 1.6 | 1 503.0 | 0.1 |
| | | 水利设施用地 | 5 584.6 | 0.5 | 6 133.7 | 0.6 | 549.1 | 0.1 |
| | | 小计 | 21 444.2 | 2.0 | 23 496.3 | 2.2 | 2 052.1 | 0.2 |
| | 其他建设用地 | | 1 446.8 | 0.1 | 1 537.4 | 0.1 | 90.6 | 0.0 |
| | 建设用地合计 | | 176 162 | 16.7 | 201 967.1 | 19.1 | 25 805.2 | 2.4 |

| 土地类型 | | 2006 年 | | 2012 年 | | 2012 年与2006 年相比 | |
|---|---|---|---|---|---|---|---|
| | | 面积<br>（公顷） | 比重<br>（%） | 面积<br>（公顷） | 比重<br>（%） | 面积<br>（公顷） | 比重变化<br>（%） |
| 其他土地 | 水域 | 242 335.7 | 23.0 | 245 728.0 | 23.3 | 3 392.4 | 0.3 |
| | 自然保留地 | 17 566.8 | 1.7 | 4 877.3 | 0.5 | -126 89.5 | -1.2 |
| | 其他土地合计 | 259 902.5 | 24.7 | 250 605.3 | 23.8 | -9 297.2 | -0.9 |

　　注：2006 年数据指 2006 年初土地利用现状，即 2005 年末土地变更调查数据，2012 年数据指 2012 年末土地利用现状，即 2012 年末土地变更调查数据

　　＊因为数据修约，牧草地比重及其变化无法体现

## 5.1.2　耕地与基本农田总量、结构及空间分布

### 5.1.2.1　全市耕地及基本农田总量

　　2012 年，南通全市耕地面积为 446 276.9 公顷，占土地总面积比重为 42.3%，占农用地总面积的 74.1%。2012 年南通市基本农田面积为 426 338.4 公顷，现行规划中全市实际划定基本农田保护面积为 427 226.3 公顷，其中落实上级规划下达的保护目标 425 900.0 公顷，预留基本农田面积为 1326.3 公顷用于规划期间不确定的项目占用，以增加规划的实施弹性。总的看来，南通市通过划定基本农田保护区、逐步建立基本农田台账以适时监测基本农田保护情况等手段，较好地落实了基本农田保护任务。

### 5.1.2.2　各县（市、区）耕地及基本农田数量

　　1）2012 年，南通市区（含崇川区、港闸区、开发区、通州区）耕地面积为 81 218.9 公顷，占全市耕地总面积的 18.2%，其中绝大部分分布在通州。南通市下辖各县市的耕地面积均超过 5 万公顷，如东县最多，为 108 511.5 公顷，占全市耕地总面积的 24.3%；海门市最少，为 53 359.9 公顷，占全市耕地总面积的 12.0%。

　　2）由表 5-2 可知，从基本农田情况看，基本农田主要分布于南通市下辖县市和通州区，南通市市区中的崇川区、港闸区、开发区只有极少量的基本农田。对比各县（市、区）2012 年基本农田数量和《南通市土地利用总体规划（2006—2020 年）》的目标任务，基本农田保护任务完成较好地区为通州区、启东市、海门市与海安县，与规划目标任务相比分别超出规划基本农田保护面积 4409.4 公顷、992.1 公顷、575.7 公顷与 573.0 公顷，其基本农田保护任务得到了较好的落实。与基本农田分布类似，全市已建成高标准基本农田也主要分布在通州区和下辖县市。

表 5-2    2012 年南通市各县(市、区)耕地和基本农田统计

| 地区 | 耕地 | | 基本农田 | | 高标准基本农田 | |
|---|---|---|---|---|---|---|
| | 面积(公顷) | 占比(%) | 面积(公顷) | 占比(%) | 面积(公顷) | 占比(%) |
| 崇川区 | 1 367.7 | 0.31 | 0.00 | 0.00 | 0.00 | 0.00 |
| 开发区 | 5 514.7 | 1.24 | 7 418 | 0.12 | 0.00 | 0.00 |
| 港闸区 | 4 223.6 | 0.95 | 17 306 | 0.27 | 0.00 | 0.00 |
| 通州区 | 70 112.9 | 15.71 | 1 038 650 | 16.24 | 108 882 | 16.51 |
| 海安县 | 53 482.4 | 11.98 | 782 837 | 12.24 | 81 095 | 12.30 |
| 如东县 | 108 511.5 | 24.31 | 1 521 849 | 23.80 | 152 800 | 23.17 |
| 启东市 | 71 322.5 | 15.98 | 1 016 674 | 15.90 | 106 100 | 16.09 |
| 如皋市 | 78 381.7 | 17.56 | 1 161 498 | 18.16 | 122 556 | 18.59 |
| 海门市 | 53 359.9 | 11.96 | 848 844 | 13.27 | 88 000 | 13.34 |
| 合计 | 446 276.9 | 100.00 | 6 395 076 | 100.00 | 659 433 | 100.00 |

### 5.1.2.3 耕地及基本农田总量及分布变化

1) 2006~2012 年,南通市耕地面积从 459 674.3 公顷减少至 446 276.9 公顷,耕地面积净减少 13 397.4 公顷。从各县(市、区)耕地面积变化情况看,2006~2012 年,耕地占各县(市、区)土地总面积比重提升的地区为如东县与启东市,其耕地比重提升幅度分别为 1.41 个百分点与 0.39 个百分点。其余各县(市、区)耕地面积占其土地总面积的比重均有所下降,其中市区比重下降较多,2006 年港闸区、开发区、崇川区与通州区耕地面积比重分别为 37.84%、26.85%、13.80% 与 49.33%,截至 2012 年末其耕地面积比重分别下降至 27.79%、20.68%、8.56% 与 44.89%,减少幅度分别为 10.05 个百分点、6.17 个百分点、5.23 个百分点与 4.44 个百分点。海安县、如皋市和海门市的比重均有所下降,与 2006 年相比,2012 年比重分别下降 1.48 个百分点、1.79 个百分点和 2.18 个百分点(表 5-3)。

表 5-3    2006~2012 年南通市各县(市、区)耕地面积变化情况

| 地区 | 2006 年 | | 2012 年 | | 2012 年与 2006 年相比 | |
|---|---|---|---|---|---|---|
| | 面积(公顷) | 比重(%) | 面积(公顷) | 比重(%) | 面积(公顷) | 减少量(个百分点) |
| 崇川区 | 2 203.7 | 13.80 | 1 367.7 | 8.56 | -836.0 | -5.24 |
| 开发区 | 7 159.8 | 26.85 | 5 514.7 | 20.68 | -1 645.1 | -6.17 |
| 港闸区 | 5 751.2 | 37.84 | 4 223.6 | 27.79 | -1 527.6 | -10.05 |
| 通州区 | 77 053.8 | 49.33 | 70 112.9 | 44.89 | -6 940.9 | -4.44 |
| 海安县 | 55 230.8 | 46.66 | 53 482.4 | 45.19 | -1 748.4 | -1.48 |
| 如东县 | 104 573.5 | 37.47 | 108 511.5 | 38.88 | 3 938.0 | 1.41 |
| 启东市 | 70 646.9 | 41.20 | 71 322.5 | 41.60 | 675.6 | 0.39 |
| 如皋市 | 81 207.2 | 51.52 | 78 381.7 | 49.73 | -2 825.5 | -1.79 |
| 海门市 | 55 847.4 | 48.84 | 53 359.9 | 46.66 | -2 487.5 | -2.18 |

2）从基本农田情况看，与 2006 年相比，南通市基本农田保有量减少 7661.61 公顷，其中市区全部呈减少趋势，开发区、通州区减少最多，分别为 5620.60 公顷和 1843.87 公顷。下辖县市中，如东县、如皋市保持不变，其余县市保有量均略有增加。总的看来，基本农田集中度略有增加，主要由市区向下辖县市转移。2006～2012 年，市区基本农田数量占全市总量的比重从 18.13% 下降至 16.63%，同期下辖县市从 81.87% 增长至 83.37%（表5-4）。

表5-4　2006～2012 年南通市各县（市、区）基本农田变化

| 地区 | 2012 年 | | 2006 年 | | 2012 年与 2006 年相比 | |
|---|---|---|---|---|---|---|
| | 面积（公顷） | 比重（%） | 面积（公顷） | 比重（%） | 面积（公顷） | 减少量（个百分点） |
| 崇川区 | 0.00 | 0.00 | 249.40 | 0.06 | 249.40 | -0.06 |
| 开发区 | 494.53 | 0.12 | 6 115.13 | 1.41 | 5 620.60 | -1.29 |
| 港闸区 | 1 153.73 | 0.27 | 1 244.27 | 0.29 | 90.54 | -0.02 |
| 通州区 | 69 243.33 | 16.24 | 71 087.20 | 16.38 | 1 843.87 | -0.14 |
| 海安县 | 52 189.13 | 12.24 | 52 151.00 | 12.02 | -38.13 | 0.22 |
| 如东县 | 101 456.60 | 23.80 | 101 456.60 | 23.38 | 0.00 | 0.42 |
| 启东市 | 67 778.27 | 15.90 | 67 712.07 | 15.60 | -66.20 | 0.30 |
| 如皋市 | 77 433.20 | 18.16 | 77 433.20 | 17.84 | 0.00 | 0.32 |
| 海门市 | 56 589.60 | 13.27 | 56 551.13 | 13.03 | -38.47 | 0.24 |
| 全市 | 426 338.39 | 100 | 434 000.00 | 100 | 7 661.61 | — |

## 5.1.3　建设用地总量、结构及空间分布

### 5.1.3.1　总量及结构变化

1）2012 年，南通市建设用地总规模为 201 967.1 公顷，比 2006 年增加 25 805.2 公顷。其中，城乡建设用地面积为 176 933.4 公顷，比 2006 年增加 23 662.4 公顷；交通水利用地面积为 23 496.3 公顷，比 2006 年增加 2052.1 公顷；其他建设用地面积为 1537.4 公顷，比 2006 年增加 90.6 公顷。总的看来，城乡建设用地增量最大，占全市总面积的比重增加 2.2 个百分点，交通水利用地、其他建设用地均略有增加（表5-5）。

表5-5　2006～2012 年南通市建设用地变化情况表

| 土地类型 | | 2006 年 | | 2012 年 | | 2012 年与 2006 年相比 | |
|---|---|---|---|---|---|---|---|
| | | 面积（公顷） | 比重（%） | 面积（公顷） | 比重（%） | 面积（公顷） | 减少量（个百分点） |
| 城乡建设用地 | 城镇工矿用地 | 27 432.8 | 2.6 | 43 446.4 | 4.1 | 16 013.6 | 1.5 |
| | 农村居民点用地 | 125 838.2 | 11.9 | 133 487.0 | 12.7 | 7 648.8 | 0.8 |
| | 小计 | 153 271.0 | 14.6 | 176 933.4 | 16.8 | 23 662.4 | 2.2 |

续表

| 土地类型 | | 2006 年 | | 2012 年 | | 2012 年与 2006 年相比 | |
|---|---|---|---|---|---|---|---|
| | | 面积（公顷） | 比重（%） | 面积（公顷） | 比重（%） | 面积（公顷） | 减少量（个百分点） |
| 交通水利用地 | 交通运输用地 | 15 859.6 | 1.5 | 17 362.6 | 1.6 | 1 503.0 | 0.1 |
| | 水利设施用地 | 5 584.6 | 0.5 | 6 133.7 | 0.6 | 549.1 | 0.1 |
| | 小计 | 21 444.1 | 2.0 | 23 496.3 | 2.2 | 2 052.1 | 0.2 |
| 其他建设用地 | | 1 446.8 | 0.1 | 1 537.4 | 0.1 | 90.6 | 0.0 |
| 建设用地合计 | | 176 161.9 | 16.7 | 201 967.1 | 19.1 | 25 805.2 | 2.4 |

2）城乡建设用地中，城镇工矿用地和农村居民点用地均呈现增加态势。其中，城镇工矿用地增量最大，2012 年比 2006 年增加 16 013.6 公顷，增长 58.37%，占全市土地总面积的比重从 2.6% 上升到 4.1%；农村居民点增加 7648.8 公顷，增长 6.08%，占全市土地总面积的比重从 11.9% 上升到 12.7%。虽然农村居民点用地依然占据着城乡建设用地的主导地位，但 2006~2012 年城镇工矿工地增长速度更快，占城乡建设用地的比重从 17.90% 增加到 24.56%，而农村居民点用地则从 82.10% 下降到 75.44%。

### 5.1.3.2 各县（市、区）建设用地变化

从各县（市、区）建设用地占比情况看，中心城区（崇川区和港闸区）建设用地占比（国土开发强度）最高，均高于 40%；开发区次之，接近 30%；通州区、如东县和启东市较低，均低于 20%（图 5-1）。2006~2012 年，各县（市、区）建设用地增长情况呈现明显的区域差异，建设用地绝对增量较大的为通州区，其次为启东市、如东县、开发区和如皋市，相对增量较大的为开发区，其次为港闸区、启东市、通州区（图 5-2）。

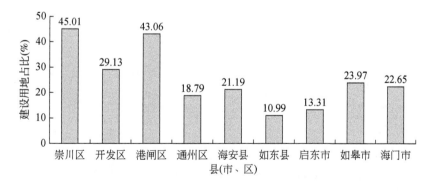

图 5-1 2012 年南通市各县（市、区）建设用地占比

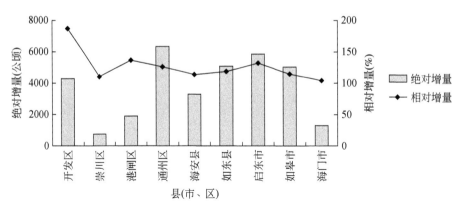

图 5-2　2006～2012 年南通市各县（市、区）建设用地增量和增速

### 5.1.3.3　建设用地规划指标使用情况

南通市建设用地规划指标使用情况见表 5-6 和表 5-7。

1）截至 2012 年，南通市建设用地总规模为 201 966 公顷，与规划目标相比超出 873.0 公顷，规划指标使用进度为 100.4%。从规划目标使用情况来看，建设用地总规模超出规划目标较多的地区为启东市、如皋市与如东县，分别超出规划目标 682.8 公顷、397.9 公顷与 244.0 公顷，规划指标使用进度分别为 102.9%、101%、100.8%；建设用地总规模未超出规划目标的地区为通州区、港闸区、崇川区与开发区，规划指标使用进度分别为 99.9%、98.8%、98.8% 与 95.7%。

2）南通市城乡建设用地规模为 175 453.1 公顷，与现行规划目标相比超出 3614.7 公顷，规划指标使用进度为 102.1%，城乡建设用地规模约束性指标没有起到有效的控制作用。其中，城乡建设用地规模超出规划目标较多的地区为通州区、崇川区，分别超出规划目标 1736.6 公顷、387.4 公顷，规划指标使用进度分别为 106.7%、105.7%，除开发区外，其余各县（市、区）均存在城乡建设用地规模超标现象。

3）南通市城镇工矿用地面积为 41 965.8 公顷，与规划目标相比尚有 10 564.6 公顷规模空间，规划指标使用进度为 79.9%，城镇工矿用地扩展得到了有效的控制。其中，与规划目标相比城镇工矿用地规模剩余空间较多的地区为开发区、通州区与如东县，其城镇工矿用地规模剩余空间分别为 1766.2 公顷、1710.1 公顷与 1472.3 公顷，城镇工矿用地指标使用进度分别为 76.1%、59.2% 与 64.7%，另外，其余县（市、区）也均有一定的城镇工矿用地规模剩余空间。

4）交通水利及其他建设用地增量规模。截至 2012 年，南通全市交通水利及其他用地已经实施了规划增量的 72.6%，其中交通用地实施了 72.5%，水利用地实施了 73.1%；各区县情况来看，开发区的交通水利及其他用地实施已经超过了规划目标，未完成预期控制指标，其中主要原因是交通用地超过了规划目标；启东市交通水利及其他用地实施也超过了预期控制指标，主要原因也是交通用地实施投入过大。其他县（市、区）控制效果由高到低依次为通州区、崇川区、港闸区、海门市、海安县、如皋市和如东县。

表 5-6　南通市建设用地规模总量指标控制情况

| 地区 | 2012 年现状（公顷） | | | 2020 年规划目标（公顷） | | | 规划指标使用情况（%） | | |
|---|---|---|---|---|---|---|---|---|---|
| | 建设用地总量 | 城乡建设用地 | 城镇工矿用地 | 建设用地总量 | 城乡建设用地 | 城镇工矿用地 | 建设用地总量 | 城乡建设用地 | 城镇工矿用地 |
| 开发区 | 9 125.0 | 7 068.0 | 5 626.0 | 9 533.5 | 7 616.9 | 7 392.2 | 95.7 | 92.8 | 76.1 |
| 崇川区 | 7 697.8 | 7 175.2 | 5 736.8 | 7 788.4 | 6 787.8 | 6 161.7 | 98.8 | 105.7 | 93.1 |
| 港闸区 | 7 052.0 | 5 923.9 | 4 109.0 | 7 139.2 | 5 774.2 | 4 793.8 | 98.8 | 102.6 | 85.7 |
| 通州区 | 30 416.0 | 27 516.0 | 2 484.0 | 30 449.9 | 25 779.4 | 4 194.1 | 99.9 | 106.7 | 59.2 |
| 海安县 | 25 891.2 | 22 732.0 | 8 886.0 | 25 758.9 | 22 401.6 | 9 996.3 | 100.5 | 101.5 | 88.9 |
| 如东县 | 31 849.0 | 26 541.0 | 2 701.0 | 31 605.0 | 26 234.9 | 4 173.3 | 100.8 | 101.2 | 64.7 |
| 启东市 | 24 197.0 | 21 063.0 | 4 096.0 | 23 514.2 | 20 520.9 | 5 354.9 | 102.9 | 102.6 | 76.5 |
| 如皋市 | 38 832.0 | 34 498.0 | 3 371.0 | 38 434.1 | 34 024.1 | 4 380.7 | 101.0 | 101.4 | 77.0 |
| 海门市 | 26 906.0 | 22 936.0 | 4 956.0 | 26 869.8 | 22 698.6 | 6 083.4 | 100.1 | 101.0 | 81.5 |
| 合计 | 201 966 | 175 453.1 | 41 965.8 | 201 093.0 | 171 838.4 | 52 530.4 | 100.4 | 102.1 | 79.9 |

表 5-7　南通市交通水利及其他建设用地增量指标控制情况

| 地区 | 规划增量（公顷） | | | 实际使用增量（公顷） | | | 占规划增量比重（%） | | |
|---|---|---|---|---|---|---|---|---|---|
| | 交通水利及其他用地 | 交通用地 | 水利用地 | 交通水利及其他用地 | 交通用地 | 水利用地 | 交通水利及其他用地 | 交通用地 | 水利用地 |
| 开发区 | 1 298.7 | 998.7 | 300.0 | 1 439.1 | 1 172.1 | 267.0 | 110.8 | 117.4 | 89.0 |
| 崇川区 | 671.5 | 651.5 | 20.0 | 193.5 | 193.5 | 0.0 | 28.8 | 29.7 | 0.0 |
| 港闸区 | 661.2 | 641.2 | 20.0 | 424.3 | 417.3 | 7.0 | 64.2 | 65.1 | 35.0 |
| 通州区 | 2 254.5 | 1 924.5 | 330.0 | 484.0 | 416.0 | 68.0 | 21.5 | 21.6 | 20.6 |
| 海安县 | 952.8 | 672.8 | 280.0 | 754.7 | 478.7 | 276.0 | 79.2 | 71.2 | 98.6 |
| 如东县 | 1 312.4 | 982.4 | 330.0 | 1 250.3 | 922.3 | 328.0 | 95.3 | 93.9 | 99.4 |
| 启东市 | 1 217.8 | 987.8 | 230.0 | 1 358.5 | 1 208.5 | 150.0 | 111.6 | 122.3 | 65.2 |
| 如皋市 | 871.9 | 771.9 | 100.0 | 795.9 | 739.9 | 56.0 | 91.3 | 95.9 | 56.0 |
| 海门市 | 757.1 | 657.1 | 100.0 | 555.9 | 457.9 | 98.0 | 73.4 | 69.7 | 98.0 |
| 全市 | 9 997.9 | 8 287.9 | 1710.0 | 7 256.2 | 6 006.3 | 1 250.0 | 72.6 | 72.5 | 73.1 |

#### 5.1.3.4　建设用地规模剩余空间情况

如表 5-8 所示，南通市新增建设用地指标（含流量）为 13 553.1 公顷，2010～2012 年已使用面积 8749.3 公顷，剩余空间仅为 4803.8 公顷。若以 2010～2012 年间城镇工矿用地增长速度计算（年均增长 1494.0 公顷），新增建设用地指标仅能维持 3 年左右的使用量，其中，各县（市、区）间新增建设用地指标剩余空间存在一定差异：开发区、海门市剩余空间较大，崇川区可使用年限为 3 年，开发区和海门市还能使用 2 年，通州区、港闸区、海安县、如东县、启东市剩余空间可使用年限为 1 年。如皋市新增建设用地上图指标已经突破控制目标，剩余空间为 0。

表 5-8　南通市新增建设用地上图指标剩余空间

| 地区 | 规划上图面积（公顷） | 已使用上图面积（公顷） | 剩余空间（公顷） | 可使用年限（年） |
|---|---|---|---|---|
| 南通市 | 13 553.1 | 8 749.3 | 4 803.8 | 3 |
| 开发区 | 2 761 | 1 390.5 | 1 370.5 | 2 |
| 崇川区 | 709.1 | 291.3 | 417.8 | 3 |
| 港闸区 | 900 | 635.5 | 264.5 | 1 |
| 通州区 | 1 988 | 1 426.2 | 561.8 | 1 |
| 海安县 | 1 343.9 | 966.6 | 377.3 | 1 |
| 如东县 | 1 667.3 | 1 130.7 | 536.6 | 1 |
| 启东市 | 1 494.3 | 958.4 | 535.9 | 1 |
| 如皋市 | 1 293.1 | 1 186.3 | 106.8 | 0 |
| 海门市 | 1 396.4 | 763.8 | 632.6 | 2 |

## 5.1.4　海涂资源开发与利用

### 5.1.4.1　海涂资源概况

沿海滩涂作为一种重要的综合资源，具有巨大的经济效益和生态、环境、水文、地质等价值，沿海围垦造地则是一种非常重要的开发方式。历史上，江苏沿海是黄河、长江、淮河等中国几大江河的入海口，河流入海带来的泥沙在沿海地区沉积，很多研究表明历史上大江大河泥沙输送与沉积是江苏沿海分布有异常丰富的滩涂资源的重要原因。江苏海岸带还发育了世界上罕见的巨大的南黄海辐射沙脊群，具有进行海洋开发和港口建设的重要优势条件。近代以来，江苏海岸带就已经开始进行了大规模的沿海围垦与开发，南通滨江临海，沿海滩涂资源丰富，是江苏海岸带围垦与开发的重要阵地。根据 2008 年江苏省近海海洋综合调查与评估（国家 908 专项江苏部分），南通市海岸线长为 210.4 千米，沿海滩涂面积为 20.48 万公顷，其中潮上带滩涂为 0.40 万公顷，潮间带为 13.42 万公顷，辐射沙洲为 6.67 万公顷。其中，全市淤涨型滩涂岸段为 176 千米，约占海岸线总长的 84%，每年向外延伸淤涨 10～200 米，每年可新增滩涂面积 600 多公顷。丰富的沿海滩涂资源为南通沿海开发提供了充裕的土地后备资源和巨大的发展空间。

### 5.1.4.2　海涂围垦开发利用历史

（1）中华人民共和国成立前的围垦利用史

南通滩涂围垦开发历史悠久，有史记载始于宋代，从宋代范仲淹修筑范公堤，围海造场（即盐场）。清末，南通沿海滩涂不断淤涨，旧有盐场离海渐远，盐场效益下降，大片旧有废弃土地得不到充分利用。在这种背景下，清末逐步实现了从"煮海为盐"到"废灶兴垦"的转变。到今天，这些区域已经成为南通市重要的农产品生产基地。民国初年到 1930 年前夕，南通市进行了大规模的围垦。第一次世界大战爆发前，帝国主义国家忙于战争，无暇东顾，而我国民族资本主义特别是纺织工业飞速发展，需要大量围垦种植棉花等原料，导致这一时期围垦规模最为可观，南通市围垦面积超过了 8 万公顷，主要以棉花等经济作物种植为主。20 世纪二三十年代，我国民族资本主义特别是纺织企业受到帝国主义国家倾销和官僚资本主义双重挤压，企业效益下降，围垦的经济动力不足，同时后期围垦难度也逐渐加大，导致围垦面积相对于 20 世纪前 10 年大大减少，到了 30 年代末、40 年代，由于战乱，作为围垦动力的民族资本主义在这一时期几近破产，沿海围垦几近停止（表 5-9）。

表 5-9　中华人民共和国成立前南通市滩涂围垦列表

| 所属区县 | 公司名称 | 创办年份 | 围垦面积（公顷） |
| --- | --- | --- | --- |
| 启东 | 通海垦牧公司 | 1901 | 8 220 |
| 启东 | 同仁泰公司 | 1903 | 867 |
| 通州 | 大有晋盐垦公司 | 1913 | 17 900 |
| 海安 | 大赉南区 | 1915 | 1 250 |
| 海安 | 大赉盐垦公司 | 1915 | 13 860 |
| 如东 | 华丰垦殖公司 | 1915 | 1 885 |
| 如东 | 大豫盐垦公司 | 1917 | 32 000 |
| 如东 | 福记公司 | 1918 | 173 |
| 如东 | 益昌盐垦公司 | 1918 | 4 000 |
| 合计 | | | 80155 |

资料来源：张晓祥等，2013

（2）中华人民共和国成立后的围垦利用史

1）中华人民共和国成立后，随着政治局势稳定，经济建设重新走上正轨，滩涂围垦稳步推进。回顾近几十年南通沿海滩涂围垦利用历史，南通滩涂围垦大致经历了三个标志性的阶段，第一阶段是 1950～1994 年，滩涂开发主要是发展农牧渔业和盐业生产，通过滩涂围垦，南通市建设了大量的海淡水养殖、工厂化设施养殖、粮棉种植、畜牧业及林业生产基地；第二阶段是 1995～2008 年，南通大力实施"海上南通"建设，沿海产业多元化，海水养殖、海洋食品等产业有了突破；第三阶段是 2009 年至今，沿海开发上升为国家战略，沿海港口建设日新月异，沿海进入了新的发展阶段。中华人民共和国成立以来，全市先后围垦沿海滩涂面积约 5.67 万公顷，主要分布于如东县和启东市，分别占全市围垦总面积的 64% 和 22%（表 5-10）。

表 5-10 中华人民共和国成立以来南通市沿海围垦情况统计表

| 地区 | 垦区数（个） | 面积（万公顷） |
|---|---|---|
| 启东市 | 37 | 1.2693 |
| 海门市 | 5 | 0.2560 |
| 通州区 | 5 | 0.2813 |
| 如东县 | 22 | 3.6373 |
| 海安县 | 3 | 0.2233 |
| 合计 | 72 | 5.6673 |

2）近年来，随着我国土地管理政策的逐步趋紧，沿海土地围垦效益越来越突出。另外，在政策层面，江苏省因为南北经济差距，把沿海开发作为缩短地区差异的重要举措，滩涂围垦数量和强度大幅度提升，但是比起 20 世纪前 10 年和 50 年代的大规模围垦在数量上还有差距，其原因主要是围垦难度增加，现在不少垦区的高程已低于平均海平面，这些地区的围垦在技术上和资金上都有较高要求。

（3）"十一五"期间以来滩涂围垦规划使用情况

1）在"十一五"期间，全市围垦面积为 1.95 万公顷，主要用于港口、城镇、能源、临港产业、高效设施渔业等。从大类看，农业用地和建设用地围垦面积分别为 0.91 万公顷和 1.04 万公顷，分别占全部围垦面积的 47% 和 53%。从在空间分布上看，仍主要集中在滩涂资源丰富、围垦历史悠久的如东县和启东市（表 5-11）。

表 5-11 "十一五"期间南通市已围垦滩涂情况统计表

| 地区 | 用海项目 | 获国家、省、市、县批准面积（万公顷） | 已围面积（万公顷） | 用途 |
|---|---|---|---|---|
| 海安县 | 海安老坝港经济开发区 | 0.0933 | 0.2067 | 农业用地 |
| 如东县 | 栟茶农业围垦区 | 0.0440 | 0.0440 | 农业用地 |
| | 沿海经济开发区工业建设区 | 0.0867 | 0.1333 | 建设用地 |
| | 掘苴农业围垦区 | 0.2000 | 0.2000 | 农业用地 |
| | 亚海高涂蓄水养殖 | 0.0400 | 0.0467 | 农业用地 |
| | 洋口港临港工业一、二期 | 0.3000 | 0.2000 | 建设用地 |
| | 人工岛 | 0.0253 | 0.0253 | 建设用地 |
| | 豫东垦区 | 0.2000 | 0.2000 | 农业用地 |
| | 兵房高涂蓄水养殖用海 | 0.1267 | 0.0467 | 农业用地 |
| | 东凌高涂蓄水养殖用海 | 0.0360 | 0.0360 | 农业用地 |
| 通州区 | 滨海新区工业建设区 | 0.1800 | 0.1800 | 建设用地 |
| 海门市 | 海门滨海建设区 | 0.1800 | 0.1800 | 建设用地 |

续表

| 地区 | 用海项目 | 获国家、省、市、县批准面积（万公顷） | 已围面积（万公顷） | 用途 |
|---|---|---|---|---|
| 启东市 | 吕四大洋港外拓工程 | 0.1267 | 0.0667 | 建设用地 |
| | 吕四大唐电厂 | 0.0633 | 0.0633 | 建设用地 |
| | 吕四物流中心 | 0.0587 | 0.0587 | 建设用地 |
| | 滨海工业集中区 | 0.0413 | 0.0413 | 建设用地 |
| | 五金机电工业区 | 0.0260 | 0.0260 | 建设用地 |
| | 东海农业围垦区 | 0.0667 | 0.0667 | 农业用地 |
| | 启东寅兴垦区 | 0.0667 | 0.0667 | 农业用地 |
| | 广州恒大集团 | 0.0627 | 0.0627 | 建设用地 |
| 合计 | | 2.0241 | 1.9508 | — |

2）"十二五"期间涉围区总面积共1.45万公顷，少于"十一五"期间的围垦面积。截至2013年上半年，已围垦面积为0.66万公顷，围垦率接近超过60%。农业用地（主要是高涂蓄水养殖用海）围垦面积为0.21万公顷，占31%；建设用海围垦面积为0.45万公顷，占69%（表5-12和图5-3）。

表5-12 "十二五"期间南通市已围滩涂利用情况

| 编号 | 项目名称 | 功能定位 | 面积（万公顷） |
|---|---|---|---|
| 1 | 宝华海参园 | 高涂蓄水养殖用海 | 0.0973 |
| 2 | 西太阳沙人工岛三期 | 建设用海 | 0.0087 |
| 3 | 宋玲高涂蓄水养殖区 | 高涂蓄水养殖用海 | 0.0820 |
| 4 | 吕四挖入式港池 | 建设用海 | 0.2787 |
| 5 | 协兴闸下迁及渔港工程 | 建设用海 | 0.0160 |
| 6 | 圆陀角岸线综合整治工程 | 建设用海 | 0.0467 |
| 7 | 小洋口旅游区域用海 | 旅游建设用海 | 0.0993 |
| 8 | 长沙高涂蓄水养殖区 | 高涂蓄水养殖用海 | 0.0267 |

（4）"十一五"以来南通市已围垦滩涂实际使用情况

1）"十一五"以来，南通市滩涂围垦进程加快，但是从实际使用情况看，大量滩涂处于"围而未用"的状态。"十一五"期间南通市已围垦滩涂中，建设用地总面积为2358公顷，占全部围垦区总面积的11.60%，其中港口码头用地面积为989公顷，占全部围垦区总面积的4.87%；农业用地总面积为2538公顷，占全部围垦区总面积的12.48%，其中水浇地面积为1422公顷，占全部围垦区总面积的6.99%；未利用地总面积为15 432公顷，占全部围垦区总面积的75.92%，绝大部分以沿海滩涂、盐碱地、草地的形式存在。"十二五"期间南通市已围垦区域中，高达96.37%的滩涂尚未开发利用，建设用地更少，仅为54公顷，占全部围垦区总面积的0.99%（表5-13和表5-14）。

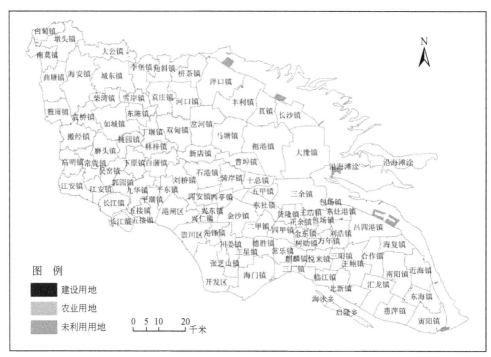

图 5-3　"十二五"期间南通市已围垦滩涂使用类型及其空间分布

表 5-13　"十一五"期间南通市已围垦滩涂实际使用情况

| 用途 | 具体类型 | 面积（公顷） | 占比（%） |
|---|---|---|---|
| 建设用地 | 村庄 | 873.50 | 4.30 |
| | 港口码头用地 | 989.41 | 4.87 |
| | 公路用地 | 3.32 | 0.02 |
| | 农村道路 | 93.07 | 0.46 |
| | 水工建筑用地 | 398.58 | 1.96 |
| | 小计 | 2 357.88 | 11.60 |
| 农业用地 | 沟渠 | 435.51 | 2.14 |
| | 旱地 | 604.42 | 2.97 |
| | 其他园地 | 62.41 | 0.31 |
| | 设施农用地 | 13.36 | 0.07 |
| | 水浇地 | 1 421.86 | 6.99 |
| | 水田 | 0.17 | 0.00 |
| | 小计 | 2 537.73 | 12.48 |
| 未利用地 | 河流水面 | 758.73 | 3.73 |
| | 坑塘水面 | 138.76 | 0.68 |
| | 内陆滩涂 | 107.69 | 0.53 |

续表

| 用途 | 具体类型 | 面积（公顷） | 占比（%） |
|---|---|---|---|
| 未利用地 | 其他草地 | 2 712.16 | 13.34 |
| | 沿海滩涂 | 8 090.68 | 39.80 |
| | 盐碱地 | 3 624.26 | 17.83 |
| | 小计 | 15 432.28 | 75.92 |
| 合计 | | 20 327.89 | 100.00 |

表5-14　"十二五"期间南通市已围垦滩涂实际使用情况

| 用途 | 具体类型 | 面积（公顷） | 占比（%） |
|---|---|---|---|
| 建设用地 | 村庄 | 3.80 | 0.07 |
| | 公路用地 | 0.01 | 0.00 |
| | 农村道路 | 0.89 | 0.02 |
| | 水工建筑用地 | 49.78 | 0.90 |
| | 小计 | 54.48 | 0.99 |
| 农业用地 | 设施农用地 | 144.24 | 2.61 |
| | 水浇地 | 1.74 | 0.03 |
| | 田坎 | 0.00 | 0.00 |
| | 小计 | 145.98 | 2.64 |
| 未利用地 | 河流水面 | 74.23 | 1.34 |
| | 坑塘水面 | 2.63 | 0.05 |
| | 内陆滩涂 | 34.96 | 0.63 |
| | 沿海滩涂 | 5135.62 | 93.05 |
| | 盐碱地 | 71.37 | 1.29 |
| | 小计 | 5318.81 | 96.37 |
| 合计 | | 5519.27 | 100.00 |

2）"十一五"期间及"十二五"前期，南通市围垦滩涂作为建设用地的，具体来讲有三种用途：园区建设、港口建设和房地产开发。其中，房地产开发则主要是指启东恒大地产的滩涂占用，面积约为627公顷，位于启东市寅阳镇，目前已经进行了大规模的商品房开发。园区和港口建设是滩涂围垦开发的重点，两者在空间上具有关联性，主要分布如下。

——海安县角斜镇，用于老坝港滨海新区的建设，规划打造石材加工、海洋生物、高端家具、现代纺织、食品加工、环保及新能源七大产业园区。

——如东县洋口镇，用于港口和临港园区建设，主导产业为化工产业、旅游产业及海洋渔业，沿海垦区东部为沿海经济开发区，以发展新材料、新医药为代表的化工产业，西部为沿海旅游经济开发区，已发现三处地热资源，目前以温泉度假为中心发展旅游业，同时还建有海印寺、高尔夫球场等设施。

——如东县长沙镇，用于洋口港经济开发区建设，目前洋口港港口建设已见雏形，园区开发建设和产业发展正处于起步阶段，未来将重点打造四大功能区，临港工业园区主要发展石油化工、冶炼、能源、装备制造、石材加工等产业，综合物流园区主要发展散杂货及液化品仓储物流，港口新城区为行政商务、商业居住、休闲娱乐区域，而旅游度假区则主要发展滩涂、港口、游艇环岛及利用 LNG 冷能的"冰雪世界"休闲旅游等。

——通州区三余镇，主要用于通州湾新城建设，目前正处于起步阶段，本区域将是未来围垦的主要区域。

——海门市东灶港镇，主要用于滨海工业新区建设，目前围垦主要用于中心港区建设和产业发展，主导产业类型为食品制造、金属加工、纺织服装等。

——启东市吕四港镇，主要用于中心港区建设和产业发展，主导产业类型为冶金、轻工、化工、机械、水产品加工等，其中南通大唐电厂位于本镇，滩涂围垦部分用于电厂建设。

——启东市近海镇和海复镇的滩涂围垦主要用于滨海工业集中区建设，主要发展了装备制造、精密机械、船配汽配、电子电器四大支柱产业。

### 5.1.4.3  临海乡镇的土地利用状况

以具有海岸线的乡镇作为临海地区，核算 2005 年以来临海地区经济社会发展和土地利用情况[①]。经过筛选，临海乡镇共有 13 个，分别是：海安县角斜镇，如东县洋口镇、丰利镇、苴镇、长沙镇、大豫镇，通州区三余镇，海门市包场镇，启东市吕四港镇、海复镇、近海镇、东海镇、寅阳镇。核算结果表明，2005～2012 年，临海地区总人口迅速减少，从 106.87 万人下降至 86.40 万人，年均减少近 3 万人；耕地面积也呈现减少的态势，从 8.45 万公顷减少至 8.03 万公顷，减少约 0.42 万公顷；与之相反，粮食产量则略有增加，从 41.43 万吨增加至 45.06 万吨。这表明耕地并未呈现向沿海地区集中的格局，而沿海地区耕地生产能力近年来有一定程度的提高。这与南通市提供的"十一五"以来滩涂利用情况一致，"十一五"期间共围垦滩涂 1.99 万公顷，其中 1.08 万公顷作为建设用地，0.51 万公顷作为滩涂养殖用地，仅有 0.40 万公顷用于耕地占补平衡（表 5-15）。

表 5-15  临海乡镇基本数据

| 县（市、区） | 乡镇 | 总人口（万人） | | 耕地面积（万公顷） | | 粮食产量（万吨） | |
|---|---|---|---|---|---|---|---|
| | | 2005 年 | 2012 年 | 2005 年 | 2012 年 | 2005 年 | 2012 年 |
| 海安县 | 角斜镇 | 6.65 | 5.69 | 0.50 | 0.50 | 3.90 | 5.39 |
| 如东县 | 洋口镇 | 7.62 | 7.13 | 0.64 | 0.67 | 6.92 | 8.03 |
| | 苴镇 | 3.96 | 4.22 | 0.40 | 0.41 | 3.80 | 3.03 |
| | 长沙镇 | 3.91 | 3.65 | 0.36 | 0.36 | 1.88 | 2.14 |
| | 大豫镇 | 10.92 | 8.18 | 1.40 | 1.11 | 3.38 | 3.57 |
| | 丰利镇 | 8.58 | 7.89 | 0.84 | 0.76 | 8.14 | 8.28 |

---

① 所用数据为 2006 年和 2013 年《江苏统计年鉴》上的分乡镇数据，根据 2005～2012 年南通市行政区划调整情况进行了梳理；由于个别乡镇涉及村、组的调整，因而数据可能有些许出入。另外，相关数据来自 2006 年和 2013 年《江苏统计年鉴》。

续表

| 县 (市、区) | 乡镇 | 总人口（万人） | | 耕地面积（万公顷） | | 粮食产量（万吨） | |
|---|---|---|---|---|---|---|---|
| | | 2005 年 | 2012 年 | 2005 年 | 2012 年 | 2005 年 | 2012 年 |
| 通州区 | 三余镇 | 15.16 | 9.50 | 1.29 | 1.16 | 4.26 | 3.30 |
| 海门市 | 包场镇 | 5.54 | 4.41 | 0.24 | 0.23 | 0.79 | 0.77 |
| 启东市 | 吕四港镇 | 16.65 | 13.91 | 0.66 | 0.73 | 2.20 | 2.83 |
| | 海复镇 | 5.91 | 4.30 | 0.41 | 0.41 | 1.39 | 1.52 |
| | 近海镇 | 6.59 | 5.16 | 0.53 | 0.53 | 1.85 | 2.16 |
| | 寅阳镇 | 7.98 | 7.14 | 0.64 | 0.63 | 1.36 | 2.43 |
| | 东海镇 | 7.41 | 5.21 | 0.54 | 0.54 | 1.56 | 1.61 |
| 合计 | | 106.88 | 86.39 | 8.45 | 8.04 | 41.43 | 45.06 |

## 5.1.4.4 土地资源开发管理

1）土地整治。2006~2011 年，南通市以优化城乡用地结构、稳定耕地数量、提高耕地质量和改善生态环境为重点，合理确定土地整治的目标任务，统筹安排各项土地整治活动，协调好土地整治与耕地保护、产业发展、城乡建设和沿海开发的关系，土地整治工作取得了明显成效。全市通过土地整治新增耕地面积为 12 508.4 公顷，同时截至 2012 年，全市基本农田面积为 426 338.4 公顷，较好地落实了《南通市土地利用总体规划（2006—2020 年)》确定的基本农田保护任务（425 900.0 公顷）。此外，通过土地平整、归并零散地块，建设农田水利设施、田间路网和生态防护林体系，建设了高产稳产基本农田达 10.7 万公顷，有效提高了土地利用率、生产率和抵御自然灾害能力，极大地改善了农业生产及生活条件及生态环境质量，实现了基本农田数量、质量的双重保护，为全市粮食稳定增产和经济社会又好又快发展奠定了坚实的基础。

2）高标准基本农田建设。根据江苏省国土资源厅研究确定的 2012 年度高标准基本农田建设任务，南通市高标准基本农田的建设任务为 4.39 万公顷。至评估期末，全市已基本完成上级下达任务，各县（市、区）高标准基本农田建设任务分解情况见表 5-16。

表 5-16 南通市高标准基本农田建设规模指标分解表 （单位：公顷）

| 地区 | 高标准基本农田建设规模 | 补充耕地规模 |
|---|---|---|
| 崇川区 | 0.00 | 0.00 |
| 开发区 | 0.00 | 0.00 |
| 港闸区 | 0.00 | 253.33 |
| 通州区 | 9 066.67 | 413.33 |
| 滨海园区 | 2 053.33 | 666.67 |
| 海安县 | 14 800.00 | 826.67 |

| 地区 | 高标准基本农田建设规模 | 补充耕地规模 |
|---|---|---|
| 如皋市 | 32 460.00 | 786.67 |
| 如东县 | 37 453.33 | 1 366.67 |
| 海门市 | 20 880.00 | 473.33 |
| 启东市 | 19 220.00 | 833.33 |
| 合计 | 135 933.33 | 5 620.00 |

3）城乡建设用地增减挂钩。2006 年以来，南通市共申报实施城乡建设用地增减挂钩项目区 122 个，项目区总面积为 15.33 万公顷，拆旧复垦总面积为 0.38 万公顷，复垦还耕面积为 0.33 万公顷，已验收面积为 0.21 万公顷；实际建新面积共计 0.27 万公顷，其中占用农用地 0.19 万公顷，占用耕地 0.16 万公顷；拆旧涉及户数共计 4.3 万户，安置农民 10.9 万人。2009 年以来，南通市还在江苏省率先开展万顷良田建设工程，全市共申报实施万顷良田建设试点 7 个，项目区总面积为 1.07 万公顷，项目计划总投资为 140.39 亿元，涉及农村建设用地复垦面积为 0.27 万公顷，搬迁农户为 2.75 万户，安置农民 9.22 万人，项目实施完成后可建成高标准农田 1.05 万公顷。

### 5.1.4.5 海涂资源管理

1）早期海涂资源管理是一项空白，以自发式的围垦和开发为主。2002 年 1 月 1 日《中华人民共和国海域使用管理法》的颁布实施，标志着滩涂的行政监管从无序到进入有序的阶段。但是，由于我国法律对沿海滩涂没有明确定性，且相关规定散见于《中华人民共和国物权法》《中华人民共和国海域使用管理法》《中华人民共和国土地管理法》《中华人民共和国渔业法》等诸多法律中，没有形成完备的制度体系。受此影响，南通市的滩涂管理长期处于多头管理、多龙争滩的状态，但是经过政府多方协调和各部门之间的协商努力，各部门之间的职权正逐渐划清，开始向职权划清、协调配合的良性轨道发展。国土资源部门与海洋部门之间，曾就海岸线化解问题产生分歧，国土资源部门要求将某些滩涂视为土地，海洋部门认为平均大潮高潮线以下的区域均属于海域，后经政府部门发文，总体上以一线达标海堤作为两部门管辖区域划分的标志，从而由海洋部门负责对沿海滩涂发放海域使用权证。在沿海经济开发当中，农业部门承担着滩涂围垦开发的管理工作，在具体工作开展中不可避免地与海洋部门的监管职能发生冲突。后经市政府以会议纪要的形式予以明确，农业部门负责农业开发具体项目的管理工作，而海洋部门负责海域使用权的管理。海洋部门与环保部门各自负责海洋和陆地的环保工作。水利部门原先与海洋部门在建设防汛工程审批问题上的分歧业已理顺，凡海域外侧 50～200 米用于海堤保护的设施，属于公益设施的可免收费用，但属于其他用途的，应归海洋部门审批。

2）在海涂开发管理过程中，由于管理混乱导致了诸多问题，主要体现在：①沿海滩涂资源价值提升导致资源竞争加剧。滩涂资源一直是沿海渔民赖以生计的基础，沿海开发使滩涂资源经济价值日益提升，各利益主体之间的资源竞争关系日趋激烈。在未明确海域使用权证制度之前，滩涂使用多以自行开发为主，"祖宗海""占海为王"的思想占据上风，滩涂界限的划分缺乏合法性和稳定性，经常发生打架斗殴事件。海域使用权证制度之后，仍然存在大量实际占用滩涂而不进行合法登记的情况，特别是对于一些长期存在权属争议的滩涂，小范围的争抢事件仍时有发生。此外，"沧海桑田"的消长变化加剧了滩涂资源竞争，一块新滩涂的产生也往往意味着一次资源竞争的开始。②招商引资过程也导致了严重的利益冲突。通过招商引资进入的外地经营者进行滩涂投资开发，与当地渔民之间存在资源上的竞争关系，一旦利益平衡不当，当地居民的利益未充分考虑，容易引起利益冲突。例如，投资者从现有权利人手中转包或直接参与政府招投标取得滩涂的使用权，当本地渔民对转包行为的合法性、对政府招投标行为的透明性和公正性存在质疑，由此可能招致不满，引起纠纷。投资人在经营过程中掠夺当地渔民的渔业资源，损害当地居民的利益，亦可能引起纠纷。沿海开发过程中，大量小化工、小印染等污染型产业落户，不达标污染物大量排放，既破坏海洋生态环境，又影响滩涂养殖，甚至引起养殖鱼类、贝类大量死亡，也容易导致矛盾冲突。③围垦征用处置不当导致补偿安置纠纷。招商引资和大型项目引进是沿海滩涂利用的重要方式，在此过程中，围垦后对滩涂上原使用人的补偿就成为政府面临的一项工作。由于滩涂使用情况比较复杂，有集体组织发包给内部成员的，有未经确权而由个人或单位实际使用至今的，有承包人自行转包或租赁他人的，如何区分不同情况并给予相应的补偿，是摆在政府面前的一个难题。

## 5.2 南通市建设用地扩展态势分析

### 5.2.1 南通市建设用地现状

1）2012年，南通市土地总面积为1 054 934.7公顷，其中，农用地面积为602 362.3公顷，占全市土地总面积的57.1%，农用地中耕地面积为446 276.9公顷，占全市土地总面积的42.3%，建设用地面积为20 1967.1公顷，占全市土地总面积的19.1%，建设用地中城乡建设用地面积为176 933.4公顷，占建设用地总面积的87.61%，城乡建设用地中，城镇工矿用地面积为43 446.4公顷，占城乡建设用地面积的24.56%，村庄建设用地面积为133 487.0公顷，占城乡建设用地面积的75.44%，占比过大。

2）从南通市各县（市、区）建设用地利用情况来看，如皋市建设用地总量最大，达38 832.8公顷，崇川区、港闸区建设用地占土地总面积比例最大，分别达48.2%和46.4%。从各县（市、区）建设用地内部结构来看，中心城区（崇川区、开发区、港闸区）与其他县（市、区）的建设用地利用结构存在显著差异，中心城区城镇工矿用地比例较大，占建设用地面积比例超过60%；通州区、如东县、如皋市、启东市村庄建设用地比例较大，占建设用地的比例超过70%（图5-4和图5-5）。

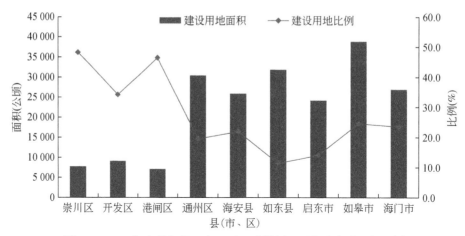

图5-4　2012年南通各县（市、区）建设用地面积及占总面积比例

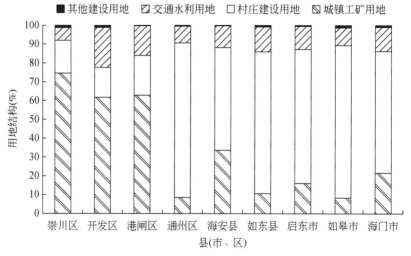

图5-5　2012年南通市各县（市、区）建设用地利用结构

## 5.2.2　南通市建设用地扩展特征

### 5.2.2.1　建设用地扩展时序特征

1）1996年以来，南通市建设用地面积从13.4万公顷增加至2012年的20.2万公顷，年均增长2.61%，建设用地占全市总面积的比例从12.7%增加至19.1%，建设用地扩展剧烈（图5-6）。随着社会经济不断发展，城镇工矿地占建设用地的比例不断升高，由1996年的14.2%上升至2012年的21.5%；同时，村庄建设用地占建设用地比例由1996年75.9%下降至2012年的66.1%（图5-7）。

2）分析南通市不同建设用地变化情况，城镇工矿用地面积从1996年的2.3万公顷增

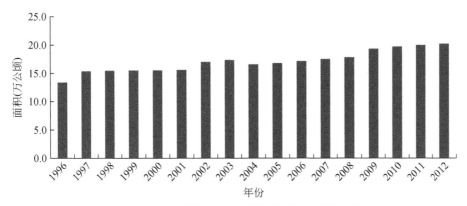

图 5-6  1996 年以来南通市建设用地面积变化情况

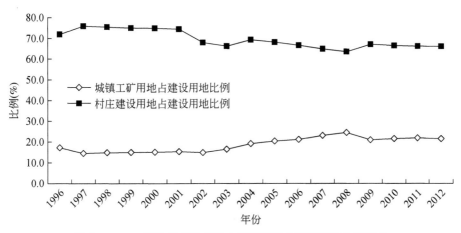

图 5-7  1996 年以来南通市城乡建设用地占建设用地比例变化

加至 2012 年的 4.3 万公顷，年均增长 4.08%，城镇工矿用地占建设用地的比例经历了稳定—增大—稳定的变化过程；村庄建设用地面积由 1996 年的 9.6 万公顷增加至 2012 年的 13.3 万公顷，村庄建设用地占建设用地的比例经历了稳定—减小—稳定的变化过程。城镇工矿用地和村庄建设用地的扩展情况大致可以划分三个阶段，具体如下。

第一阶段，1997~2001 年：城镇工矿用地和村庄建设用地占建设用地比重基本保持不变，建设用地、城镇工矿用地和村庄建设用地的扩展速度[①]分别为 0.30%、1.81% 和 -0.14%。

---

① 建设用地扩展速度指数表示各建设用地类型在整个研究时期内的不同阶段建设用地扩展面积年增长速率，用以表征各阶段不同类型城镇用地扩展的总体规模和趋势，其计算公式为

$$M_i = \frac{\Delta U_i}{\Delta t \times \mathrm{ULA}_i} \times 100\%$$

式中，$M_i$ 为建设用地扩展速度指数；$\Delta U_i$ 为某一时段建设用地扩展数量；$\Delta t$ 为某一时段的时间跨度；$\mathrm{ULA}_i$ 为某一时段初期的建设用地面积。

第二阶段，2002～2008 年：城镇工矿用地占建设用地的比重增大，而村庄建设用地占建设用地比重呈减小态势，建设用地、城镇工矿用地和村庄建设用地的扩展速度分别为 1.22%、18.08%和−0.48%。

第三阶段，2009～2012 年：城镇工矿用地和村庄建设用地占建设用地比重恢复至稳定状态，建设用地、城镇工矿用地和村庄建设用地的扩展速度分别为 1.10%、1.85%和 0.76%。

3）建设用地扩展的重点区域集中在中心城区，尤其是开发区。其余县市的空间扩展速度不明显（图 5-8～图 5-10）。

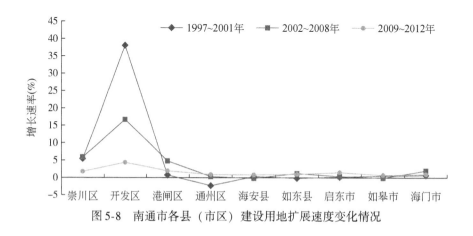

图 5-8　南通市各县（市区）建设用地扩展速度变化情况

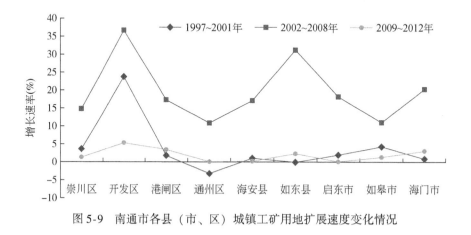

图 5-9　南通市各县（市、区）城镇工矿用地扩展速度变化情况

### 5.2.2.2　建设用地扩展空间特征

1）根据 1987～2010 年南通市 TM 遥感影像解译结果（图 5-11），南通市建设用地扩展剧烈，表现为原有城区和乡镇中心的急剧蔓延，村庄建设用地呈串珠状布局，交通建设用地迅速扩张。

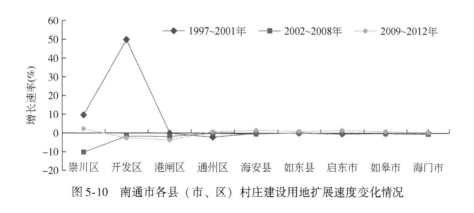

图 5-10 南通市各县（市、区）村庄建设用地扩展速度变化情况

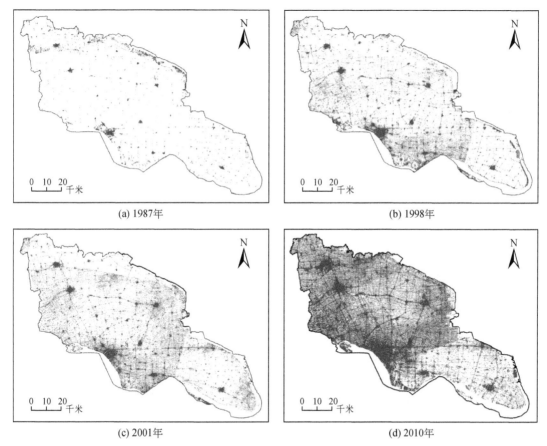

| (a) 1987年 | (b) 1998年 |
| (c) 2001年 | (d) 2010年 |

图 5-11 1987～2010 年南通市建设用地空间扩展情况

2）通过对南通市各县（市、区）建设用地扩展情况对比（表 5-17），中心城区（崇川区、开发区、港闸区）建设用地扩展较其他县（市、区）剧烈，2012 年，崇川区建设用地面积较 1996 年增加 3210.47 公顷，增长率高达 71.55%；而开发区的建设用地面积的增长更是高达 607.61%。其他县市区建设用地扩展也较明显，其中海门市建设用地增加量

为 12 306.43 公顷，增长率高达 84.29%。

表 5-17 1996 年以来南通市各县（市、区）建设用地增长量和增长率

| 地区 | 1996 年面积（公顷） | 2012 年现状面积（公顷） | 增长量面积（公顷） | 增长率（%） |
|---|---|---|---|---|
| 崇川区 | 4 487.33 | 7 697.80 | 3 210.47 | 71.55 |
| 开发区 | 1 289.56 | 9 125.10 | 7 835.54 | 607.61 |
| 港闸区 | 4 345.75 | 7 052.20 | 2 706.45 | 62.28 |
| 通州区 | 21 799.37 | 30 415.80 | 8 616.43 | 39.53 |
| 海安县 | 20 663.03 | 25 891.20 | 5 228.17 | 25.30 |
| 如东县 | 25 013.70 | 31 849.30 | 6 835.60 | 27.33 |
| 启东市 | 17 088.15 | 24 197.30 | 7 109.15 | 41.60 |
| 如皋市 | 24 403.79 | 38 832.80 | 14 429.01 | 59.13 |
| 海门市 | 14 599.35 | 26 905.80 | 12 306.45 | 84.29 |
| 合计 | 133 690.03 | 201 967.30 | 68 277.27 | 51.07 |

### 5.2.2.3 南通市建设用地扩展特征

通过对南通市建设用地扩展速度和开发强度进行分析，发现南通市建设用地扩展表现出以下特点。

第一，扩展速度快，城镇工矿用地和村庄建设用地呈现出不同的扩展特点。1996 年以来，南通市建设用地呈持续扩张态势，城镇工矿用地和村庄建设用地占建设用地的比重分别经历了稳定—增大—稳定和稳定—减小—稳定的发展过程。

第二，建设用地在空间上呈点状和轴向扩展。从南通市土地利用的遥感解译结果来看，南通市建设用地呈现围绕中心城区和县（市、区）中心乡镇点状蔓延和沿江、沿海、沿交通线轴向扩展的空间格局。

第三，县（市、区）建设用地扩展速度存在差异。中心城区，尤其是开发区，是建设用地扩展较剧烈的地区，且建设用地扩展速度波动较大，其他县（市、区）建设用地扩展呈现低值的小幅度波动变化。

# 5.3 陆海建设用地节约集约利用潜力分析

## 5.3.1 相关陆海建设用地节约集约利用标准

### 5.3.1.1 《南通市土地利用总体规划（2006—2020 年）》

《南通市土地利用总体规划（2006—2020 年）》中确定了南通市各县（市、区）的土地利用调控的指标如下。

（1）崇川区

土地利用主要调控指标：到 2020 年，耕地保有量保持在 871.0 公顷以上，城乡建设用地规模控制在 6689.7 公顷以内，人均城镇工矿用地控制在 90 平方米以内，新增建设用地占用耕地控制在 1034.8 公顷以内。

（2）港闸区

土地利用主要调控指标：到 2020 年，耕地保有量保持在 3811.6 公顷以上，基本农田保护面积保持在 1153.3 公顷以上，城乡建设用地规模控制在 5316.7 公顷以内，人均城镇工矿用地控制在 161 平方米以内，新增建设用地占用耕地控制在 1271.8 公顷以内。

（3）开发区

土地利用主要调控指标：到 2020 年，耕地保有量保持在 2123.1 公顷以上，基本农田保护面积保持在 493.3 公顷以上，城乡建设用地规模控制在 6508.4 公顷以内，人均城镇工矿用地控制在 166 平方米以内，新增建设用地占用耕地控制在 3932.5 公顷以内。

（4）通州区

土地利用主要调控指标：到 2020 年，耕地保有量保持在 76 255.1 公顷以上，基本农田保护面积保持在 68 949.4 公顷以上，城乡建设用地规模控制在 23 278.3 公顷以内，人均城镇工矿用地控制在 90 平方米以内，新增建设用地占用耕地控制在 1740.9 公顷以内，整理复垦开发补充耕地不少于 1486.0 公顷。

（5）海安县

土地利用主要调控指标：到 2020 年，耕地保有量保持在 55 426.1 公顷以上，基本农田保护面积保持在 52 150.9 公顷以上，城乡建设用地规模控制在 20 347.8 公顷以内，人均城镇工矿用地控制在 100 平方米以内，新增建设用地占用耕地控制在 958.9 公顷以内，整理复垦开发补充耕地不少于 1412.3 公顷。

（6）如东县

土地利用主要调控指标：到 2020 年，耕地保有量保持在 108 279.7 公顷以上，基本农田保护面积保持在 101 456.6 公顷以上，城乡建设用地规模控制在 24 636.3 公顷以内，人均城镇工矿用地控制在 123 平方米以内，新增建设用地占用耕地控制在 973.9 公顷以内，整理复垦开发补充耕地不少于 4440.6 公顷。

（7）启东市

土地利用主要调控指标：到 2020 年，耕地保有量保持在 72 178.8 公顷以上，基本农田保护面积保持在 67 712.1 公顷以上，城乡建设用地规模控制在 16 838.2 公顷以内，人均城镇工矿用地控制在 80 平方米以内，新增建设用地占用耕地控制在 941.0 公顷以内，整理复垦开发补充耕地不少于 2608.3 公顷。

（8）如皋市

土地利用主要调控指标：到 2020 年，耕地保有量保持在 81 311.1 公顷以上，基本农田保护面积保持在 77 433.2 公顷以上，城乡建设用地规模控制在 31 295.1 公顷以内，人均城镇工矿用地控制在 104 平方米以内，新增建设用地占用耕地控制在 977.2 公顷以内，整理复垦开发补充耕地不少于 1430.5 公顷。

(9) 海门市

土地利用主要调控指标：到 2020 年，耕地保有量保持在 57 004.4 公顷以上，基本农田保护面积保持在 56 551.2 公顷以上，城乡建设用地规模控制在 23 298.3 公顷以内，人均城镇工矿用地控制在 106 平方米以内，新增建设用地占用耕地控制在 999.0 公顷以内，整理复垦开发补充耕地不少于 1452.3 公顷。

### 5.3.1.2 相关建设规划标准

《镇规划标准》（GB 50188—2007）人均建设用地指标的规划调整幅度，部分见表 5-18。

**表 5-18 人均建设用地控制指标** （单位：平方米）

| 现状人均建设用地指标 | 规划调整幅度 |
| --- | --- |
| ≤68 | 增 0～15 |
| (68, 80] | 增 0～10 |
| (80, 100] | 增、减 0～10 |
| (100, 120] | 减 0～10 |
| (120, 140] | 减 0～15 |
| >140 | 减至 140 以内 |

## 5.3.2 陆海建设用地节约集约利用理论潜力分析

### 5.3.2.1 村庄建设用地理论潜力

根据《镇规划标准》（GB 50188—2007）中对人均建设用地指标规划调整幅度的规定，现状人均建设用地指标大于 140 平方米，规划将其调整至 140 平方米以内。据此，计算得到南通市村庄建设用地节约集约利用理论潜力巨大，为 91 325 公顷，占原有村庄建设用地面积的 68.41%，其中，理论潜力最大的为如皋市，通州区、如东县、海门市和启东市的理论潜力也较大。具体情况，可见表 5-19。

**表 5-19 2012 年南通市各县（市、区）村庄建设用地理论潜力**

| 地区 | 现状村庄建设用地面积（公顷） | 人均村庄建设用地（平方米） | 标准（米²/人） | 潜力空间（米²/人） | 村庄建设用地理论潜力（公顷） | 理论潜力占比（%） |
| --- | --- | --- | --- | --- | --- | --- |
| 南通市 | 133 488 | 443.25 | 140 | 303.24 | 91 325 | 100.00 |
| 中心城区 | 4 288 | 869.81 | 140 | 729.81 | 3 598 | 3.94 |
| 崇川区 | 1 340 | 2 350.88 | 140 | 2 210.58 | 1 260 | 1.38 |
| 开发区 | 1 454 | 4 846.67 | 140 | 4 705.70 | 1 412 | 1.55 |
| 港闸区 | 1 495 | 368.23 | 140 | 228.14 | 926 | 1.01 |

| 地区 | 现状村庄建设用地面积（公顷） | 人均村庄建设用地（平方米） | 标准（米²/人） | 潜力空间（米²/人） | 村庄建设用地理论潜力（公顷） | 理论潜力占比（%） |
|------|------|------|------|------|------|------|
| 通州区 | 2 4979 | 466.37 | 140 | 326.38 | 17 482 | 19.15 |
| 海安县 | 14 110 | 332.70 | 140 | 192.70 | 8 172 | 8.95 |
| 如东县 | 23 990 | 487.21 | 140 | 347.21 | 17 097 | 18.72 |
| 启东市 | 17 227 | 367.24 | 140 | 227.23 | 10 659 | 11.67 |
| 如皋市 | 31 488 | 510.01 | 140 | 370.01 | 22 844 | 25.01 |
| 海门市 | 17 405 | 410.79 | 140 | 270.79 | 11 473 | 12.56 |

注：中心城区含崇川区、开发区、港闸区，三个区加起来等于中心城区，中心城区不只独立的行政单元，百分比不加入总和计算

## 5.3.2.2 城镇工矿用地理论潜力

根据《南通市土地利用总体规划（2006—2020 年）》中确定的南通市各县（市、区）土地利用调控指标，计算得到南通市城镇工矿用地节约集约利用理论潜力为 0 公顷，即按照规定标准建设，南通市城镇工矿用地不足，海安县城镇工矿用地理论潜力最大，其次，开发区、海门市、港闸区均为城镇工矿用地挖潜区，其余县（市、区）为增加城镇工矿用地供给区（表 5-20）。

表 5-20 2012 年南通市城镇工矿用地理论潜力

| 地区 | 现状城镇工矿用地面积（公顷） | 人均城镇工矿用地（平方米） | 标准（米²/人） | 潜力空间（米²/人） | 城镇工矿用地理论潜力（公顷） |
|------|------|------|------|------|------|
| 南通市 | 43 446 | 101.38 | | | 7 951 |
| 中心城区 | 15 792 | 139.55 | | | 2 914 |
| 崇川区 | 5 737 | 82.63 | 90 | −7.37 | 0 |
| 开发区 | 5 626 | 281.32 | 166 | 115.32 | 2 307 |
| 港闸区 | 4 429 | 186.57 | 161 | 25.57 | 607 |
| 通州区 | 2 599 | 42.86 | 90 | −47.14 | 0 |
| 海安县 | 8 724 | 197.42 | 100 | 97.42 | 4 305 |
| 如东县 | 3 392 | 68.73 | 123 | −54.27 | 0 |
| 启东市 | 3 881 | 79.06 | 80 | −0.94 | 0 |
| 如皋市 | 3 253 | 50.61 | 104 | −53.39 | 0 |
| 海门市 | 5 805 | 121.29 | 106 | 15.29 | 732 |

### 5.3.2.3 建设用海节约集约利用的理论潜力

1）根据划分"三生"空间的理念，将海岸带区域划分为农业用地、建设用地与生态用地。总结专家意见，各因子的选择考虑如下：滩涂农业生产适宜性评价主要考虑滩涂地面高程、土壤 pH 和有机质含量等因子，海拔较高的滩涂地区，出露海面时间较长，土壤盐碱含量较低，有机质积累较多，土地改良成本也较低，反之则相反；此外，生态服务功能重要的地区也不宜进行大规模农业生产。滩涂生态适宜性重点考虑自然景观资源临近度，景观奇特、类型多样的滩涂地区适宜进行保护，且生态重要性较强。岸线宜港条件、后方陆域空间、交通区位及环境容量等是制约开发建设空间选址的主要因子，邻近深水航道、陆域空间开阔、交通便捷、生态环境约束不强的滩涂是建设深水海港、集聚临港产业和人口、发展滨海新城的理想空间；相反，将对建设开发构成一定的约束。运用熵权法-层次分析法综合评估法对各类用地空间指标的权重见表 5-21。

**表 5-21 沿海滩涂区域土地利用适宜性分区指标权重**

| 评价目标 | 评价指标 | 作用方向 | 权重 |
|---|---|---|---|
| 农业生产适宜性 | 高程 | 正向 | 0.1562 |
| | 土壤 pH | 反向 | 0.1538 |
| | 有机质含量 | 正向 | 0.1555 |
| | 淡水资源保障 | 正向 | 0.2445 |
| | 生态重要性 | 反向 | 0.2900 |
| 建设开发适宜性 | 淡水资源保障 | 正向 | 0.1875 |
| | 岸线条件 | 正向 | 0.2245 |
| | 环境容量 | 正向 | 0.1967 |
| | 交通可达性 | 正向 | 0.2456 |
| | 生态重要性 | 反向 | 0.1457 |
| 生态适宜性 | 生态重要性 | 正向 | 0.4045 |
| | 水质目标 | 正向 | 0.2103 |
| | 景观资源临近度 | 正向 | 0.3852 |

2）土地适宜性评价可以综合考虑土地具有的物理性和地块特性、社会经济特性等，评价土地适宜性的制度，是发生土地开发或保护的两难境界时合理的调整手段。根据上述指标的选择与权重，对南通市沿海滩涂区域进行适应性评价，本书采用 1000 米×1000 米网格与自然结合的方式进行指标量化与分析，评价范围共划分为 1647 个网络单元。

3）根据适应性分区的结果，沿海滩涂区域适宜农业生产面积共约为 7.03 万公顷，该类区域农业生产适宜性好，生态保护与旅游开发及建设开发适宜性较差或不高，约占滩涂总面积的 50.90%。生态适宜性区域面积约为 3.25 万公顷，约占滩涂总面积的 23.50%。建设开发区域工业与城镇开发适宜性好，生态保护与旅游开发及农业生产适宜性较差或不高，面积约为 3.54 万公顷，约占滩涂总面积的 25.60%。适应性分区总体契合滩涂围垦

6：2：2的比例要求。如果将南通市沿海所有滩涂按照上述比例分配用于建设用海，则沿海地区建设用海的理论潜力见表5-22和图5-12。

表 5-22　南通市各地区建设用海的理论潜力　　　　（单位：公顷）

| 指标 | 启东市 | 海门市 | 通州区 | 如东县 | 南通市 |
|---|---|---|---|---|---|
| 面积 | 11 749.9 | 1 782.12 | 5 515.83 | 16 350.4 | 35 398.25 |

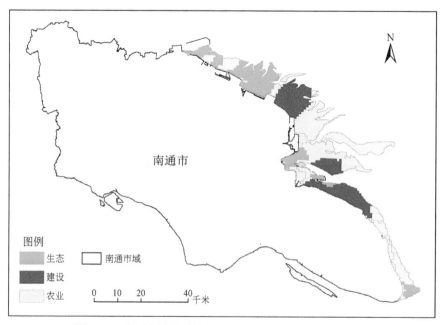

图 5-12　南通市沿海滩涂土地适宜性分区中建设用海分布

### 5.3.2.4　建设用地理论潜力

1）建设用地潜力为村庄建设用地潜力、城镇工矿用地潜力与建设用海潜力之和，如表5-23，南通市村庄建设用地理论潜力为91 325公顷，城镇工矿用地理论潜力为7 951公顷，建设用海的理论潜力为35 398公顷。因此，南通市建设用地理论潜力为134 674公顷，约占现状建设用地面积的43.5%，其建设用地理论潜力巨大。

表 5-23　南通市各县（市、区）建设用地理论潜力

| 地区 | 村庄建设用地理论潜力（公顷） | 城镇工矿用地理论潜力（公顷） | 建设用海理论潜力（公顷） | 建设用地理论潜力（公顷） | 理论潜力占比（%） |
|---|---|---|---|---|---|
| 南通市 | 91 325 | 7 951 | 35 398 | 134 674 | 100.00 |
| 中心城区 | 3 598 | 2 914 | 0 | 6 512 | 4.84 |
| 崇川区 | 1 260 | 0 | 0 | 1 260 | 0.94 |
| 开发区 | 1 412 | 2 307 | 0 | 3 719 | 2.76 |

续表

| 地区 | 村庄建设用地理论潜力（公顷） | 城镇工矿用地理论潜力（公顷） | 建设用海理论潜力（公顷） | 建设用地理论潜力（公顷） | 理论潜力占比（%） |
|------|------|------|------|------|------|
| 港闸区 | 926 | 607 | 0 | 1 533 | 1.14 |
| 通州区 | 17 482 | 0 | 5 516 | 22 998 | 17.08 |
| 海安县 | 8 172 | 4 305 | 0 | 12 477 | 9.26 |
| 如东县 | 17 097 | 0 | 16 350 | 33 447 | 24.84 |
| 启东市 | 10 659 | 0 | 11 750 | 22 409 | 16.64 |
| 如皋市 | 22 844 | 0 | 0 | 22 844 | 16.96 |
| 海门市 | 11 473 | 732 | 1 782 | 13 987 | 10.39 |

2）分析南通市各县（市、区）的城镇建设用地理论潜力和其潜力的空间分布（表5-23和图5-13），可以看出，南通市中心城区建设用地理论潜力相对较小，其次，海门市、海安县建设用地理论潜力也相对较小，如皋市、通州区、如东县和启东市是建设用地理论潜力相对较大的地区。从建设用地理论潜力的组成来看，如皋市、如东县、海门市、通州区建设用地潜力均以村庄建设用地潜力为主，沿海的如东县、通州区、海门市、启东市及如皋市城镇工矿用地潜力很小或仍需继续增加城镇工矿用地，海安县和开发区是主要的城镇工矿用地潜力区。

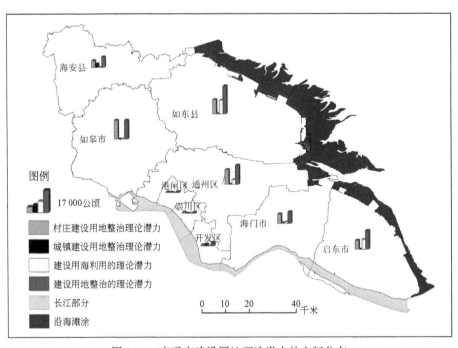

图5-13　南通市建设用地理论潜力的空间分布

## 5.3.3 陆海建设用地节约集约利用现实潜力分配与释放

### 5.3.3.1 建设用地集约利用现实潜力分配

1）根据课题组人员对南通市各县（市、区）的实际调研情况看，各地区经济发展均较快，引进工业项目、优化布局产业结构、改善居民居住环境等对建设用地需求很大，但是由于土地资源的有限性等自然属性，决定了各地区建设用地需求与供给之间必然存在矛盾关系。基于此，本书根据各县（市、区）建设用地集约利用现实潜力，在中心城区（崇川区、开发区、港闸区）建设用地集约利用现实潜力指标不参与分配的基础上，选取各乡镇总人口，非农人口比重，GDP 总量，第二、第三产业总产值等指标，并对各指标进行标准化，分别赋予 0.25 权重加权求和，对乡镇尺度上建设用地集约利用现实潜力指标进行总量的定额分配，设置两种分配方案，具体如下。

2）第一种方案：将各县（市、区）、镇的建设用地集约利用现实潜力集中，以南通市为分配基础，统一在全市域范围内进行统筹分配。

3）第二种方案：根据各乡镇的综合情况，由各县（市、区）自主对区域内自有的建设用地集约利用现实潜力指标进行分配。

4）根据以上的分析，可以得出建设用地集约利用现实潜力指标在各乡镇的分配情况（表5-24），据此，在今后的建设用地挖潜工作中，在明确不同乡镇社会经济发展水平的情况下，有针对性的安排财政资金与技术投入，使挖潜的经济效益和居民生活水准提高的社会效益双双最大化。

表 5-24　建设用地现实潜力指标在各乡镇的分配

| 地区 | | 总人口（人） | GDP 总量（元） | 非农人口比重 | 第二、第三产业总产值（元） | 分镇现实潜力（第一种方案）（公顷） | 分镇现实潜力（第二种方案）（公顷） |
|---|---|---|---|---|---|---|---|
| 通州区 | 金沙镇 | 226 183 | 1 569 551 | 0.6 | 1 529 727 | 1 443.28 | 1 391.82 |
| | 川姜镇 | 70 096 | 607 207 | 0.45 | 589 266 | 615.34 | 522.11 |
| | 平潮镇 | 78 250 | 574 013 | 0.47 | 552 894 | 616.70 | 536.00 |
| | 兴仁镇 | 43 218 | 308 457 | 0.35 | 300 976 | 370.42 | 241.96 |
| | 五接镇 | 38 137 | 274 525 | 0.46 | 276 100 | 394.12 | 321.60 |
| | 先锋镇 | 53 608 | 237 435 | 0.21 | 231 105 | 292.07 | 105.35 |
| | 石港镇 | 67 987 | 265 023 | 0.31 | 223 435 | 361.93 | 225.72 |
| | 兴东镇 | 32 151 | 231 349 | 0.33 | 222 439 | 301.83 | 166.21 |
| | 张芝山镇 | 55 152 | 237 052 | 0.52 | 221 958 | 419.44 | 380.44 |
| | 平东镇 | 43 343 | 227 846 | 0.32 | 217 944 | 311.81 | 172.38 |
| | 刘桥镇 | 75 691 | 254 490 | 0.4 | 210 660 | 402.50 | 308.70 |

| 地区 | | 总人口（人） | GDP 总量（元） | 非农人口比重 | 第二、第三产业总产值（元） | 分镇现实潜力（第一种方案）（公顷） | 分镇现实潜力（第二种方案）（公顷） |
|---|---|---|---|---|---|---|---|
| 通州区 | 四安镇 | 39 594 | 210 993 | 0.31 | 182 976 | 287.44 | 144.02 |
| | 二甲镇 | 83 071 | 206 936 | 0.26 | 182 865 | 338.23 | 184.44 |
| | 三余镇 | 124 378 | 210 524 | 0.27 | 162 978 | 400.99 | 258.47 |
| | 十总镇 | 36 265 | 151 493 | 0.43 | 127 720 | 304.33 | 225.60 |
| | 西亭镇 | 44 316 | 126 297 | 0.37 | 111 673 | 280.53 | 175.60 |
| | 骑岸镇 | 48 065 | 119 065 | 0.22 | 88 996 | 215.57 | 40.11 |
| | 五甲镇 | 32 379 | 112 428 | 0.32 | 87 917 | 228.03 | 94.96 |
| | 东社镇 | 60 661 | 112 416 | 0.27 | 76 508 | 251.62 | 104.01 |
| 海安县 | 海安镇 | 268 440 | 1 535 434 | 0.82 | 1 467 643 | 1 577.17 | 1 368.50 |
| | 城东镇 | 146 136 | 1 018 678 | 0.83 | 957 910 | 1 105.85 | 945.55 |
| | 曲塘镇 | 97 280 | 471 250 | 0.6 | 427 010 | 641.63 | 514.08 |
| | 李堡镇 | 81 997 | 239 270 | 0.61 | 201 012 | 495.40 | 384.22 |
| | 大公镇 | 65 023 | 243 451 | 0.27 | 199 873 | 325.99 | 206.13 |
| | 墩头镇 | 66 443 | 224 385 | 0.2 | 180 180 | 289.05 | 168.00 |
| | 角斜镇 | 66 923 | 222 076 | 0.25 | 169 325 | 306.80 | 187.64 |
| | 南莫镇 | 53 824 | 123 742 | 0.07 | 98 855 | 163.69 | 45.76 |
| | 雅周镇 | 59 186 | 116 848 | 0.21 | 88 393 | 226.28 | 112.62 |
| | 白甸镇 | 31 884 | 88 916 | 0.09 | 75 570 | 121.15 | 8.63 |
| 如东县 | 掘港镇 | 210 762 | 1 210 066 | 0.33 | 1 125 592 | 1 095.69 | 2 247.98 |
| | 岔河镇 | 82 629 | 356 033 | 0.37 | 325 867 | 460.51 | 995.29 |
| | 马塘镇 | 81 474 | 343 628 | 0.2 | 310 546 | 380.35 | 677.26 |
| | 大豫镇 | 102 987 | 339 196 | 0.06 | 270 400 | 343.00 | 474.44 |
| | 河口镇 | 63 765 | 278 054 | 0.11 | 249 136 | 281.99 | 397.84 |
| | 丰利镇 | 81 894 | 255 098 | 0.11 | 219 186 | 292.62 | 414.23 |
| | 双甸镇 | 72 845 | 233 922 | 0.1 | 209 308 | 267.04 | 355.26 |
| | 洋口镇 | 72 642 | 230 549 | 0.05 | 189 229 | 239.39 | 253.24 |
| | 栟茶镇 | 57 215 | 180 326 | 0.19 | 157 037 | 249.85 | 399.05 |
| | 袁庄镇 | 58 596 | 185 052 | 0.06 | 153 867 | 199.74 | 181.74 |
| | 新店镇 | 37 888 | 161 059 | 0.19 | 143 064 | 212.19 | 324.65 |
| | 曹埠镇 | 47 573 | 155 611 | 0.04 | 133 932 | 160.66 | 83.39 |
| | 长沙镇 | 38 712 | 119 363 | 0.04 | 84 487 | 123.87 | 9.46 |
| | 苴镇 | 37 558 | 114 953 | 0.07 | 83 293 | 131.74 | 49.98 |

续表

| 地区 | | 总人口（人） | GDP 总量（元） | 非农人口比重 | 第二、第三产业总产值（元） | 分镇现实潜力（第一种方案）（公顷） | 分镇现实潜力（第二种方案）（公顷） |
|---|---|---|---|---|---|---|---|
| 启东市 | 汇龙镇 | 241 453 | 1 484 239 | 1 | 1 447 928 | 1 589.85 | 2 661.54 |
| | 吕四港镇 | 177 849 | 981 066 | 0.11 | 803 623 | 801.03 | 1 352.67 |
| | 惠萍镇 | 91 714 | 414 703 | 0.05 | 377 760 | 372.53 | 614.81 |
| | 寅阳镇 | 77 162 | 386 233 | 0.12 | 335 553 | 356.93 | 583.47 |
| | 北新镇 | 75 047 | 301 234 | 0.08 | 273 915 | 297.00 | 482.84 |
| | 王鲍镇 | 93 163 | 224 586 | 0.07 | 191 055 | 279.54 | 454.85 |
| | 南阳镇 | 107 154 | 193 482 | 0.09 | 153 693 | 290.11 | 473.24 |
| | 东海镇 | 70 638 | 176 844 | 0.07 | 131 206 | 213.00 | 339.17 |
| | 海复镇 | 56 752 | 151 914 | 0.11 | 116 235 | 197.26 | 308.90 |
| | 合作镇 | 65 468 | 139 380 | 0.12 | 112 479 | 212.02 | 334.26 |
| | 近海镇 | 64 010 | 155 482 | 0.05 | 109 345 | 185.56 | 292.28 |
| | 启隆乡 | 3 677 | 39 806 | 0 | 36 596 | 16.14 | 0.00 |
| 如皋市 | 如城镇 | 244 482 | 1 209 399 | 1 | 1 180 653 | 1 447.08 | 1 405.04 |
| | 长江镇 | 81 280 | 834 352 | 1 | 808 640 | 985.09 | 896.49 |
| | 柴湾镇 | 52 378 | 571 827 | 0.31 | 533 206 | 505.42 | 342.34 |
| | 丁堰镇 | 53 114 | 277 926 | 0.62 | 255 234 | 477.34 | 311.71 |
| | 白蒲镇 | 78 232 | 244 996 | 0.47 | 210 889 | 436.49 | 259.72 |
| | 九华镇 | 69 992 | 196 785 | 0.41 | 171 491 | 372.52 | 186.66 |
| | 搬经镇 | 84 814 | 189 307 | 0.58 | 158 601 | 460.37 | 286.94 |
| | 东陈镇 | 46 273 | 170 496 | 0.52 | 150 137 | 370.09 | 188.26 |
| | 石庄镇 | 63 455 | 151 528 | 0.58 | 139 644 | 413.69 | 236.35 |
| | 郭元镇 | 56 113 | 116 345 | 0.28 | 130 919 | 265.29 | 64.08 |
| | 江安镇 | 92 224 | 149 981 | 0.48 | 125 909 | 410.81 | 227.90 |
| | 磨头镇 | 82 453 | 154 112 | 0.38 | 122 128 | 355.34 | 164.70 |
| | 桃园镇 | 63 968 | 142 307 | 0.62 | 118 733 | 420.67 | 244.56 |
| | 林梓镇 | 44 621 | 132 355 | 0.57 | 117 176 | 367.26 | 185.53 |
| | 吴窑镇 | 64 518 | 133 741 | 0.5 | 116 466 | 368.64 | 183.58 |
| | 下原镇 | 59 574 | 119 523 | 0.58 | 99 561 | 387.70 | 206.91 |
| | 常青镇 | 48 850 | 114 285 | 0.51 | 97 127 | 339.85 | 152.84 |
| | 袁桥镇 | 47 597 | 112 818 | 0.52 | 90 464 | 338.16 | 151.13 |
| | 雪岸镇 | 34 919 | 87 761 | 0.46 | 70 382 | 280.91 | 86.55 |
| | 高明镇 | 53 762 | 86 891 | 0.55 | 69 774 | 347.12 | 160.71 |

| 地区 | | 总人口（人） | GDP 总量（元） | 非农人口比重 | 第二、第三产业总产值（元） | 分镇现实潜力（第一种方案）（公顷） | 分镇现实潜力（第二种方案）（公顷） |
|---|---|---|---|---|---|---|---|
| 海门市 | 海门镇 | 233 934 | 975 534 | 1 | 929 041 | 835.49 | 724.29 |
| | 三星镇 | 64 517 | 636 805 | 1 | 611 326 | 547.72 | 463.16 |
| | 三厂镇 | 77 294 | 529 190 | 0.28 | 503 638 | 327.66 | 300.59 |
| | 包场镇 | 52 825 | 397 334 | 0.09 | 369 328 | 205.93 | 196.05 |
| | 正余镇 | 33 907 | 327 037 | 0.04 | 303 645 | 149.44 | 145.80 |
| | 常乐镇 | 47 277 | 285 074 | 0.05 | 266 742 | 152.76 | 143.49 |
| | 德胜镇 | 44 276 | 231 899 | 0.04 | 208 819 | 126.11 | 116.83 |
| | 悦来镇 | 50 463 | 221 216 | 0.06 | 201 360 | 135.34 | 122.32 |
| | 四甲镇 | 55 022 | 205 808 | 0.08 | 186 345 | 140.66 | 124.07 |
| | 三阳镇 | 29 808 | 183 089 | 0.28 | 167 553 | 160.12 | 131.25 |
| | 刘浩镇 | 55 214 | 187 951 | 0.07 | 164 012 | 130.18 | 113.99 |
| | 货隆镇 | 31 691 | 178 485 | 0.19 | 163 566 | 136.51 | 114.97 |
| | 余东镇 | 29 132 | 155 804 | 0.14 | 144 601 | 112.09 | 95.16 |
| | 王浩镇 | 27 455 | 152 782 | 0.05 | 135 407 | 84.41 | 75.47 |
| | 麒麟镇 | 30 404 | 137 737 | 0.06 | 122 988 | 85.87 | 74.69 |
| | 万年镇 | 28 949 | 123 702 | 0.05 | 111 084 | 77.42 | 66.90 |
| | 树勋镇 | 34 556 | 94 283 | 0.04 | 51 429 | 64.48 | 51.93 |
| | 海永乡 | 5 288 | 17 211 | 0 | 153 45 | 4.35 | 24.35 |
| | 东灶港镇 | 37 151 | 187 144 | 1 | 33 223 | 333.70 | 281.58 |
| | 临江镇 | 30 770 | 153 910 | 1 | 44 215 | 321.41 | 248.26 |

#### 5.3.3.2 建设用地集约利用潜力释放

1）建设用地集约利用潜力释放分析在建设用地集约利用评价与建设用地集约利用潜力测算的基础上开展。建设用地集约利用潜力释放的研究包括释放优先度的分析、释放模式及保障机制的研究，其中建设用地集约利用潜力释放优先度的确定遵循"低集约利用程度、高潜力值则优先释放"的原则，释放优先度的确定，有利于在有限的财政收入下有时序地对地区建设用地进行挖潜，以满足社会经济发展的需要；而释放模式的研究则综合考虑研究区的社会、经济、政策等因素，确定适合研究区的建设用地集约利用潜力释放模式。

2）建设用地集约利用潜力释放优先度的确定主要从影响建设用地集约利用时序的客观迫切度、经济支持度、社会接受度三个方面，选取建设用地现实集约利用潜力、建设用地布局分散度、社会经济发展需要（GDP 总量）、财政收入、人均纯收入、居民集约利用意愿、建设用地集约利用挖潜的鼓励政策指标，构建村庄建设用地集约利用时序评价指标体系，并利用专家打分法，确定各个指标的权重（表5-25），运用聚类分析方法并结合已实施的项目对县域村庄建设用地整理时序做出合理安排。

表5-25　南通市建设用地集约利用潜力释放优先度评价指标体系

| 目标层 | 准则层 | 权重 | 指标层 | 权重 | 属性 |
|---|---|---|---|---|---|
| 建设用地集约利用潜力释放优先度 | 客观迫切度 | 0.3 | 建设用地现实集约利用潜力 | 0.3 | 正效应 |
| | | | 建设用地布局分散度 | 0.3 | 负效应 |
| | | | 社会经济发展需要（GDP 总量） | 0.4 | 正效应 |
| | 经济支持度 | 0.4 | 财政收入 | 0.5 | 正效应 |
| | | | 人均纯收入 | 0.5 | 正效应 |
| | 社会接受度 | 0.3 | 居民集约利用意愿 | 0.5 | 正效应 |
| | | | 建设用地集约利用挖潜的鼓励政策 | 0.5 | 正效应 |

3）根据对南通市建设用地集约利用潜力释放优先度评价指标体系的计算，得到南通市各县（市、区）建设用地集约利用潜力释放的优先排序，由图5-14可以看出，崇川区、开发区、通州区及海门市建设用地集约利用潜力释放优先度指数较高，其是今后建设用地集约利用潜力优先挖掘的重点地区。

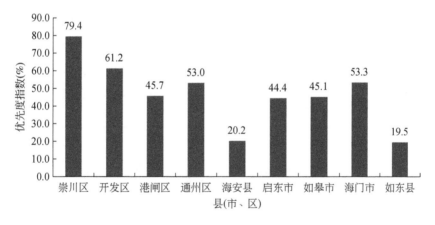

图5-14　南通各县（市、区）建设用地释放优先度指数

4）将建设用地集约利用潜力释放优先度细化到乡镇，得出南通市各乡镇建设用地集约利用潜力释放优先度的空间分布。临近长江的乡镇建设用地集约利用潜力释放优先度明显高于沿海乡镇，尤其是如东县所辖各乡镇，优势度得分较低。在计算南通市各县（市、区）乡镇建设用地释放优先度指数的基础上，运用 ArcGIS9.3 空间分析软件，按照自然分裂点对南通市域内各乡镇进行聚类分析，将南通市各乡镇分为四种类型，即一级优势区、二级优势区、三级优势区与四级优势区。通过表5-26，明确各县（市、区）乡镇建设用地潜力释放不同优势区的具体分类情形。

**表 5-26　南通市各县（市、区）建设用地潜力释放不同优势区的分布**

| 地区 | 一级优势区 | 二级优势区 | 三级优势区 | 四级优势区 |
|---|---|---|---|---|
| 通州区 | 金沙镇 | 张芝山镇、先锋镇、川姜镇、五楼镇、二甲镇、兴东镇、兴仁镇、西亭镇、四安镇、平湖镇、平东镇、三余镇、十总镇、刘桥镇、石港镇 | 东灶镇、五甲镇、骑岸镇 | |
| 海安县 | 城东镇、海安镇 | 曲塘镇、李堡镇 | 雅周镇、南莫镇、大公镇、角斜镇、白甸镇、墩头镇 | |
| 如东县 | | 掘港镇 | 马塘镇、岔河镇 | 新店镇、马塘镇、双甸镇、大豫镇、袁庄镇、河口镇、长沙镇、苴镇、丰利镇、栟茶镇、洋口镇、曹埠镇 |
| 启东市 | 汇龙镇 | 寅阳镇、惠萍镇、北新镇、南阳镇、王鲍镇、吕四港镇 | 启隆乡、东海镇、近海镇、合作镇、海复镇 | |
| 如皋市 | 长江镇、如城镇 | 石庄镇、江安镇、白蒲镇、桃源镇、搬经镇、丁堰镇、柴湾镇 | 九华镇、吴窑镇、高明镇、常青镇、下原镇、林梓镇、磨头镇、东陈镇、雪岸镇、袁桥镇 | |
| 海门市 | 海门镇、三星镇 | 临江镇、三厂镇、东灶港镇 | 海永乡、悦来镇、三阳镇、麒麟镇、常乐镇、德胜镇、树勋镇、余东镇、万年镇、四甲镇、刘浩镇、包场镇、正余镇、货隆镇 | |

# 5.4　陆海资源统筹配置路径研究

## 5.4.1　陆海资源利用挖潜模式

### 5.4.1.1　城镇工矿用地挖潜模式

第一，结构优化。建设用地结构包括数量结构和空间结构两种，分别是指建设用地中各类用地的数量比重和各类用地在空间上的布局情况。合理的建设用地结构，不仅要求数据结构上工业、居住、公建、交通等比重恰当，而且要求各类用地空间布局符合土地级差地租理论，能够最大限度地发挥建设用地的经济效益、社会效益和环境生态效益。因此，从建设用地结构优化的角度讲，应当对城市用地结构和布局进行调整，特别是减少旧城区的工业用地比重，搬迁"三废"工厂，发展第三产业和房地产，实行土地置换，"退二进三"。

第二，旧城改造。部分旧街区不仅房屋破旧，街容不整，而且居住环境脏乱，影响城市居民生活质量的提升。这些街区往往容积率较低，未能充分发挥土地应有的价值。因此，通过对容积率较低且保护意义不大的老街区进行改造，提高其土地利用效率。视具体情况，可将其建成新的高档居住社区，可以满足市民日益高涨的住房需求，也可以用于发展商贸、旅游等事业，增加土地的经济产出。

第三，城中村改造。城中村是指城市在快速发展的过程中，那些距新旧城区较近的、被纳入城市建设用地的村庄。城中村改造不仅能有效改善其环境，使这一特殊社区纳入主流城市文化之中，更重要的是有利于集约利用城市土地资源，提升城市形象，拉动城市经济增长。

### 5.4.1.2 村庄建设用地挖潜模式

农村建设用地集约潜力大小主要取决于其所采用的整理模式，其主要有以下几种模式。

第一，农村城镇化模式。农村城镇化模式是指通过将毗邻城镇建成区的村庄纳入城市城区规划，进行大范围的村庄改造，开展公寓化和社区化建设。它又分可为两种情况，即村镇/村城合建和村区合建模式。前者是对农村施行城市化，促使其进城居住或者居住在新规划的居民社区，并整理腾出的土地复垦为耕地或者整理为工商业用地。后者是指由于工程建设需要或者设立工业开发区的需要，农民居民点所在土地被征收，村庄被拆迁，为了节约用地和合理安置被拆迁居民，由村集体与开发区联合起来建造集中的农民公寓，从而形成新社区。

第二，"三集中"模式。"三集中"模式是指为了更好地引导城乡发展，改变人口和产业布局分散、资源利用效率低、生态环境破坏较为严重的弊端，而提出的"产业集聚、居住集中、农地规模经营"的"三集中"城乡建设模式。通过由政府统一规划建设农民居住社区，从而减少居民点用地面积。该种模式适合那些乡镇企业高度发展、土地资源日益稀缺、工业和居住混杂的农村。

第三，居民点合并模式。居民点合并是指政府划定一个新居民点或者把已有的一个村庄作为中心村，并将一定范围内的布局分散且规模较小的自然村庄逐步搬迁到规划的新居民点或者已有的中心村。前者是将几个小自然村庄合并，集中搬迁到规划的新居民点，并对调整出来的土地进行复垦；后者是以某个地理位置、经济条件较好的村庄作为中心村，将周边的村庄迁入形成新的大村庄，并对原有的小自然村进行复垦。

第四，村庄内部整理模式。村庄内部整理是指严格控制村庄外延扩张，鼓励利用旧住宅建设新房，消除少批多占宅基地和一户多处宅基地等现象，并对村庄内部的零散用地进行整理复垦。这类模式消除了传统的农民不愿离开乡土的思想，也减少了农民搬迁的费用，适合那些经济条件相对落后地区。

## 5.4.2　陆海资源交易平台建设

### 5.4.2.1　建立耕地保护经济补偿机制

明确补偿主体，按照"谁受益、谁付费、谁保护、谁受偿"的原则对保护耕地的地方政府、农村集体经济组织和农民进行补偿，对减少破坏耕地者进行补偿。积极推动补偿方式多元化，提高耕地补偿标准，保障农民的稳定收益，提高建设占用耕地的占用税和新增建设用地有偿使用费标准等耕地补偿标准，限制优质耕地大量转为建设用地。建立耕地保护基金，拓宽耕地保护基金的来源，其补偿资金不仅可以来自国家下拨的专项款，还包括直接受益的企业、组织、民间团体及个人的支持与资助。完善耕地补充指标交易机制，依托耕地补充交易平台，鼓励沿海县（市、区）与内陆地区之间开展补充耕地指标市场化交易。

### 5.4.2.2　试行用地计划市场配置

在市区开展用地计划市场化配置试点，实现用地计划分配从"无偿"取得向政府调控和"有偿"市场调节相结合转变。试点初期，市政府每年将省下达市区用地计划的10%～15%（450～650亩）列入市场化配置试点范围。市国土资源部门牵头负责试点的组织与实施，市土地市场服务中心为市区用地计划市场化交易的具体实施机构。用地计划通过"地票"的形式，在市公共资源交易平台进行市场化交易，交易底价由市国土资源部门会同市财政、监察、审计等部门制订，报市政府同意后执行。区政府（管委会）及市、区政府（管委会）成立的国有公司、市土地储备中心等可以通过交易市场平台购买用地计划。各区通过实施城乡建设用地增减挂钩、万顷良田建设工程自行产生的用地计划，各区自行决定是否委托交易。市政府安排的用地计划交易价款一律缴入市财政专户，专项用于新兴产业扶持、耕地及基本农田保护等。加强用地计划使用情况跟踪评估，对不能按时提交用地报批材料的，用地计划一律收回重新配置。

# |第6章| 统筹陆海生态建设，合理开发滩涂资源

沿海滩涂处于陆海相互作用的敏感地带，蕴藏着丰富的动、植物资源，是众多野生动物的栖息地，具有重要的生态价值，也是后备土地资源开发的重要空间。南通市具有丰富的滩涂等未利用地资源，也具有悠久的滩涂围垦历史，合理地开发利用沿海滩涂等未利用地资源，是支撑工业化、城镇化和农业现代化需求的重要保障。

本章重点分析南通市域沿海滩涂等未利用地的规模和分布、开发利用历史与条件。并结合相关评价体系，比较分析南通市沿海滩涂未利用地开发适宜性指数，提出南通市沿海滩涂的适宜开发利用模式，并提出沿海滩涂利用的政策建议。

## 6.1 沿海滩涂空间利用适宜性评价

### 6.1.1 南通市沿海滩涂资源开发历史演变

#### 6.1.1.1 滩涂概况

1）南通市沿海岸线总体呈东南—西北走向，岸外为南黄海辐射状沙脊群南部，近岸滩涂平缓宽阔。其中，老坝港与东灶港之间的海岸处于辐射沙脊内缘，该段海岸处于风浪较小的淤积环境，滩涂呈淤涨动态；东灶港与蒿枝港之间的吕四近岸处侵蚀动态，目前海岸的后退已由于海堤的建造而停止，但海滩的下蚀仍在继续；蒿枝港与启东嘴之间属于相对稳定岸段，但该岸段总的仍属于侵蚀后退，由于长江入海泥沙的补充，近期岸线基本稳定（图6-1）。南通市沿海滩涂的冲淤变化主要受南黄海辐射沙脊形成发展过程控制。目前辐射沙脊已无大量陆源泥沙供给，沙脊群总体形态也与两大潮波系统辐射形成的潮流动力场格局相适应，其动态主要表现为沙脊群外缘侵蚀，侵蚀泥沙随潮流运动至近岸内缘区淤积，致使南通市沿海黄沙洋、烂沙洋、小庙洪水道的尾部岸滩逐年淤涨。由于长江入海泥沙主要向南运动进入浙闽沿海，仅洪季时部分水、沙受涨潮流挟带影响至小庙洪口外，三峡工程建设引起长江入海泥沙量的变化并不影响南通市滩涂的淤涨动态。整体上，南黄海辐射沙脊趋于稳定，这也为南通市沿海滩涂的开发利用提供了相对稳定的条件。

2）根据2008年江苏省近海海洋综合调查与评估资料，南通市海滩涂面积为307.25

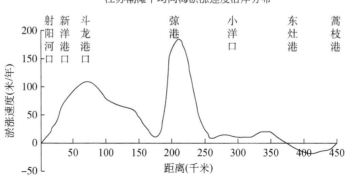

图 6-1    南通市沿海滩涂淤涨动态

万亩，其中潮上带滩涂面积为 5.95 万亩，潮间带面积为 201.3 万亩，辐射沙洲面积为 100 万亩。其中，全市淤涨型滩涂岸段长为 176 千米，约占海岸线总长的 84%，每年向外延伸淤涨 10～200 米，每年可新增滩涂面积近万亩。

### 6.1.1.2    滩涂开发历史与成就

1）据历史记载，南通滩涂围垦始于宋代范仲淹修筑范公堤，围海造田，到近代清末著名实业家张謇大面积围海造田种植棉花。中华人民共和国成立以后的南通滩涂围垦大致可分为三个阶段：1950～1994 年，滩涂主要用于发展农牧渔业和盐业生产；1995～2008 年，"海上南通"战略进入实施阶段，沿海地区海水养殖、海洋食品等产业逐步拓展；2009 年至今，沿海港口建设启动，临港工业开始起步。

2）20 世纪 50 年代以来，全市先后围垦沿海滩涂面积为 56 673.3 公顷（表 6-1）；主要分布在启东市、如东县沿海地区，围垦区块为 59 个，面积 49 000 多公顷，约占全市围垦滩涂面积的 86.6%；海安县、海门市、通州区等地滩涂围垦规模相对较小，围垦滩涂面积占比多低于 5%。

表 6-1    中华人民共和国成立以来南通市沿海滩涂围垦统计

| 地区 | 垦区数（个） | 面积（公顷） | 占比（%） |
| --- | --- | --- | --- |
| 启东市 | 37 | 12 693.3 | 22.4 |
| 海门市 | 5 | 2 560.0 | 4.5 |
| 通州区 | 5 | 2 813.3 | 5.0 |
| 如东县 | 22 | 36 373.3 | 64.2 |
| 海安县 | 3 | 2 233.3 | 3.9 |
| 合计 | 72 | 56 673.3 | 100.0 |

3）"十一五"期间，南通全市围垦滩涂 20 块，面积为 19 506.7 公顷。其中，临港产业、新能源产业和城镇建设利用 10 373.3 公顷，约占 53.2%，农渔业利用占 46.8%。从空间分布上看，仍然集中于如东县和启东市两地，围垦滩涂 17 块，面积分别为 9320.0 公

顷和4520.0公顷，占比分别为47.8%和23.2%；海安县次之，约占10.6%；通州区、海门市等地沿海滩涂的围垦规模相对较小。从围垦滩涂用途分布看，产业与城镇开发集中于南通沿海中部通州湾沿岸地区（包括洋口港经济区、南通滨海园区、吕四港经济区和如东沿海经济开发区），农渔业利用主要集中于北部海安县沿海、如东县沿海北部和启东市沿海南部地区（表6-2）。

表6-2 "十一五"期间南通市沿海滩涂围垦统计

| 地区 | 用途 | 围垦块数（个） | 面积（公顷） | 占比（%） |
|---|---|---|---|---|
| 海安县 | 农业 | 1 | 2 066.7 | 10.6 |
| 如东县 | 建设 | 3 | 3 586.7 | — |
| | 农业 | 6 | 5 733.3 | — |
| | 小计 | 9 | 9 320.0 | 47.8 |
| 通州区 | 建设 | 1 | 1 800.0 | 9.2 |
| 海门市 | 建设 | 1 | 1 800.0 | 9.2 |
| 启东市 | 建设 | 6 | 3 186.7 | — |
| | 农业 | 2 | 1 333.3 | — |
| | 小计 | 8 | 4 520.0 | 23.2 |
| 合计 | — | 20 | 19 506.7 | 100 |

4）沿海垦区经过中华人民共和国成立以来的多年建设，初步建成2万公顷粮棉油生产基地和666.7万公顷高效海水养殖生产基地。2010年全市沿海垦区生产粮食近6万吨，棉花0.4万吨左右，油料近0.4万吨，蔬菜5万吨，水产品0.5万吨。年实现沿海滩涂农林牧渔总产值（现价）50亿元左右。同时，滩涂围垦的推进，也加快了洋口、吕四等港口的建设，洋口港区10万吨级海轮减载锚地相继建成，吕四港区两个5万吨级泊位岸线使用申请获得交通部批准，洋口港、吕四港实现初步通航，结束了南通"有海无港"的历史。此外，大规模的滩涂围垦开发，一方面，新增了耕地，确保南通连续10多年的耕地占补动态平衡，一定程度上缓解了内陆后方区域非农业建设用地扩张与耕地资源锐减的矛盾，保障了南通市内陆产业与城镇扩张的用地需求；另一方面，为沿海工业的发展提供了大量的土地资源，加速建设滨海园区，沿海开发的载体平台快速形成。投资百亿元的LNG接收站、大唐电厂、风力发电等一大批重大项目相继在围垦滩涂区域开工建设，减少对耕地的占用，缓解了人多地少的突出矛盾。

### 6.1.1.3 滩涂开发存在的问题

1）沿海滩涂生态环境保护较为薄弱。南通市十分重视沿海滩涂围垦农渔业、产业与城镇开发利用，但对滩涂围垦开发造成的生态环境影响关注不够，特别是对于沿海潮滩的湿地生态系统服务功能认知不足，对于潮滩围垦对海岸整体形态、海洋动力格局及维持周边水道稳定性的控制动力的影响关注不足，对于周边重要区域生态保护目标的不利影响评估不足，保护措施不力。南通沿海地区发展相对滞后，虽然近几年加大了招商引资的力度，但发展比较好的是以化工产业为主的园区，目前临海区域最大的开发区如东沿海经济开发区主要的产业是农药化工，由于缺乏严格的监管，曾经造成了滩涂区域大规模的污染事件，对周边区域农业生产和居民生活也造成了严重的影响。同时沿海滩涂围垦侵蚀了一部分重要生态功能保护区。

2）滩涂开发的总体战略与布局缺失。长期以来，南通市的滩涂利用或出于耕地占补平衡目标进行滩涂围垦，或出于经济效益获取进行滩涂养殖，或受内陆开发空间和环境容量不足等限制进行工业布局，多是从单纯资源利用角度出发的开发利用行为。而从促进南通市转型和可持续发展的全局要求出发，对于统筹陆海资源利用、合理选择滩涂资源利用模式、科学划定滩涂资源保护与开发格局、合理安排滩涂开发的时空秩序等方面的全方位的考虑不足，缺乏全方位的顶层设计。且作为引导空间资源开发、合理进行用地布局的滩涂地区空间规划之间普遍存在用地功能布局冲突，规划应有的有效配置空间资源及保护生态环境的作用不仅无法发挥，还极易导致滩涂土地资源的浪费、无序开发、生态环境的进一步恶化。

3）滩涂开发资金缺乏。沿海滩涂开发与港口建设所需资金量巨大，目前的投资主要由当地政府或者政府全资子公司承担。由于沿海县市区的财力有限，加上国家整治地方融资平台，融资难度超乎想象，沿海滩涂开发存在后续资金断档，围而不开、开而不发、粗放经营的现象。一些县（市、区）受困于自身财力，被迫吸引社会资金参与滩涂围垦一级市场开发，围垦后的土地用途只能由企业做主，短期内看似取得了一定进展，但缺乏成熟完备的制度规范，导致后期的统筹开发增加了许多不确定性因素。

4）滩涂开发整体水平不高。南通历史上的滩涂开发主要以种植业和渔业养殖为主，"十一五"以来滩涂利用模式逐步转向港口与产业开发。滩涂总体的开发水平不高，主要表现为：一是滩涂利用率不高，全市已围滩涂中，有近20%的土地没有有效地开发利用；二是沿海滩涂产业层次低，大面积的滩涂开发主要用于农业，第二、第三产业发展速度不快；三是沿海基础设施条件较差，沿海水利设施不配套，沿海铁路、高等级公路和内河航道等综合交通体系尚未形成，严重制约了滩涂开发利用和经济发展。

5）滩涂资源利用管理制度缺失。目前海域部分的物权管理、产权登记、海域价值评估、海域占用补偿及岸线利用等海域资源利用制度缺失，不利于经营性建设用海使用权的市场化高效配置。没有围垦成陆地的滩涂区域由海洋功能区划覆盖，陆域部分执行土地利用总体规划，由于两种规划缺乏充分融合与协调，在空间布局上的功能冲突难以避免，不利于陆海空间统筹的推进。市政府通过组建大通州湾实行行政代管，由于触及基层利益，涉及社会稳定，实践磨合推进困难。

6）沿海滩涂开发基础研究不够深。对沿海地区滩涂和水下地形、海洋水文（潮流等）和海洋环境等缺乏长期跟踪研究，基础资料匮乏，对于开展滩涂围垦导致的海岸演变、潮流动力格局、水道稳定性和邻近工程影响等模拟及验证研究的支撑不足，无法支撑滩涂开发的生态环境效应评估研究及合理的开发工程布局方案选择，不能适应南通沿海滩涂利用的新要求。

#### 6.1.1.4 滩涂开发利用的社会经济与自然条件分析

（1）宏观政策要求

1）我国处于经济转型升级的关键时期，需要土地资源强力支撑，但国家实行最严格的耕地保护政策，实行耕地保护目标责任制，实现耕地总量动态平衡，因此开发利用保护好滩涂资源，可充分发挥滩涂资源的经济、社会和生态效益，促进经济发展，切实缓解日益紧张的土地供需矛盾。

2）2009 年 6 月，国务院审议并通过《江苏沿海地区发展规划》，将江苏省沿海区域定位为我国重要的综合交通枢纽，我国沿海新型的工业基地，我国重要的土地后备资源开发区，生态环境优美、人民生活富足的宜居区。在上述四个定位中，综合交通枢纽、新型工业基地、土地后备资源开发区都与沿海滩涂区域的开发利用直接相关，生态环境保护与人居环境也需要滩涂区域发挥重要的作用。这些定位决定了南通临海区域的开发利用类型要有港口、制造业、农业三种类型，并可以引申出生态旅游与城镇利用模式。

3）江苏省"人多地少"的问题历来都十分突出，滩涂围垦在为江苏沿海经济发展、缓解人口增长压力、保持耕地总量动态平衡等方面做出重要贡献。根据《南通市土地利用总体规划（2006—2020 年)》，规划期内，南通市需要补充耕地 12 830.0 公顷，其中通过土地开发补充的耕地为 5520.7 公顷，占补充耕地总量的 43.03%。土地开发主要集中在沿海滩涂区域。大量的补充耕地意味着农业开发模式是南通市沿海滩涂区域的重要土地利用方式之一。

（2）交通条件

1）经过多年的建设，南通市临海区域的交通条件有了很大的改善，已形成以港口、公路运输为主体，铁路、水运、航空、管道等多运输方式相配套，功能比较齐全的现代化综合运输体系，交通区位优势逐步凸显。

2）目前已通航的沿海港口中，洋口港、吕四港是国家二类港口，东灶港是国家三类口岸。国家级中心渔港有洋口渔港、吕四渔港、东灶渔港；一级群众渔港有刘埠渔港、滨海新区渔港；二级群众渔港有东凌港等。宁启高速连接上海和南京两个大城市，扬启高速公路已部分通车、通洋高速已动工建设。连接海安和洋口港的海洋铁路已正式通车。228 国道、328 国道（江苏临海高等级公路），贯穿连云港、盐城和南通 3 市，紧邻海边、纵贯南北，全长 530 千米，直接服务于滩涂开发、农业示范区建设和港区发展，着眼于对临海地区产业空白带的引导。此外，334 省道、355 省道、336 省道、225省道、222 省道、221 省道、223 省道形成了四通八达的公路网体系。内河航道有如泰运河、栟茶运河、通扬运河、通吕运河、通启运河、江海河、通栟线（九圩港—马丰河）等，通过内河航道推动了江海联动。南通兴东国际机场已经成为上海国际航空枢纽的重要成员，2012 年南通机场民航航线 11 条，开通周航班量 67 班，增加 27 班。随着苏通大桥、崇启大桥、崇海大桥、沪通铁路等重大交通基础设施的建设，南通临海区域全部纳入了上海 1.5 小时的交通圈。不断完善的交通运输体系为南通市滩涂的开发利用提供了强有力的支撑。

（3）港口资源条件

南通市海岸的主体属南黄海辐射沙脊南翼，海岸近岸滩涂宽阔，水道发育良好，水道沙洲系统发育历史悠久，且长期存在。近岸滩涂、潮流通道和岸外沙洲成为海岸港口开发的重要支撑。南通市沿海具有较好通航水深条件的潮流通道自北向南有黄沙洋水道、烂沙洋水道、三沙洪水道和小庙洪水道，这些水道外侧分别有蒋家沙、鳓鱼沙、冷家沙、腰沙、横沙和乌龙沙等沙洲掩护。洋口港可以建设 10 万吨级以上的码头，吕四港可以利用潮流通道建设 5 万~10 万吨的港口。通州湾海域依托小庙洪水道和三沙洪水道，具有建设 30 万吨、20 万吨和 10 万吨及以下码头泊位群的条件，港口资源极其丰富。

（4）水资源供给条件

南通市沿海属于淤泥质沙滩，开发利用中引水洗盐和淡水养殖需要大量的淡水资源。淡水资源的供给是沿海滩涂区域开发利用的重要约束条件之一。水资源与土地资源及生物资源等的组合特征，决定了江苏省沿海滩涂地区土地资源等自然资源的开发利用（杨劲松等，2001）。南通地区多年平均的降水量是 1060.1 毫米，南通市多年平均可利用水资源总量为 60.15 亿立方米。其中，可利用地表水资源量为 16.67 亿立方米，由降水、地表水入渗补给形成的潜水层地下水资源量为 5.91 亿立方米，引用长江水资源量为 37.57 亿立方米，高居各类用水资源之首。按照国家大型水利工程设计的九圩港提水泵站，每秒提江水 150 立方米，确保 7 天可将南通市内河水全部置换一遍，为沿海开发提供了有效的水利保障。此外，如东东凌水库的投入运行进一步提高了沿海开发淡水资源供给保证率。总体上，南通市沿海地区水资源供给相对丰富。

（5）渔业资源

南通市海域滩涂湿地面积广阔，约占江苏省的 1/3，地处大陆与海洋的相互作用的过渡地带，受陆源环境、沿岸流、潮汐、长江和黄河入海径流等的影响，基础饵料丰富，生态类群独特，以软体类、甲壳类、多毛类为主，生物物种繁多。海域内有大黄鱼、小黄鱼、棘头梅童鱼、海鳗、银鲳等鱼类 150 种；近岸底栖动物三疣梭子蟹、脊尾白虾、巢沙蚕等 183 种；海洋浮游动物生物量总平均为 163 毫克/米$^3$，共有 98 种；沿海潮间带固着性海藻 84 种；沿海海域浮游植物以近岸低盐种为主，有 190 种；沿海潮间带底栖生物年平均生物量为 57.17 毫克/米$^3$，共有文蛤、四角蛤蜊、青蛤、泥螺等 198 种，大部分集中于侵蚀性和稳定型粉砂淤泥质海岸潮间带，约占江苏省近岸海域潮间带生物总种类的51.3%，此外，南通市海域还是中华绒螯蟹、日本鳗鲡、暗纹东方鲀、刀鲚等洄游性生物重要的繁殖场所和洄游通道，其种苗捕捞也是沿海养殖的重要来源。丰富的海洋生物资源，是南通市发展渔业的坚实基础，高效设施渔业几乎遍布南通市所有垦区，如新川港—小洋口、遥望港—大唐、大唐—塘芦港、方塘河—新川港等。

（6）风能资源

1）南通地处江淮下游，黄海、东海之滨，属于典型的沿海季风气候区，夏季盛行东南风，冬季盛行偏东北风，大部分地区属于风能可利用区，尤其是沿海海岸、滩涂等地区，且南通市沿海滩涂面积广阔，地表平整，是建设大型海上风电场的理想场区，开发风能可为滩涂开发、堤水养殖、盐业生产、海水淡化等提供无污染的动力源。

2）一般认为，当风速在 3~20 米/秒时风能是我国在当前技术条件下可利用的能量，称为有效风能，根据华能启东、龙源如东等风电场的实测风况和风资源评估，南通市全年出现频率最多的风速段在 5~8 米/秒，南通市全年所产生的有效风能密度在 50~80 瓦·小时/米²，部分地区可达 100 瓦·小时/米² 以上，全年有效风能时数可达 4462 小时，其中启东有效风能密度为 71.8 瓦·小时/米²，有效风能时数为 3946.8 小时，海门有效风能密度为63.9 瓦·小时/米²，有效风能时数为 3404.4 小时（凌申，2010），风能资源非常丰富。南通市目前已建成有规模且已并入南通电网的风电场有 7 个，分别是如东风电场、华能启东风电场、龙源如东风电场（首座海上最大的风电场）、东元如东风电场、龙海如东风电场、联能风电场和东凌风电场，风电总装机容量将达 120.598 万千瓦。其中，如东风电场是国家特许项目之一的风电场工程，是亚洲规模最大的风力电场项目。

3）《江苏省海洋功能区划（2006—2010）》中划定八个江苏省沿海风能区：灌云风能区、前三岛风能区、辐射沙洲风能区、如东风能区（一）、如东风能区（二）、如东风能区（三）、启东风能区（一）、启东风能区（二），南通市凭借丰富的风能资源占据五个风能区，在能源供需矛盾日益紧张的情况下，以滩涂为载体，充分利用沿海地区丰富的风能等可再生资源，对于优化南通市能源结构，缓解能源供需矛盾具有重要的意义。

（7）旅游资源

1）南通市沿海地区自然生态条件优越，涉及自然、人文、景观等多种类型，但仍然以生态旅游资源的优势最为突出，拥有世界罕见的滩涂湿地景观、宁静和谐的黄海森林公园、初具规模的生态农业景点、规模巨大的新能源旅游资源等。依据国家标准《旅游资源分类、调查与评价》（GB/T18972—2003），南通市沿海滩涂区域中，吕四渔港是五级旅游资源，蛎蚜山礁石，黄海滩涂，东海、黄海、长江三水交汇处，圆陀角观日出，"海上迪斯科"，黄海海市蜃楼现象等是四级旅游资源，黄海岸滩、海滨湿地、沿海防护林、洋口渔港、通吕运河、文蛤、大小黄鱼、河豚、长江入海纪念碑、圆陀角滩涂、如东文蛤养殖基地等是三级旅游资源。现在已成规模的旅游品牌有如东"海上迪斯科"休闲旅游区、海门蛎蚜山国家海洋公园、启东黄金海滩风景区、启东圆陀角景区、吕四港风情区、如东金蛤岛温泉度假村等（图 6-2）。

2）南通市的沿海旅游资源在长江三角洲都市圈乃至在全国都享有独特的优势，如海安湿地保护区，是江苏省沿海首个湿地保护区，面积为 1.14 万公顷，有迁徙候鸟 300 多种，列属全球性珍稀濒危物种较多，每年迁徙候鸟总量达 20 万只以上，当中包括 7 种国际濒危物种，是候鸟迁徙的重要栖息地；蛎蚜山牡蛎礁海洋特别保护区，具有涨潮为礁、落潮为岛的海洋奇观，是天然的海滨博物馆。但目前滩涂的旅游功能的开发处于初级阶段，有待进一步加深，充分展示海洋生态魅力。

## 6.1.1.5　合理开发模式选择

1）根据以上分析，南通市沿海具有丰富的滩涂资源，渔业资源种类繁多，旅游资源丰度高且有特色，可开发港口资源较多，淡水资源供给相对丰富。总体上，滩涂资源开发利用具有较好的自然基础。随着交通基础设施投入的增加，南通市沿海地区由交通的末梢

(a)如东县"海上迪斯科"（踩文蛤）

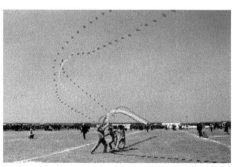
(b)如东县滩涂放风筝

(c)启东黄金海滩风景区

(d)海门蛎蚜山国家海洋保护区

图6-2　南通市沿海滩涂旅游资源

逐步转变为沿海地区重要的交通节点。经济发展也进入了快车道，财政收入增速喜人。但相对于大规模滩涂开发利用所需的天量资金，目前自身财政的投入能力又显得相对薄弱。由于沿海滩涂区域城镇化水平较低，且离中心城区较远，加上中心城区自身的辐射带动作用有限，城镇区域对于沿海滩涂非农产业开发的支撑作用较低。洋口港、吕四港的建设运营处于起步阶段，对于临港产业和城镇的带动作用十分有限。根据宏观耕地保护政策、相关规划的要求及国内外沿海滩涂区域开发利用的经验，南通市沿海滩涂区域将突破农渔盐业主导的方式，进入港–工–城–农–旅–生态综合开发的时期（表6-3）。

表6-3　港城关系

| 类型 | 疏远型 | 依托型 | 依赖型 | | 紧密型 |
|---|---|---|---|---|---|
| 关系 | 港口与城市疏远 | 港口依托城市服务 | 城市依赖港口 | | 港城互动 |
| 港口性质 | 货运 | 重工业 | 工业 | 工业 | 综合 |
| 港口规模 | 小型 | 大型 | 大型 | 适度 | 大型 |
| 城市规模 | 小 | 大 | 多样化 | 多样化 | 大 |
| 城市服务水平 | 弱 | 强 | 多样化 | 多样化 | 强 |
| 港口与城市之间的距离 | 远（30千米以上） | 适中（10~30千米） | 近 | 近 | 近 |
| 腹地 | 小 | 多样化 | 大 | 多样化 | 大 |
| 其他要素 | 处于发展初级阶段的港口 | 一般是重化工业 | 港口发展条件好 | 大型企业驻扎带动港口与城市发展 | 发展历史较长 |

2）根据南通市沿海的自然资源和社会经济条件，当前的利用模式应以农业开发、生态保护与旅游开发为主。大力推进港口建设，依托港口资源和滩涂区域环境容量大的特点，大力发展临海产业，但要对港口毗邻区的土地进行战略性控制，为将来发展大型临港工业预留空间。从港城关系上看，南通市港城关系目前还处于疏远型。因此，适度发展城镇，通过据点式开发，培育临港城镇，为港口和临海产业提供支撑。

## 6.1.2  可围海滩涂规模评估

### 6.1.2.1  估算方法

1）本书研究范围覆盖南通沿海地区 0 米等高线以上的滩涂区域。考虑当前滩涂围垦技术的可行性和生态保护优先的前提，本书中可围滩涂区域指 0 米等高线以上、各类海洋生态服务功能保护区域和重要河口湿地以外的区域。可围滩涂区域面积估算主要依托 ArcGIS 软件平台，按照"待围高程范围确定—生态保护区域剔除—适围滩涂区域圈定—适围滩涂面积计算"的基本思路计算。

2）通过处理、整合南通沿海地区的地形、生态保护、海洋功能区划、土地利用现状等数据，建立综合空间数据库。根据数字地面高程模型，运用地形分析方法，提取 0 米以上的滩涂区域；叠置各类生态保护数据层，获取可围滩涂区域图斑；通过图斑面积计算与综合，获取可围滩涂区域规模。

### 6.1.2.2  可围滩涂面积估算

南通沿海目前海岸线以外、0 米等高线以上的滩涂区域总面积为 14.32 万公顷，主要分布于如东、启东、通州和海门沿海地区，其中，如东、通州和启东沿海地区面积较多。研究区域内海洋公园、海洋特别保护区、重要湿地、水源保护区、自然保护区和河口湿地等重要生态保护区域面积为 1.77 万公顷。剔除各类生态保护区域，研究区域内可围滩涂面积为 12.55 万公顷。其中，海拔 2 米以上可围滩涂面积为 6.7 万公顷，约占 53.4%；0~2米的可围滩涂面积为 5.85 万公顷。

## 6.1.3  海滩涂空间评价指标体系

1）滩涂利用影响因素及适宜性评价指标。影响因素主要包括资源、环境、经济社会等方面。滩涂地区蕴含的土地资源、生物资源、景观资源及港口岸线资源，是开展农渔业生产、生态旅游、港-工-城建设等各类经济活动的基础。环境容量则是各类滩涂开发活动规模和强度的限制因素，环境容量较小的滩涂地区不宜进行粗放式、高强度的经济开发活动。经济社会因素包括区域人口集聚状况、区位条件、经济发展阶段及区域政策等方面，都将对滩涂利用策略的选择产生一定的影响。

从南通沿海滩涂未来利用模式构成看，主要包括港口、工业、城镇、农业、旅游及生态保护等类型，聚焦至可围滩涂区域，可以归并为港-工-城开发和农渔业生产等两类用途。结合资料获取情况，考虑 1000 米×1000 米的网格分析尺度，结合管理部门专家访谈，确定两类滩涂利用类型的影响指标见表 6-4。滩涂高程、岸线宜港条件、交通区位及环境容量等是制约港-工-城开发空间选择的主要因子，邻近深水航道、陆域空间开阔、交通便捷、生态环境约束不强的滩涂是建设深水海港，集聚临港产业和人口，发展滨海新城的理想空间；相反，将对港-工-城开发构成一定的约束，适宜作为改良水土条件，开展农渔业生产的主要区域。

表 6-4　滩涂开发类型适宜性评价指标及其组合

| 类型 | 指标 | 因子 | 农业生产 | 港-工-城开发 | 分析方法 |
|---|---|---|---|---|---|
| 资源环境条件 | 土地资源 | 高程 | √ | | 地形分析 |
| | 水资源 | 水资源丰度 | √ | √ | 缓冲区分析 |
| | 岸线资源 | 岸前水深 | | √ | 地形与缓冲区分析 |
| | | 掩护条件 | | √ | 地形与缓冲区分析 |
| | | 潮差差异 | | √ | 观测资料统计 |
| | 环境容量 | 水质现状 | | √ | 分级赋值 |
| | | 水质目标 | | √ | |
| 区位条件 | 交通区位 | 交通可达性 | | √ | 网络分析 |

2）评价指标量化方法。滩涂地面高程、岸前水深、后方陆域、掩护条件等指标的量化，主要利用水下地形资料，建立沿海滩涂地区数字高程模型（digital elevation model，DEM），进行滩涂后方高程和前方水深分级，结合以岸线为轴的空间缓冲分析，划分判定高程、水深、陆域和掩护条件等级。环境容量利用海洋环境功能区划，根据海水水质现状和目标划分等级。交通区位主要运用最短路径分析方法计算各网格至主要交通节点的交通可达时间表征。

3）适宜性综合评价。通过综合加权的方法分别获取综合适宜性指数。权重高低反映指标对于评价目标的影响程度大小，对于评价目标具有长期稳定影响的指标需要适度提高权重，而通过工程技术条件可以改变的指标可以适度降低权重。权重确定采用主观和客观赋权相结合的方法，主观赋权采用专家经验和层次分析法，客观赋权利用熵值法。通过式（6-1）和式（6-2）分别对单项指标进行归一化和归并，获取农业生产和港-工-城开发的适宜性。

$$a'_{ij} = \frac{a_{ij} - \min a_j}{\max a_j - \min a_j} \tag{6-1}$$

$$M_i = \sum a'_{ij} \times W_j \tag{6-2}$$

式中，$a'_{ij}$ 为第 $i$ 单元第 $j$ 项指标标准化后的值；$\max a_j$、$\min a_j$ 分别为各单元第 $j$ 项指标的最小值和最大值；$W_j$ 为第 $j$ 项指标权重；$M_i$ 为第 $i$ 单元的适宜指数。

4）不同开发类型空间划分。根据开发适宜性指数的高低分布序列，运用自然分类法，将适宜性较高的单元归并为港-工-城开发区域，剩余单元归并为农渔业生产区域。按照因地制宜、集中集聚及开发与保护均衡的基本原则，结合滩涂利用现状，对不同各单元适宜性类型进行适度调整。

## 6.1.4 海滩涂空间利用适宜性评价结论

### 6.1.4.1 单指标分析

（1）土地资源

土地资源评价，主要包括高程因子。南通沿海地区滩涂地势较高且较为平缓，吕四港以北地区 0 米等深线距海堤平均约为 14 千米，吕四港以南地区 0 米等深线离海堤平均约为 5 千米，腰沙、冷家沙区域 0 米等深线距海堤近 40 千米，平均坡降小于百万分之一。0 米高程以上滩涂面积约为 14.32 万公顷；–5～0 米滩涂面积约为 10.2 万公顷，且北起老坝港南至东灶港之间的南黄海辐射沙洲内缘地区还处于缓慢的淤涨之中，是未来的滩涂资源的潜力空间。

（2）淡水资源供给条件

根据至沿海地区重要清水通道及其他重要入海河流入海口的距离判定。九圩港、通吕运河、通启运河、遥望港河、如泰运河和蒿枝港河等清水通道入海口附近滩涂地区的淡水供给保障程度较高，北凌河、南凌河、马丰河、掘苴河、掘坎河等支河入海口附近的淡水供给条件也相对较好，其他区域的淡水保障程度相对较差。

（3）岸线资源

岸线宜港条件评价，主要考虑岸前水深、掩护条件和潮差三个因子，通过三个因子的等级组合判定岸线条件等级。具体而言，岸前水深、掩护条件和潮差三项因子均较好的岸线划为一级，一项因子较差的岸线划为二级，两项或三项因子较差的岸线划为三级。

1）岸前水深。根据 0 米等深线以外 2 千米内潮流通道水深评判。掘坎河入海口以西、洋口港栈桥以东区域 0 米等深线外水深条件最好，潮流通道水深 10～15 米；冷家沙西南部、腰沙东北部及新开河港与蒿枝港之间区域 0 米等深线外水深 5～10 米，船舶通航条件也相对较好；其他区域 0 米等深线外水深均小于 5 米。

2）掩护条件。根据 0 米等深线以外掩护沙洲的距离评判。受西太阳沙、冷家沙、腰沙、火星沙、乌龙沙等辐射沙洲的掩护，冷家沙西南部、腰沙东北部和西南部、掘坎河入海口与洋口港栈桥及新开河港与蒿枝港之间区域 0 米等深线外掩护沙洲距离均小于 5 千米，掩护条件较好。蒿枝港与通吕运河之间、洋口港栈桥与掘坎河入海口之间的 0 米等深线掩护沙洲距离 5 千米左右。其他区域滩涂岸线缺乏辐射沙洲掩护，风浪影响较大。

3）潮差。根据潮位观测数据，腰沙、冷家沙以北区域沿海潮差较大，多年平均值约为 4.6 米；吕四港及以南区域的沿海潮差较小，多年平均值约为 3.7 米，对港口船舶作业的影响相对较小。

4）环境容量。以滩涂区域的水质目标表征环境容量，水质目标等级越高，环境容量越小。根据《南通市海洋功能区划》，如东东南部、启东西北部地区的海水水质要求多为三级和四级，海域环境容量相对较大。如东西北部、启东东南部地区海水水质标准以一级和二级为主，环境容量相对较低。

5）交通区位。根据南通市域规划交通网络，利用最短路径分析方法，评估沿海滩涂地区距南通市城区中心、沿海各县城中心、沿海港口、高速公路互通口及区外的苏州、上海等长江三角洲发达核心城市的最短交通可达时间。分析表明，通锡高速、沿海高速、过江通道通车以后，南通沿海滩涂区域至县市城区、高速互通及区外发达中心城的交通可达时间逐步缩短，其中掘苴河与通吕运河入海口之间区域至南通市中心的可达时间多在50分钟以内，南凌河与遥望港入海口之间和通吕运河入海口以南滩涂区域至如东、启东等沿海县市的可达时间缩短至20～30分钟，掘苴河与通吕运河入海口之间大部分区域至高速互通口的可达时间均缩短至20～30分钟，至洋口、吕四等沿海港口可达时间均在20分钟以内，至苏州和无锡等区外发达城市的可达时间也较短，掘苴河入海口以南的滩涂区域至上海的可达时间多在70分钟以内，其他区域的可达时间相对较长。

### 6.1.4.2 适宜性综合分析

1）根据表6-5和式（6-2），叠加高程分布、淡水资源保障程度、岸线条件、环境容量和交通可达性五个指标，加权计算滩涂区域开展港–工–城开发建设活动的适宜性指数。

2）掘坎河北部、腰沙中部和根部、遥望港以南与蒿枝港以北沿海地区，岸线宜港条件优越，内外交通便捷，淡水供给保障较好，生态环境约束不强，适宜性开展港口建设、发展临港工业与城镇，推动人口和经济集聚，其他区域大规模集聚人口和经济活动的适宜性不强。掘苴河以西和协兴河以南沿海地区，以及冷家沙外缘地区相对偏远、环境容量相对较小，人口、经济集聚条件较差，适宜作为承载农渔业生产的潜力区域。

**表6-5 港–工–城开发适宜性评价指标及权重**

| 评价目标 | 评价指标 | 作用方向 | 权重 |
|---|---|---|---|
| 港–工–城开发适宜性 | 高程 | 正向 | 0.102 |
| | 淡水资源保障程度 | 正向 | 0.145 |
| | 岸线条件 | 正向 | 0.254 |
| | 环境容量 | 正向 | 0.196 |
| | 交通可达性 | 正向 | 0.303 |

# 6.2 可围滩涂区域时空布局

## 6.2.1 沿海滩涂地区规划用地布局功能冲突与分析

沿海滩涂地区规划用地布局功能冲突与分析主要包括规划用地/用海布局有空间冲突的规划遴选和冲突目标区域选择。以美国学者米切尔的利益相关者理论研究为基础，结合空间规划的性质及访谈的结果，考虑规划的政策指导性、空间约束性与规划修改的难易程度等因素，进行核心规划的选择。根据这些因素，并考虑围垦区域的空间覆盖性，主要考虑滩涂围垦规划与海洋功能区划作为用地布局冲突协调的核心规划（图 6-3 和图 6-4）。

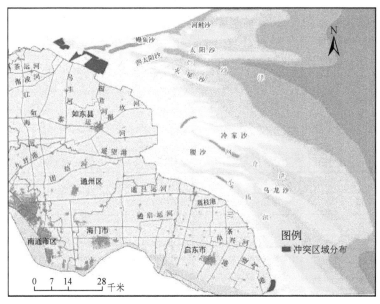

图 6-3　围垦规划与海洋功能区划冲突分布

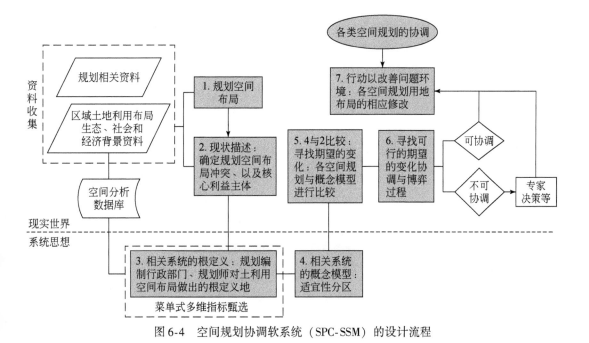

图 6-4　空间规划协调软系统（SPC-SSM）的设计流程

#### 6.2.1.1　滩涂围垦规划与海洋功能区划布局冲突检测

通过叠置滩涂围垦规划用地功能布局与海洋功能区划图，计算发现功能冲突区域总面积为 7395.0 公顷，主要是滩涂围垦规划划定的开发建设空间与海洋功能区划中的农渔业和旅游海域空间重叠，前者主要分布于如东县西北部沿海地区，冲突面积为 6534.6 公顷，约占冲突总面积的 88.4%；后者主要分布于启东市东南部沿海地区，冲突面积约为 860.4 公顷，约占冲突面积的 11.6%。围垦后的开发建设活动将从根本上改变农渔业生产环境，破坏滨海旅游景观和滨海湿地生态系统，将对海洋功能区划的目标造成根本性的干扰（表6-6）。

**表6-6　围垦规划与海洋功能区划空间冲突**

| 功能冲突 | | 冲突面积（公顷） | 占比（%） |
|---|---|---|---|
| 围垦规划 | 海洋功能区划 | | |
| 建设 | 农–渔业用海 | 6534.6 | 88.4 |
| 建设 | 旅游业用海 | 860.4 | 11.6 |
| 合计 | | 7395.0 | 100.0 |

#### 6.2.1.2　滩涂围垦规划与重要生态功能保护区规划布局冲突检测

通过叠置滩涂围垦规划与重要生态功能保护区分布，对比功能内涵的差异，可以发现滩涂围垦规划确定的围垦区域与重要生态功能保护区域功能冲突区域总面积为 5804.6 公顷，其中，洋口海洋公园与围垦港工城建设区冲突范围面积为 1427.8 公顷，约占冲突区域总面积的 24.6%；重要湿地与围垦开发建设空间冲突面积 1963.8 公顷，约占冲突总面积的 33.8%；与围垦农渔业生产功能区域冲突面积约为 2413.1 公顷。从空间分布看，功能布局冲突主要位于如东县西北部和东南部沿海滩涂区域。无论是海洋公园还是重要滩涂湿地均要求以生态环境维护和生物多样性保护为主导功能，限制开发、禁止建设可能造成污染的项目和设施，保护湿地生态系统和湿地景观，滩涂围垦后的产业及城镇等开发建设活动会对周边湿地生态系统的环境质量产生不可避免的影响；与产业、城镇建设活动相比，农渔业生产活动对湿地生态系统的影响相对较小，但农渔业生产的化肥、农药残留同样会影响湿地生态系统过程和生态系统功能（图6-5 和表6-7）。

**表6-7　围垦规划与重要生态功能保护区规划冲突**　　　　　　　　（单位：公顷）

| 重要生态功能保护区区域规划 | | 功能冲突 | |
|---|---|---|---|
| 名称 | 功能定位 | 功能定位 | 区域面积 |
| 江苏小洋口国家级海洋公园 | 海洋特别保护区 | 建设 | 1427.8 |
| 如东沿海重要湿地 | 重要湿地 | 建设 | 1963.8 |
| 如东沿海重要湿地 | 重要湿地 | 农业 | 1123.8 |
| 如东沿海重要湿地 | 重要湿地 | 渔业 | 503.9 |
| 如泰运河河口湿地 | 重要湿地 | 渔业 | 785.4 |

图 6-5　滩涂围垦规划与重要生态功能保护区规划冲突

### 6.2.1.3　海洋功能区划与重要生态功能保护区规划布局冲突检测

叠置海洋功能区划与重要生态功能保护区规划布局图件，计算可以发现，功能冲突区域总面积为 11 725.5 公顷，也集中分布在如东西北部和启东东南部沿海地区。从功能冲突类型上看，主要有两类：一是生态服务功能保护区域与港－工－城建设用海冲突，面积为 463.5 公顷，位于如东沿海西北部地区小洋口国家海洋公园，约占冲突区域总面积的 4.0%。二是生态服务功能保护区域与农渔业用海冲突，面积约为 11 264 公顷，在如东沿海西北部和启东沿海东南都有分布；其中，河口湿地与农渔业用海冲突面积为 212.3 公顷，江苏小洋口国家级海洋公园与农渔业用海冲突面积为 1980.6 公顷，如东沿海重要湿地与农渔业用海冲突面积为 7867.6 公顷，启东长江口（北支）省级湿地自然保护区与农渔业用海冲突面积为 1203.4 公顷。港口和城镇建设、工业发展将对江苏小洋口海洋公园的海水水质、海洋生物多样性的维护产生较大压力，与限制和禁止大规模可能造成污染的项目和设施建设的生态服务功能保护的要求相悖；另一方面，高强度的农渔业用海，也可能对河口湿地、滨海湿地和长江口湿地自然保护区等重要生态保护区的生态环境产生一定的破坏（表 6-8）。

表 6-8　海洋功能区划与重要生态功能区规划冲突

| 重要生态功能保护区域规划 | | 海洋功能区划 | 冲突区域 |
|---|---|---|---|
| 名称 | 功能区类别 | 类型 | 面积（公顷） |
| 江苏小洋口国家级海洋公园 | 海洋特别保护区 | 工业与城镇建设区 | 463.5 |
| 如东沿海重要湿地 | 重要湿地 | 农渔业用海 | 7867.6 |

| 重要生态功能保护区区域规划 | | 海洋功能区划 | 冲突区域 |
|---|---|---|---|
| 名称 | 功能区类别 | 类型 | 面积（公顷） |
| 江苏小洋口国家级海洋公园 | 海洋特别保护区 | 农渔业用海 | 1980.6 |
| 北凌河河口湿地 | 重要湿地 | 农渔业用海 | 212.3 |
| 启东长江口（北支）省级湿地自然保护区 | 自然保护区 | 农渔业用海 | 1203.4 |

## 6.2.2  用地布局冲突原因分析及协调方案

### 6.2.2.1  用地布局冲突比较与冲突原因剖析

1）不同规划用地布局冲突比较。从滩涂围垦规划、海洋功能区划和重要生态功能保护区区域规划两两组合的冲突分析比较看，重要生态功能保护区区域规划与海洋功能区划空间冲突的范围较大（面积约是其他两个规划冲突的2倍多）、分布较广，而重要生态功能保护区区域规划与滩涂围垦规划的冲突范围与面积较小，而且主要集中于如东沿海西北部、启东市沿海东南部地区。

2）规划冲突的原因分析。从本质看，规划目的差异是造成不同规划空间冲突的核心原因，滩涂围垦规划着重关注滩涂资源围垦之后的水产养殖、农业种植及产业和城镇开发等资源开发的经济效益与社会效益，而对滩涂生态环境的保护等方面给予的关注相对较少；重要生态功能保护区区域规划、海洋功能区划等或强调具有重要生态服务功能价值海域的保护或对海洋生态环境保护与工业–城镇–港口开发活动的空间协调不够，从根本上导致了滩涂围垦规划与重要生态功能保护区区域规划和海洋功能区划之间的空间冲突。另外，在全球化、分权化、市场化的宏观背景下，政府行为选择趋于自利化，不同政府职能部门对于本部门在民间权威和部门之间博弈话语权的提升等方面高度关注，这也强化了不同职能部门对本部门规划目标的坚持，而不愿意与其他部门规划进行冲突协调，也增强了不同部门之间规划协调的难度。此外，规划外部运行的制度环境不完善，也是不同部门规划之间冲突和协调的重要因素。规划运行的制度环境，是覆盖规划编制、发布、实施及后期评估修改等诸多环节全过程的制度背景。首先是部门规划编制的法律保障缺位导致规划部门各行其是，以本部门规划为尊争夺利益最大化，也终将导致"公用地悲剧"的发生。其次，规划实施整体奖惩机制缺失，第一，政府部门在规划执行时轻视规划协调的重要性。第二，不利于形成政府职能部门关注规划协调的动力环境，导致政府部门在规划矛盾面前不作为。第三，正式的规划协调机制的缺位（包括规划协调的渠道与协调组织者）使得规划协调成为空谈，即便个别部门有意进行部门间规划协调但也经常"孤掌难鸣"。第四，规划评估制度是促进不同部门规划协调的"末端推力"。在未来充斥着大量不确定性的情况下，对现行规划的评估（包括规划目标实现情况、各类规划之间的协调互动情况等）促进规划过程的自我反馈，促进规划执行的效果不断逼近规划目标。

比较来看，现实中不同部门规划目的差异性和政府的自利行为是导致规划冲突与协调困境的重要影响因素。但通过完善规划实施的奖惩机制，明确不同部门规划目标、规划评估与协调机制等规划制度环境建设，规划运行的制度环境，可以缓解两者的负面影响，可以引导政府职能部门的选择行为，从而促进不同部门规划的协同实施。

3）对话协调分析。虽然规划制度环境建设是规划协调问题的根本解决之路，但规划制度环境的完善是漫长的渐进过程，部门之间的对话协商，仍然是当前规划协调的主要路径。针对本书研究涉及沿海滩涂地区的规划冲突问题，对海洋管理部门和环境保护部门进行了访谈。海洋管理部门认为，根据《中华人民共和国海域使用管理法》，涉海部分的规划，应当由海洋功能区划主导，其他规划应当做出修改，对违规开发活动将采取罚款的形式，直至恢复原状。环境保护部门认为，加强保护生态红线区域保护是促进区域可持续发展和生态文明建设的重要路径，保障重要生态功能保护区规划的实施，具有重要意义，不应随意、频繁调整重要生态保护区域范围边界。围垦规划的主管部门认为，围垦规划目的在于高效利用未来的潜力资源，如与环境保护等其他规划相冲突，可以考虑进行合理修改。比较而言，滩涂围垦规划与重要生态功能保护区区域规划和海洋功能区划之间的空间冲突协调较为容易，重要生态功能保护区区域规划与海洋功能区划的冲突协调难度较大。

### 6.2.2.2 国土空间开发适宜性评价的辅助协调

由于环保部门和海洋部门对于冲突区域规划目标的坚守，加之两者调整手续繁杂、时间滞后，迫切需要另外一个平台或价值判断准则，引导冲突规划的空间协调。从滩涂区域保护与开发均衡协调的目标出发，综合考虑滩涂区域生态环境保护、农渔业发展、工业城镇及港口开发的国土空间开发适宜性可以作为冲突区域功能定位协调的依据。根据生态保护优先的基本原则，重要生态功能保护区区域范围内，禁止和限制一切有损生态服务功能维护的活动。据此，南通沿海地区西北和东南部的重要生态功能保护区内应当禁止滩涂围垦，限制高强度的农渔业海域使用，调整港口-工业与城镇用海。对于启东沿海东南端的已围填区域，保留现状用途，但需要控制未来利用规模的持续扩张。如东沿海地区西北部地区环境容量较小、交通区位相对偏远，集聚大规模人口产业活动的承载条件较差，加之近中期耕地占补平衡的任务较重（《南通市土地利用总体规划》要求，2020 年之前通过滩涂围垦完成耕地占补平衡 12 830.0 公顷），比较而言，更应当优先划为农渔业围垦利用空间。为此，建议按照农渔业利用功能调整此区域范围内的围垦规划和海洋功能区划（图6-6）。

## 6.2.3 沿江沿海湿地、物种等生态保护带

### 6.2.3.1 构建生态安全总体格局

（1）加强内陆地区生态保育

以内河的生态廊道及城镇、交通干线周边的生态隔离带建设为重点，进一步加强内河

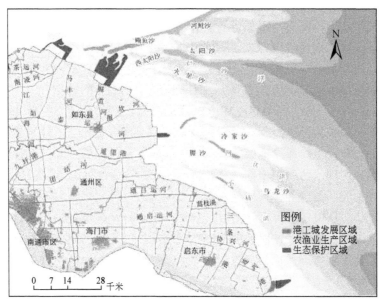

图 6-6　沿海滩涂冲突区域功能协调

流域的水质清理，推进工业节能减排，降低污水排放；对环南通主城区生态隔离带、沿扬启高速生态隔离带、沿通启运河-通启高速公路生态隔离带、沿如海运河生态隔离带、沿通洋高速生态隔离带及沿包临公路生态隔离带进行重点培育，优化提升生态系统服务功能。同时，加强农田的生态保育，发挥农田的生态服务功能。改善农田生态环境，加强农田污染综合防治，建设高标准农田林网；合理调整耕地与基本农田布局，增加生态建设空间；加大中低产田改造力度，维护和改善农田用养关系，稳步提升农田基础地力。

（2）建设沿江沿海生态环境保护带

坚持土地利用与生态环境协调发展，加强沿江沿海地区的生态环境保护与建设。建设以滩涂湿地、物种保护、水源保护等重要生态功能区为主的沿江沿海生态环境保护带，保护自然生态，维护物种传输通道，增加水、陆生态系统之间的能量、物质和信息交流。严格控制影响和破坏生态环境保护带的各类建设项目，确保生态廊道不被分割和破碎化，保证各节点重要生态功能得到正常发挥（图 6-7）。

### 6.2.3.2　加强沿江和内陆洲滩湿地保护

分布于沿江地区内陆滩涂主要包括如皋市长青沙东部的开沙、东沙和泓北沙，海门市沿江东部和启东沿江西部的灵甸沙等长江洲滩湿地，以及长江堤外侧的洲滩湿地，这些地区处于水陆生态系统的直接过渡带，水深较浅，岸线条件较差，生物多样性丰富，生态服务功能重要，且长江行洪保护功能较强，不宜作为产业城镇开发和农业种养使用，未来应作为重要湿地加以保护，着重保护自然生态植被。内陆地区未利用地主要为一些内河滩地湿地，生态服务功能同样重要，不宜作为后备资源用于农业和产业城镇开发。

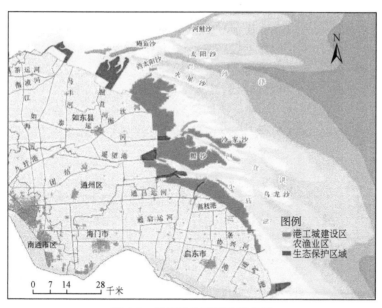

图 6-7　沿海滩涂利用功能布局

## 6.2.4　可围滩涂的时空布局及管制措施

以开发适宜性评价为基础，明确滩涂围垦的时间次序和功能类型的空间布局，加强资源环境保护和综合利用，提出各类滩涂空间的管制重点，推进滩涂高效持续开发。

### 6.2.4.1　滩涂利用时空布局

（1）基本原则

1）分层次有序围垦。根据海岸线冲淤变化和滩涂地形特点，考虑围垦成本差异。坚持近期开展边滩高涂围垦，逐步降低起围高程，远期启动沙洲围垦的总体次序，兼顾先围稳定的滩涂、次围缓慢淤涨滩涂、再围侵蚀海岸滩涂的基本要求，前期开展试点，强化综合试验区建设，后期逐步推广。

2）引导各类用地空间协调。根据空间开发适宜性的高低顺序，因地制宜引导港口、工业和城镇用地向开发适宜性优越地区集中连片布局，开发条件较差区域优先布局农业和渔业养殖用地，促进围垦滩涂区域建设、农业和生态用地布局的空间协调。推进滩涂资源综合开发，提高资源综合利用效率。

3）强化港口与水道维护。充分考虑滩涂自然在演变规律，近期适度提高边滩围垦起围高程，积极预留汇潮通道，保障潮波交汇畅通，不改变辐射沙脊群区域海洋水文动力系统格局，稳定深水航道，保障入海河口泄洪排涝能力，保护港口岸线资源。跟踪研究近期滩涂围垦的生态环境影响，引导远期低滩、沙洲围垦。

4）加强滩涂生态系统保护。根据重要生态功能保护区域的管制要求，禁止在自然保护区核心区和缓冲区、国家海洋公园、海洋特别保护区、饮用水源水质保护区和重要滩涂湿地进行围垦，原则上不在河口治导线内布局围区，边滩匡围采用齿轮状布局，从而有效地保护海洋生态。

（2）时空安排

1）用地功能布局。综合可围垦滩涂的基本定义与海洋功能区划、重要生态功能保护区区域规划、滩涂围垦规划的空间冲突协调结果，结合南通沿海滩涂区域保护与开发适宜性的空间差异和围垦滩涂区域的利用现状，获取南通沿海可利用滩涂地区的用地功能分布格局（表6-9）。

表6-9　南通适围垦滩涂功能类型统计

| 功能类型 | 面积（公顷） | 占比（%） |
| --- | --- | --- |
| 港工城 | 7.94 | 55.4 |
| 农渔业 | 4.61 | 32.2 |
| 生态保护 | 1.77 | 12.4 |
| 合计 | 14.32 | 100.0 |

总体上，生态保护空间主要分布于栟茶运河入海口北部外侧、掘坎河入海口两侧、如泰运河与遥望港入海口之间区域及启东沿海东南部长江入海口滩涂区域，面积为1.77万公顷，约占南通沿海0米等高线以上滩涂区域总面积的12.4%；农业和渔业利用空间集中于掘坎河入海口以北、冷家沙西北部及协兴河与联兴港入海口之间滩涂区域，面积为4.61万公顷，约占32.3%；港-工-城开发建设空间集中于掘坎河入海以南、腰沙、冷家沙南部及协兴河以北沿海滩涂区域，面积为7.94万公顷，约占55.4%。另外，从南通沿海滩涂的实际情况看，适宜港-工-城开发的区域一般也适宜农渔业生产，仅是在区位条件、环境容量等方面更具比较优势，因而本书所给出的开发类型划分，仅是从比较优势角度的上限分析结果，实践中，可以根据开发需求，控制建设用地空间供给的速度，而更多适建区域宜先作为农渔业生产承载空间。

2）开发次序安排。根据滩涂围垦利用的时空布局原则，兼顾南通沿海滩涂围垦规划安排和开发利用现状，研究范围内沿海滩涂围垦规模的时序安排如下，"十一五"以来，已围滩涂区域面积为2.1万公顷，约占可为滩涂区域总面积的16.72%，主要分布在栟茶运河入海口以北、掘苴河入海口与蒿枝港入海口之间及通吕运河入海口以南近岸高涂；"十二五"期间待围面积为8660.2公顷，占比为6.90%，集中于遥望港与东灶港之间及蒿枝港与通吕运河入海口之间近岸滩涂区域；"十三五"期间建议围垦面积为40 780.8公顷，占比为32.50%，主要分布于栟茶入海口与遥望港入海口之间滩涂区域和通吕入海口以南区域；远景待围空间面积为55 041.6公顷，占比为43.87%，主要分布在滩涂外围地区（表6-10）。

表6-10　适围垦滩涂开发时序安排

| 项目 | 面积（公顷） | 占比（%） |
|---|---|---|
| "十一五"期间已围 | 14 805.0 | 11.80 |
| "十二五"期间已围 | 6 179.2 | 4.92 |
| "十二五"期间待围 | 8 660.2 | 6.90 |
| "十三五"期间待围 | 40 780.8 | 32.50 |
| 远景待围 | 55 041.6 | 43.87 |
| 合计 | 125 466.8 | 100.00 |

"十二五"期末之前，可开发滩涂合计为7.04万公顷。其中，农业与渔业利用面积为4.5万公顷，约占63.1%，港-工-城开发区域面积为2.54万公顷，约占36.9%。此外，虽然适于港-工-城开发的滩涂面积较大，但在转型升级加速的宏观背景下，区域发展逐步由外延扩张向内涵提升转变，南通沿海滩涂区域非农建设短期内大规模展开的可能性并不大；在规模经济的驱动下，内陆城镇建设用地仍然存在较强的扩张需求；适宜开展港-工-城建设的区域，发展农业生产的约束性并不强，因此，可以考虑建设用地指标在沿海滩涂地区和内陆之间的空间置换。由此，近期南通沿海宜垦滩涂区域的港-工-城开发空间占比低于36.9%。

### 6.2.4.2　不同利用功能类型空间管制重点

1）农业种养区域。加快建设平原水库和田间灌排设施，逐步完善农田水利配套工程，广泛采用工程措施和生物措施开展盐碱土改良，积极发展盐土农作物、生物质能作物和海淡水养殖，延伸农业产业链，发展农（水）产品加工业，推进滩涂农业规模化生产、产业化经营、公司化管理，提高滩涂农业效益。禁止污染性工业项目发展，控制农药化肥使用量，鼓励使用低毒无害农药，减轻滩涂农业发展对近岸海域环境影响。积极推广基塘农业种养系统，促进农业种植、水产养殖和畜禽养殖业的协同发展。

2）生态保护区域。加强滩涂区域沿海防护林、护岸林草、平原水库、滨海湿地和河口湿地建设，提高林草覆盖率，强化海洋公园、海洋特种保护、海洋渔业种质资源保护区和湿地自然保护区生态系统完整性保护。合理增加交通、餐饮、住宿、医疗等旅游配套服务设施建设，利用沿海特有的滨海湿地、河口湿地、林草景观、岛礁奇景、渔农文化等旅游资源，积极发展滨海观光旅游、生态休闲和度假旅游。适度控制滨海旅游开发强度，加大污染处理设施建设与维护，减轻滩涂区域的环境压力，加强生态保护，促进滩涂区域生态旅游持续发展。

3）港-工-城综合开发区域。依托烂沙洋、三沙洪、小庙洪和网仓洪等潮流通道，鼓励采用"近岸围填+栈桥码头"和"近岸高滩围填+陆岛通道+岸外人工岛"等方式，开展深水海港建设。依据港城互动理论，充分发挥港口门户优势和后方滩涂资源，积极发展装备制造、粮油加工、现代物流等临港产业，延伸发展高新技术产业和环保产业，通过产业发展促进港口贸易繁荣乃至港口地位提升，实现沿海经济社会的快速发展。配套临港制造扩张，按照点轴开发理论，重点选择一些发展基础和条件较好的乡镇，进一步培育壮大，加强商务商贸物流等城镇服务，促进港-工-城一体化综合发展。近期重点发展乡镇包括角斜镇、洋口镇、长沙镇、滨海园区（三余镇）、包场镇、吕四港镇、近海镇和寅阳镇。严格控制产业集聚区污染性工业项目规模，鼓励开展循环产业园区建设，完善污染物处理设施，减少滩涂工业和城镇污染排放，减轻对前沿滩涂区域的环境影响。加强港口、工业发展空间与城镇生活空间的生态隔离带建设，营造良好的滨海城镇人居环境，建设滩涂临港新产城。

### 6.2.4.3 沿海滩涂后方区域开发管制

1）沿海滩涂区域是海陆生态系统的交错地带，是陆源物质向海输移的前沿区域，陆域经济社会活动的类型、强度等将对前沿滩涂区域生态环境产生重要影响。另外，滩涂区域的功能定位和生态环境保护要求将对关联陆域社会经济活动、污染控制、生态保护等方面形成一定的约束。因此，对后方陆域发展进行管制是协调滩涂开发与后方关联区域发展的重要途径。

2）从南通沿海滩涂开发的功能布局看，洋口港黄海大桥以西和通启运河以南沿海滩涂区域以农渔业生产与生态保护功能为主，洋口港黄海大桥与通启运河之间滩涂区域以港工城综合开发为主。就农渔业与生态保护滩涂区域的后方关联陆域而言，栟茶运河、南凌河、马丰河、掘苴河、通启运河、协兴河、连兴港等入海河流穿境而过，除通启运河作为清水通道外，其他河流均以农业用水和洪水排泄为主导功能，河水以四类甚至劣四类居多，现状水质较差。按照"陆海统筹、河海兼顾"的原则，立足滩涂生态农渔业生产和滩涂湿地生态服务维护要求，未来需要控制河流入海污染物排放，按照清水通道维护的要求进行河道水质管控，确保入海尾水水质达到三类水及以上；控制栟茶运河和通启运河入海口沿岸的如东沿海经济开发区和启东滨海工业园区等产业集聚区的规模扩张，深入开展化工生产企业专项整治，积极推进化工产业园区的循环化改造，开展污染物深度处理，切实减少化工污染排放，强化产业集聚区域与周边沿海滩涂区域之间的生态防护带建设，减轻化工产业园区对长江口湿地自然保护区、小洋口海洋公园等生态保护区域和生态农渔业的干扰。就港-工-城综合开发区域后方关联区域来看，掘坎河、如泰运河、遥望港河和通吕运河横穿而过，东流入海。其中，如泰运河、通吕运河以向沿海区域输送清水为主导功能，其他河流以农业用水和洪水排泄为主，现状水质同样较差。从支撑沿海区域港口和产业开发、营造良好的人居环境要求出发，未来需要按照清水通道管制要求，控制这些河流两侧污染性经济活动集聚，禁止向河流排放污染物，确保河流水质达到三类或以上标准。合理推进后方区域的交通、水利等重点基础设施建设，引导人口、产业有序适度向沿海滩涂区域集中。

# 6.3 陆海生态建设制度

## 6.3.1 滩涂资源产权和有偿使用制度

1）中共十八届三中全会审议通过的《中共中央关于全面深化改革若干重大问题的决定》指出，健全自然资源资产产权制度和用途管制制度。要对水流、森林、山岭、草原、荒地、滩涂等自然生态空间进行统一确权登记，形成归属清晰、权责明确、监管有效的自然资源资产产权制度。

2）《中华人民共和国海域使用管理法》规定：海域使用申请人自领取海域使用权证书之日起取得海域使用权。单位和个人使用海域，应当按照国务院的规定缴纳海域使用金。海域使用权证书是海域使用权取得的权利证明，是确定权利主体、维护合法权益的基础。但现实中，实际使用人往往不重视海域使用权证书的申请，或因缴纳海域使用金的缘故而不主动申领海域使用权证书，一旦发生纠纷和征用补偿，海洋主管部门和司法部门将面临确权的难题。因此，应通过广泛宣传和执法检查，推动海域使用权登记的全覆盖。为推动海域使用权的确权登记，还应完善健全海域使用权工商出资登记和抵押贷款制度，显化海域使用权的价值。

3）建立健全海洋资源产权交易平台，推进经营性建设用海使用权市场化配置，采用公开招拍挂等竞争机制保证滩涂资源的保值增值，建立收储供应机制。要从沿海滩涂区域可持续发展战略出发，统一规划，因地制宜，形成有序、统一、开放、竞争的滩涂用地收储供应市场体系。要根据重大项目布点需要，拓宽沿海滩涂土地资源收储渠道，形成规模较大的土地储备"蓄水池"，为土地的可持续利用打下坚实的基础。要实行公开发包，在滩涂经过围垦变成陆地后（即由海域变成国土属性后），按照《中华人民共和国行政许可法》中规定的有限自然资源开发利用方式，按照国有土地属性重新向社会公开竞价发包。实现土地价格的最大化，促进滩涂资源的优化配置。探索建立海域使用二级市场，深入实施海域使用权"直通车"制度，提高已围海域有效利用率。

## 6.3.2 海域使用权"直通车"制度

1）2012 年 12 月，南通市人民政府出台《关于建立海域使用权"直通车"制度的通知》，南通成为江苏省内首个建立海域使用权"直通车"制度的地级市海域使用权"直通车"制度的建立，使南通所有经规划许可的用海建设项目，在海岸线调整前，均可直接以海域使用相关手续进入基本建设项目审批程序，办理用海建设项目审批，简化了用海建设项目审批手续，提高了用海建设项目审批效率。

2）然而，在围填海土地的管理上，海洋部门和国土资源部门仍然存在矛盾和交叉，需进一步理顺。第一，《中华人民共和国海域使用管理法》中海域使用权用途与年限等规定，"港口、修造船厂等建设工程用海五十年"，"旅游、娱乐用海二十五年"等，与海洋部门实际批准的"造地工程用海"、"城镇建设填海造地用海"等概念不同。并且，围填海造地项目竣工后，实际土地的开发利用往往与海域使用证用途并不一致，导致土地行政主管部门对围填海土地开展土地利用现状调查、土地用途登记及土地有偿使用年限的确定上存在矛盾。第二，海域"直通车"制度规避了建设项目用地预审制度，给围填海形成土地的统一规划管理造成了障碍，在一定程度上带来了国土资源部门和海洋部门的职能交叉。海洋部门管理的海域范围是内水、领海的水面、水体、海床和底土，侧重于海水利用管理、围填海工程审批和陆海规划的衔接等方面。已经围填海成陆或计划围填成陆的土地，属国土资源部门管理范畴，应纳入土地利用总体规划，完善权属管理，强化用途管制，并纳入土地统一供地管理。

3）科学制定海岸带生态保护与开发利用规划，积极探索土地、海洋等资源要素在陆海统筹发展中的优化布局和合理利用，努力拓展建设用地空间规模，有效化解沿海开发战略实施中的资源要素约束瓶颈。中心城区（镇）、沿海区域和滨海园区要作为陆海统筹发展试点重点区域。积极探索用地用海衔接与创新，经依法批准建设用地围填海并竣工验收合格后，海域使用权人可凭借海域使用权证书，向国土资源部门直接提出土地登记申请，换发国有土地使用权证书，并按照取得海域使用权时批准的用途确定土地用途。

# 6.4　陆海生态环境保护体制机制

1）要按照市场经济规律，逐步建立起财政扶持、金融支持、企业自筹、吸引外资等开放式、多元化的投入机制。建立并运作好滩涂开发基金。政府财政要加大滩涂基础设施建设力度，要增加对发展滩涂主导产业的导向性投入，对一些综合性开发、对区域经济发展有重大带动作用的科技项目和开发示范试验项目，要给予重点扶持。多渠道争取国家对滩涂开发的投资，要把已围滩涂列入国家农业综合开发项目给予扶持。调整政府资金使用方向，减少对滩涂产业的直接投入，主要通过贴息、补助等方式，引导社会增加投资。

2）积极吸引"三资"采用各种投资方式兴办滩涂开发企业。大力推进股份制和股份合作制。鼓励社会力量采取股份制等形式进入滩涂开发领域。借鉴福建省在港口等基础设施建设方面广泛借力外资、民资的经验，加大沿海区域BT①、BOT②等间接融资力度。鼓励大中型企业到沿海滩涂建立生产基地。推广海安老坝港试验区的中洋集团14.37亿元长江珍稀鱼类工厂化养殖项目的经验，积极鼓励沿海各县（市、区）与央企、大型省属国企和民企合作。支持和鼓励滩涂开发龙头企业通过股票上市等形式直接融资，拓宽融资渠道。金融部门也要把扶持发展滩涂主导产业列入信贷计划，从规模和资金上给予保证。

---

　　① BT（build-transfer，建设-移交），即政府利用非政府资金来进行基础非经营性设施建设项目的一种融资模式。
　　② BOT（build-operate-transfer，建设-经营-转让），即私营企业参与基础设施建设，向社会提供公共服务的一种方式。

# |第7章| 统筹陆海管理体制，探索土地政策创新

通过前面几章，本书对陆海统筹发展迫切需要解决的主要问题进行了梳理，明晰了陆海统筹土地政策创新的基本方向与具体需求，也对陆海统筹现状有了一个全面的了解。在此基础上，本章提出陆海统筹相关管理体制。从法律、技术等机制进行管理体制的阐述。同时深入开展政策创新的必要性、可行性研究，细化政策设计，以土地政策创新统筹陆海发展、城乡发展，推动一体化，为深入贯彻长江三角洲一体化发展和江苏沿海开发两大国家战略，认真落实江苏省委、省政府关于支持南通创建陆海统筹发展综合配套改革试验区的工作部署奠定制度基础。

## 7.1 陆海统筹保障体系

### 7.1.1 主要政策法律体现

#### 7.1.1.1 探索以"开发强度天花板"控制取代"规模天花板"控制的方式

为满足城镇建设、产业发展、基础设施建设等多方面的需求，推动保障经济社会快速发展，需要有适量的新增建设用地空间。对南通而言，目前的建设用地总量已经难以支撑未来发展，突破规划上限已经难以避免。为此，充分考虑沿海地区因土地围垦而使区域土地资源面积不断扩大的客观现实，探索以"开发强度天花板"控制取代"规模天花板"控制的方式，可以为南通市建设用地指标增加提供新的空间。从现实情况看，在不突破市域开发强度的前提下，将规划期内将要围填海的土地，纳入全市土地利用总体规划总规模，按照原定的"开发强度天花板"核算建设用地总量规模。

#### 7.1.1.2 允许新增建设用地指标在全市范围内统筹使用

南通后备土地资源和已有经济活动、人口的空间分布是分离的，现阶段城镇和产业主要分布于内陆和沿江，而后备土地资源则主要集中于沿海。近年来，人口进一步向中心城区转移的态势明显。产业发展和人口集聚具有其客观规律，基础较好的地区更适宜于大规模集聚产业和人口，而新兴地区的人口集聚和产业发展则需要较长的建设周期才可以进行。目前围垦滩涂中，大量以建设用途进行围垦的滩涂尚未得到实际的开发利用也说明了这种情况。总的看来，内陆地区（尤其是中心城区和县城）建设用地的供给远远小于需求，建设用地产出效益高，而沿海地区则恰恰相反。因此，按照未来陆域和海域产业发

展、城镇建设的合理规模，对建设用地空间在全市范围内进行统筹布局和安排，实现沿海滩涂新增建设用地指标部分向内陆地区转移，符合南通现阶段的发展特征，有助于中心城区做强做大和土地高效集约利用，为将来推进农村建设空间优化重组和带动沿海地区发展积蓄能量。

### 7.1.1.3 创新耕地占补平衡新模式

开展新增建设用地指标陆海置换，必将导致内陆地区建设空间的迅速扩张，对本已十分严峻的耕地保护产生巨大压力。耕地占补平衡是保障耕地数量的重要手段，南通市耕地占补平衡的主要来源是沿海滩涂。由于沿海地区围垦后形成的耕地种植效益较低，很多验收通过的"耕地"被重新挖成鱼塘进行淡水养殖。鉴于此，南通市耕地占补平衡的思路需要进行创新，以耕地实际生产能力的平衡取代耕地数量的平衡，根据实际生产能力设计合理的换算系数。此外，发展渔业所生产的优质蛋白也是生活中重要的消费品，在一定程度上可以部分平衡掉粮食消费。因此，建议允许南通沿海地区新围垦区域在淡水养殖洗盐阶段也可作为新增耕地用于市域内耕地占补平衡。

### 7.1.1.4 探索农村宅基地退出新机制

农村居民点空间布局分散、占建设用地比重高、土地利用效率低是南通典型特征，为建设用地整治提供了充足的潜力空间。在未来一段时间内，通过土地整治改善城乡土地利用格局、整合低效居民点用地是其重要任务。但是，较高的整治成本也加大了整治的难度。因此，要鼓励南通创新农村土地综合整治的思路，在保证农民合法权益、不大拆大建的原则下，将土地整治与提高农民生产条件和生活水平有机结合。首先，强化新增宅基地管控，严格界定宅基地申请条件，加强宅基地申请资格审查，对"一户多宅"等不符合宅基地申请条件的，不得批准宅基地，已有宅基地的，应事先腾退原有宅基地及其房屋；鼓励各县（市、区）选择有条件的地区开展宅基地有偿使用试点，由村集体经济组织或村民委员会组织，在符合宅基地申请条件的本村村民内部实行竞价选位。其次，加强已有宅基地的管理，探索合理的户均宅基地使用标准，对现有宅基地超过规定使用面积部分，因房屋整体结构无法拆除或退出的，村集体经济组织或村民委员会可以用有偿使用的方式管理。再次，探索宅基地流转新机制，试点农民住房财产权担保、出租、抵押和转让，允许住房困难户到本乡镇（街道）范围内其他村调剂、购置旧房，鼓励在农村土地综合整治项目村推行宅基地置换城镇住房。

### 7.1.1.5 鼓励开展土地与海涂资源统筹管理创新试点

海涂资源利用产生诸多问题，海涂资源管理上的混乱是主要诱因之一。海涂资源的高效开发、陆海资源的统筹利用需要理顺陆海土地资源的管理体制。鼓励南通开展体制机制的创新，成立由市县两级政府组成，包含国土、海洋、农渔、环保、水利等多部门的协调机构，统筹滩涂资源开发利用。健全法律法规，进一步明确部门职能，海洋部门管理的海域范围是内水、领海的水面、水体、海床和底土，侧重于海水利用管理、围填海工程审批和陆海规划的衔接等方面；已经围填海成陆或计划围填成陆的土地，属国土资源管理范畴，应纳入土地利用总体规划，完善权属管理，强化用途管制，并纳入土地统一供地管理。探索内陆地区产业向沿海地区转移和沿海地区用地指标向内陆地区转移的互动协调与利益分享机制，推动中心城区转型升级和沿海产业加速集聚。

## 7.1.2 构建陆海统筹工作共同责任机制

### 7.1.2.1 创新土地执法共同责任机制

1) 坚持疏堵结合。坚持疏堵结合、防控并举，全面控减违法用地。各县（市）、区政府（管委会）统筹把握辖区内的用地需求，对重点工程项目用地提前谋划，及时保障用地计划；对中小企业用地，主要通过多层标准厂房建设予以解决；对农民集居区用地，通过"万顷良田建设工程"、城乡建设用地增减挂钩予以落实；对农村道路、设施农用地、临时用地等及时依法审批服务到位。

2) 乡镇监管。开展土地执法模范乡镇（街道）创建活动，同时建立土地执法重点乡镇（街道）监管制度，从有效控减违法用地和涉地信访入手，加强乡镇（街道）土地执法指标评价。对被纳入"土地违法重点管理乡镇（街道）""土地信访重点管理乡镇（街道）"的地区，进行挂牌督办和直接查办、停批土地、分级约谈和问责，取消评优评先资格。采取奖惩结合的办法，推动乡镇政府（街道办事处）进一步强化严格土地执法监管的责任意识和主导地位，保持辖区内良好的用地秩序。

3) 推动联动防范。各地、各部门要严格落实《市政府办公室关于进一步建立健全土地执法监管共同责任机制的通知》文件精神，切实落实共同责任，共同防范违法用地行为。各县（市）、区政府（管委会）要实时掌握各类在建、拟建项目用地情况，对未取得合法用地手续的项目，及时发出书面风险预警提示，告知责任及整改完善途径。对一定时期内违法用地、涉地信访上升趋势明显的地区，采取书面风险提示、约谈政府主要负责人等措施，敦促防控查纠。

4) 强化责任追究。各级政府将耕地保护、土地执法共同责任履行情况列为对各部门和下一级政府年度工作目标考核的重要内容，实行"一票否决"，并对土地卫片执法检查中突破问责线的地区党委、政府主要负责人及分管领导严格按照《违反土地管理规定行为处分办法》《江苏省党政领导干部违反土地管理规定行为责任追究暂行办法》等规定实施责任追究。

### 7.1.2.2 建立耕地保护责任机制

完善县（市、区）乡（镇、街道）人民政府耕地保护责任目标考核办法，将永久基本农田划定和保护、补充耕地质量等纳入考核内容，实行耕地数量与质量考核并重。积极推动将耕地保护目标纳入地方经济社会发展和领导干部政绩考核评价指标体系，合理设置指标权重，作为对领导班子和领导干部综合考核评价的参考依据。推动严格执行领导干部耕地保护离任审计制度，落实地方政府保护耕地的主体责任。建立奖惩机制，将耕地保护责任目标落实情况与用地指标分配、整治项目安排相挂钩。

**专栏：南通市耕地保护责任机制落实的政策**

根据新一轮土地利用总体规划确定的 2010～2020 年耕地保有量指标和基本农田保护面积指标和保护要求，南通市政府于 2010 年初发布了《关于建立耕地保护共同责任机制的意见》，明确落实耕地保护责任机制的要求。

一是全面落实耕地保护共同责任。首先，要求根据《国务院关于深化改革严格土地管理的决定》（国发〔2004〕28 号）、《江苏省政府办公厅关于印发江苏省市级政府耕地保护责任目标考核办法的通知》（苏政办发〔2006〕57 号）等文件规定，各级政府是耕地保护的行政责任主体，政府主要领导为第一责任人，对土地利用总体规划确定的本行政区域内耕地保有量和基本农田保护面积、年度计划执行情况负总责。其次，加强部门联动。各级国土资源管理部门要认真执行耕地保护的各项法律、法规和方针政策，全面履行管理职责。同时，各相关部门要正确处理耕地保护与发展建设的关系，根据各自职能，强化在耕地保护工作中的共同责任，参与耕地保护管理、执行耕地保护规定、落实耕地保护措施，部门主要负责人是主要责任人。各级发展改革、规划、建设、房管、交通、水利等部门在规划编制、项目审批和建设过程中，要依法依规用地，努力优化施工设计，切实节约集约用地。各级农业（林业）部门要在耕地保有量和基本农田保护面积不减少的前提下，统筹生态环境建设与耕地保护，有序推进城乡绿化。各级农村工作办公室和农业部门要强化土地承包经营管理和流转，加强耕地质量监管和建设，引导农业结构合理调整，稳定耕地面积。各级环保部门要将耕地特别是基本农田作为重要的生态资源予以保护，加强土壤、水体等污染防治，修复和改善农田生态环境。各级财政部门要管好用好耕地保护资金，确保耕地保护投入。各级国土、监察、公安等部门要积极会同检察院、法院对破坏耕地的违法违规行为予以严肃查处。再次，落实责任体系。对土地利用总体规划确定的耕地保有量和基本农田保护指标，各县（市、区）要逐一分解落实到每个地块，确保图、数、地块一致。各地要建立县（市）、乡镇（街道）、村、组、农户五级耕地保护责任体系，将保护责任逐级分解到乡镇（街道）、村、组、农户，层层签订责任书，落实责任，明确要求。各级政府在落实耕地保护主体责任的同时，还要落实农村集体经济组织对其所有耕地、农户对其承包耕地的直接保护责任。农村集体经济组织要监督农户依法保护和合理利用耕地，坚持耕地的农业用途，不得撂荒、闲置耕地或者破坏耕地。最后，推动社会共管。各地要加大耕地保护宣传力度，普及耕地保护法律法规，充分调动广大群众参与耕地保护的积极性和主动性，不断增强全社会保护耕地的共同责任意识。各乡镇、村都要在显著位置公示基本农田的位置、范围、"五不准"等保护规定和举报电话等，保证人民群众的知情权、参与权、监督权，充分发挥群众监督、舆论监督和社会监督的作用，努力形成耕地保护全社会齐抓共管的局面。

二是加强组织领导和工作考核。市政府定期对各地耕地保护责任目标履行情况进行考核，考核内容包括：耕地保有量和基本农田保护面积是否达到土地利用总体规划确定的指标；是否实现耕地占补平衡；耕地保护工作组织、制度、措施、资金是否落实到位；违法占用耕地、基本农田案件查处率是否分别达到 95%、100%。同时，市政府还将耕地保护情况纳入各县（市、区）政府（管委会）年度工作目标考核，凡耕地保护责任目标考核不合格的，在评先评优中实行一票否决。各县（市、区）要采取平时检查与年终考核相结合的办法，切实加强乡（镇、街办）耕地保护责任目标考核，并对照《南通市耕地保护责任目标考核办法》规定，每年组织自查，于每年 12 月底前向市政府报告耕地保护责任目标的履行情况。要把耕地保护责任目标考核结果列为各级政府主要负责人业绩考核的重要内容。对考核不合格、土地管理秩序混乱、年度内行政区域违法占用耕地达到新增建设用地占用耕地总面积的比例达 15%，或造成恶劣社会影响的，应对主要负责人实行问责；由市监察局、国土资源局对其用地情况进行全面检查，按程序依纪依法处理直接责任人，并追究有关人员的领导责任；涉嫌犯罪的，移送司法机关依法处理。各地要加快研究建立耕地保护绩效考评、表彰奖励、失职问责、渎职追究办法，逐步实行乡镇长离任耕地保护审计制，凡是未完成耕地保护责任目标者将不予提拔或任用。对耕地保护工作成绩突出的单位和个人，要予以表彰。

## 7.1.3 完善陆海统筹工作服务机制

1）强化规划实施，统筹推进各类土地整治项目。按照土地利用总体规划和土地整治规划的总体安排，有序开展农用地整治与农村居民点用地整治。以万顷良田建设工程为载体，加大农村居民点用地整治力度，充分发挥规模效应，加快中心镇、村建设和现代农业发展。

2）拓宽渠道、鼓励参与，建立有效的激励机制。落实政府关于土地收益用于"三农"的规定，充分利用好新增建设用地有偿使用费、土地出让金、耕地开垦费等各方面资金，积极探索形成多元投入的机制。按照"谁开发、谁受益"的原则，鼓励集体、农户、企业等多元主体参与土地整治，建立有效的激励导向机制。合理分配整治后产生的土地增值收益，协调好各参与方的利益关系。

3）探索建立宅基地退出机制，促进城乡用地格局优化。探索宅基地退出机制，鼓励有条件的农户主动、自愿退出现有宅基地，促进城乡用地格局优化。制定相关政策，规范退出申报、审核确认、复垦验收、权属调整等程序，从社会保障、资金补偿等方面妥善安排农户退出之后的利益。

4）加快推进农村集体土地确权发证工作。制定土地整治、宅基地退出等过程中的土地权属调整细则，尝试运用市场机制推动农村土地综合整治，保障土地整治工作的顺利展开。

### 7.1.4 创新陆海统筹工作保障机制

1）推进管理体制创新。加强规划实施的统筹协调，构建多部门协同推进的统筹管理机制，在市级层面成立由陆海统筹相关部门组成的高效的协调机构，负责协调各行业或部门对陆海统筹战略的执行，并以地方法规的形式予以确认，保障陆海统筹工作的严肃性和可执行性。

2）推进规划技术创新。协调国土资源部门"一张图"工程应用与海域使用管理相关信息平台，为陆海使用信息动态监管、联合执法监察等提供技术保障。参照国家相关技术规程与标准，在沿海滩涂浅淡水养殖水面作为可调整耕地的评价标准、集体经营性建设用地定级估价等方面制定科学的技术导则或指导意见，为规划实施提供技术保障。

3）推进规划政策创新。结合土地利用现状调查及年度变更调查和海洋功能区划中期修编，规范有序开展围填海形成土地海域使用权换发土地使用证工作。探索开展陆海资源统一交易市场建设，促进陆海用地空间、环境容量等各类资源的科学配置与合理流动，建立陆海资源统筹利用、管理的制度和政策体系，为规划实施提供政策保障。

# 7.2 陆海统筹技术支撑体系

## 7.2.1 资源环境承载力评价

生态足迹（ecological footprint，EF），最早由加拿大生态经济学家 W. Rees 于 1992 年提出，是一种衡量人类对自然资源利用程度及自然界为人类提供的服务的方法，该方法通过比较给定区域的生态足迹和生态承载力，衡量区域的可持续发展状况。对南通市生态足迹和生态承载力（生态足迹供给）进行计算，以此确定南通市国土开发规模增长限度。

生态足迹也称"生态占用"，是指特定数量人群按照某一种生活方式所消费的，自然生态系统提供的，各种商品和服务功能，以及在这一过程中所产生的废弃物需要环境（生态系统）吸纳，并以生物生产性土地（或水域）面积来表示的一种可操作的定量方法。它的应用意义是：通过生态足迹需求与自然生态系统的承载力（亦称生态足迹供给）进行比较即可以定量的判断某一国家或地区目前可持续发展的状态，以便对未来人类生存和社会经济发展做出科学规划和建议。

（1）南通市生态足迹分析

生态足迹包括生物资源的消费和能源资源的消费两大部分，本书采用的计算方法是将消费转化成相应类型的土地面积，再乘以均衡因子，以使不同类型土地的使用面积具有可比性（表7-1），具体计算公式如下：

$$A_i = \frac{C_i}{Y_i}$$

$$EF = N \times ef = N \times \sum r_i \times A_i$$

式中，$Y_i$ 为第 $i$ 种消费项目的全球单位面积平均产量（千克/公顷）；$C_i$ 为研究区内第 $i$ 种消费项目的人均消费量（千克/人）；$A_i$ 为研究区内第 $i$ 种消费项目折算的人均占有的生物生产性土地面积（即人均生态足迹分量）（公顷/人）；$r_i$ 为第 $i$ 种消费项目的均衡因子；$N$ 为研究区总人口数；$ef$ 为研究区人均生态足迹（公顷人）；$EF$ 为研究区总生态足迹。

生态足迹的主要计算步骤如下：①划分消费项目，计算研究区各消费项目的人均消费量 $C_i$。②利用全球单位面积平均产量数据，将各人均消费量折算为具有可比性的生物生产性土地面积，并按照耕地、林地、草地、化石能源用地、建筑用地、水域六种土地类型将其进行归类。③通过均衡因子将各类生物生产性土地面积转换为等价生产力的土地面积，本书所采用的均衡因子分别为（目前全球统一采用的等量化因子）：耕地 2.8、林地 1.1、草地 0.5、化石能源用地 1.1、建设用地 2.8、水域 0.2。④汇总，计算生态足迹。

运用上述方法计算南通市 2005 年、2011 年生态足迹，分别为 2.6661 公顷、3.7619 公顷。

表 7-1 南通市 2005 年、2011 年人均生态足迹

| 土地利用 | 均衡因子 | 人均生态足迹 | | | |
|---|---|---|---|---|---|
| | | 人均面积（公顷） | | 均衡面积（公顷/人） | |
| | | 2011 年 | 2005 年 | 2011 年 | 2005 年 |
| 耕地 | 2.8 | 0.3176 | 0.2962 | 0.8894 | 0.8293 |
| 草地 | 0.5 | 0.7902 | 0.6557 | 0.3951 | 0.3278 |
| 林地 | 1.1 | 0.0040 | 0.0058 | 0.0044 | 0.0064 |
| 建设用地 | 2.8 | 0.1693 | 0.0694 | 0.4741 | 0.1943 |
| 水域 | 0.2 | 3.8832 | 3.2567 | 0.7766 | 0.6513 |
| 化石用地 | 1.1 | 1.1111 | 0.5972 | 1.2223 | 0.6569 |
| 人均生态足迹（公顷） | | | | 3.7619 | 2.6661 |

（2）南通市生态承载力分析

生态承载力表达区域范围内实际所能提供的各类生态生产性土地总面积（表 7-2），计算公式为

$$ec = \sum a_i \times r_i \times y_i$$
$$EC = (1 - 0.12) \times ec \times N$$

式中，$a_i$ 为研究区内第 $i$ 种类型土地的人均生物生产面积（公顷）；$r_i$ 为均衡因子；$y_i$ 为第 $i$ 种类型土地的产量因子，由于同类土地的生产力在不同地区之间存在差异，产量因子 $y_i$ 是研究区 $i$ 类型土地的平均生产力与世界同类土地的平均生产力的比率；$ec$ 为人均生态承载力（公顷）；$EC$ 为研究区总生态承载力。

根据世界环境与发展委员会报告建议，在生态承载力计算时，扣除 12% 的生物多样性保护面积。

运用上述方法计算南通市 2005 年、2011 年生态承载力，分别为 0.5380 公顷/人、0.4445 公顷/人（表7-2）。

表7-2  南通市 2005 年、2011 年生态承载力

| 土地利用 | 产量因子 | 均衡因子 | 生态承载力 | | | |
| --- | --- | --- | --- | --- | --- | --- |
| | | | 人均面积（公顷） | | 均衡面积（公顷/人） | |
| | | | 2011 年 | 2005 年 | 2011 年 | 2005 年 |
| 耕地 | 2 | 2.8 | 0.0612 | 0.0838 | 0.3429 | 0.4696 |
| 草地 | 0.19 | 0.5 | 0.0000 | 0.0000 | 0.0000 | 0.0000 |
| 林地 | 0.91 | 1.1 | 0.0003 | 0.0005 | 0.0003 | 0.0005 |
| 建设用地 | 2 | 2.8 | 0.0277 | 0.0241 | 0.1552 | 0.1347 |
| 水域 | 1 | 0.2 | 0.0337 | 0.0331 | 0.0067 | 0.0066 |
| 化石能源用地 | — | 1.1 | 0.0000 | 0.0000 | 0.0000 | 0.0000 |
| 人均生态承载力（公顷） | | | | | 0.5051 | 0.6114 |
| 生物多样性保护面积（12%）（公顷/人） | | | | | 0.0606 | 0.0734 |
| 可利用生态承载力（公顷/人） | | | | | 0.4445 | 0.5380 |

（3）南通市生态赤字分析

通过生态承载力与生态足迹比较，计算生态盈亏来衡量区域可持续发展情况。当一个地区的生态承载力小于生态足迹时，即出现生态赤字；当其大于生态足迹时，则出现生态盈余。由南通市生态足迹与生态承载力对比来看，南通市生态足迹需求量增加较大，由 2005 年的 2.6661 公顷/人增加到 2011 年的 3.7619 公顷/人，而生态承载力则有小幅度降低，生态赤字也由 2005 年的 2.1281 公顷/人增加到 2011 年的 3.3174 公顷/人（表7-3）。

表7-3  南通市 2005 年、2011 年人均生态赤字　　　　（单位：公顷）

| 指标 | 2011 年 | 2005 年 |
| --- | --- | --- |
| 人均生态足迹 | 3.7619 | 2.6661 |
| 人均生态承载力 | 0.4445 | 0.5380 |
| 人均生态赤字 | 3.3174 | 2.1281 |

生态赤字的存在说明南通市的人均消费需求远远超过其自身自然系统的承受能力，生态供给不足，需要依赖从外部输入生态足迹而满足其自身当前发展的需求的，南通市生态安全处于不安全状态，其发展模式是不可持续的。为减小生态赤字，南通市应注意土地集约利用；积极调整产业结构，加快产业升级转型，提高土地资源与能源消耗的单位产出，提高经济效益；同时引导人们生活消费方式，降低生物资源消耗；改善能源消费结构，倡导新能源、新技术，以促进南通市可持续发展。

## 7.2.2 建设用地集约利用评价

### 7.2.2.1 建设用地集约利用现状分析

（1）南通市现状建设用地集约程度偏低

具体内容见本书第4章第1节第4部分，本节不再赘述。

（2）建设用地集约利用水平空间分异明显

南通市建设用地集约利用呈现"一心两带"的空间格局：中心城区是南通市建设用地集约利用程度最高的地区，单位城镇工矿用地的第二、第三产业增加值大于全市平均水平，但是人均村庄建设用地面积较大，达到869.81 米²/人，村庄建设用地较乡村人口水平占用过大；沿江地区建设用地效率略低于南通市中心城区，人均村庄建设用地较大；沿海地区建设用地效率低于全市平均水平，且人均村庄建设用地面积较大，建设用地利用较沿江地区和中心城区粗放（表7-4）。

表7-4 南通市各区域建设用地集约利用比较

| 地区 | 单位城镇用地第二、第三产业增加值（亿元/千米²） | 人均城镇工矿建设用地面积（平方米） | 人均村庄建设用地面积（平方米） |
|---|---|---|---|
| 沿江地区 | 7.31 | 83.65 | 429.34 |
| 沿海地区 | 7.25 | 103.00 | 428.76 |
| 中心城区 | 7.59 | 139.55 | 869.81 |
| 全市 | 6.99 | 101.38 | 443.24 |

注：沿江地区包括如皋、启东、通州；沿海地区包括海安、如东；中心城区包括崇川、开发区、港闸

（3）与国外发达城市相比，建设用地提升空间巨大

2006年南通市工业增加值为1840.41亿元（当年价），工业用地面积为263.4平方千米，工业用地产出率（单位工业用地工业增加值）为6.98亿元/千米²，与纽约、大阪等世界发达城市20世纪80～90年代的水平相比，相距甚远（表7-5）。

表7-5 发达城市工业用地产出率比较

| 城市名称 | 工业增加值/年份 | 工业用地面积平方千米/年份 | 工业用地产出率 | |
|---|---|---|---|---|
| | | | 产出率 | 折合人民币 |
| 纽约 | 451.14（亿美元）/1988 | 71.31/1988 | 6.3（亿美元/千米²） | 52.4（亿元/千米²） |
| 芝加哥 | 201.9（亿美元）/1990 | 40.76/1992 | 5.0（亿美元/千米²） | 41.0（亿元/千米²） |
| 大阪 | 20584.0（亿日元）/1986 | 31.4/1987 | 655.5（亿日元/千米²） | 46.9（亿元/千米²） |
| 横滨 | 18758.00（亿日元）/1980 | 31.30/1980 | 599.30（亿日元/千米²） | 42.91（亿元/千米²） |

资料来源：熊鲁霞和骆棕（2002）

注：产出率按照2006年的汇率比价进行换算

### 7.2.2.2 城乡建设用地集约利用现状分析

(1) 人均村庄建设用地

人均居住用地面积是指居住用地面积与人口的比值，人均居住用地面积越大，用地越粗放、浪费，反之，说明建设用地使用越集约。

人均村庄建设用地则是农村地区村庄建设用地与农村人口的比值，反映村庄建设用地的节约集约利用情况。

比较 2012 年江苏省各城市人均村庄建设用地面积，南通市人均占用最大（图 7-1）。

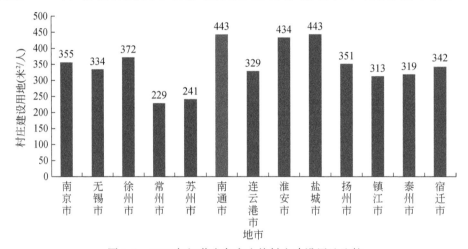

图 7-1　2012 年江苏省各市人均村庄建设用地比较

2012 年，南通市户籍总人口为 765.20 万人，其中，农业人口为 390.37 万人；常住总人口为 729.73 万人，其中，乡村人口为 301.16 万人，占常住总人口的 41.27%。南通市人口存在外流现象，由于户籍人口中的农业人口很大一部分已经实现了居住地和就业的非农化，乡村人口总量远小于农业人口。

全市村庄建设用地总面积为 133 488 公顷，各县（市、区）中，如皋市村庄建设用地面积最大，占全市的 23.59%。通州区、如东县、海门市、启东市、海安县村庄建设用地面积分别占全市的 18.71%、17.97%、13.04%、12.91%、10.57%（表 7-6）。

表 7-6　2012 年南通市各县（市、区）人均村庄建设用地

| 地区 | 乡村人口（人） | 村庄建设用地面积（公顷） | 村庄建设用地比例（%） | 人均村庄建设用地面积（平方米） |
|---|---|---|---|---|
| 南通市 | 3 011 600 | 133 488 | 100.00 | 443.25 |
| 中心城区 | 49 300 | 4 288 | 3.21 | 869.81 |
| 崇川区 | 5 700 | 1 340 | 1.00 | 2350.88 |
| 开发区 | 3 000 | 1 454 | 1.09 | 4846.67 |

续表

| 地区 | 乡村人口（人） | 村庄建设用地面积（公顷） | 村庄建设用地比例（%） | 人均村庄建设用地面积（平方米） |
|---|---|---|---|---|
| 港闸区 | 40 600 | 1 495 | 1.12 | 368.23 |
| 通州区 | 535 600 | 24 979 | 18.71 | 466.37 |
| 海安县 | 424 100 | 14 110 | 10.57 | 332.70 |
| 如东县 | 492 400 | 23 990 | 17.97 | 487.21 |
| 启东市 | 469 100 | 17 227 | 12.91 | 367.24 |
| 如皋市 | 617 400 | 31 488 | 23.59 | 510.01 |
| 海门市 | 423 700 | 17 405 | 13.04 | 410.79 |

按照常住人口中的乡村人口计算，2012 年南通市人均村庄建设用地面积为 443.25 平方米，其中，如皋市人均村庄建设用地面积最大，达 510.01 米²/人，其余县（市、区）中，如东县、通州区、海门市人均村庄建设用地均较大。中心城区（崇川区、开发区、港闸区）乡村人口极少，但其人均村庄建设用地面积过大（869.81 米²/人），以崇川区、开发区最为典型，说明中心城区土地城市化远落后于人口城市化的进程，中心城区村庄建设用地集约利用工作亟须加强（图 7-2）。

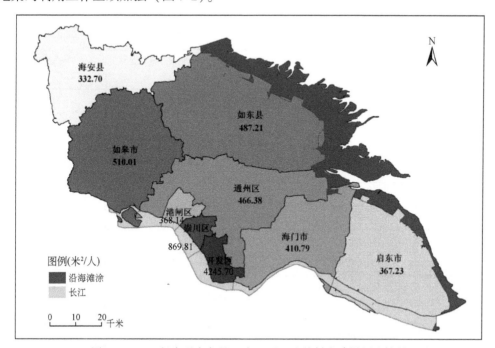

图 7-2　2012 年南通市各县（市、区）人均村庄建设用地情况

（2）人均城镇工矿用地

人均城镇工矿用地为单位城镇人口所占有的城镇工矿用地数量，反映城镇工矿用地的利用程度。比较 2012 年江苏省各城市人均城镇工矿用地面积，南通市人均城镇工矿用地占有量最小，只有 101 米²/人，小于江苏省 153 米²/人的水平（图 7-3）。

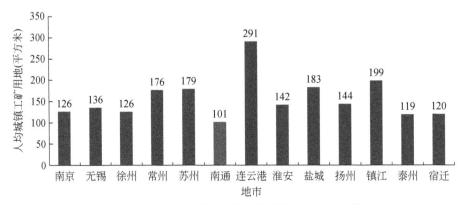

图 7-3　2012 年江苏省各市人均城镇工矿用地比较

2012 年南通市城镇工矿用地面积为 43 446 公顷，各县（市、区）中，中心城区城镇工矿用地占比最大，达 36.35%，其次海安县、海门市城镇工矿用地占比均在 10% 以上（表 7-7）。

表 7-7　2012 年南通市各县（市、区）人均城镇工矿用地面积

| 地区 | 城镇人口（人） | 城镇工矿用地面积（公顷） | 城镇工矿用地比例（%） | 人均城镇工矿用地面积（平方米） |
|---|---|---|---|---|
| 南通市 | 4 285 700 | 43 446 | 100 | 101.38 |
| 中心城区 | 1 131 700 | 15 792 | 36.35 | 139.55 |
| 崇川区 | 694 300 | 5 737 | 13.2 | 82.63 |
| 开发区 | 200 000 | 5 626 | 12.95 | 281.32 |
| 港闸区 | 237 400 | 4 429 | 10.19 | 186.57 |
| 通州区 | 606 400 | 2 599 | 5.98 | 42.86 |
| 海安县 | 441 900 | 8 724 | 20.08 | 197.42 |
| 如东县 | 493 600 | 3 392 | 7.81 | 68.73 |
| 启东市 | 490 900 | 3 881 | 8.93 | 79.06 |
| 如皋市 | 642 600 | 3 253 | 7.49 | 50.61 |
| 海门市 | 478 600 | 5 805 | 13.36 | 121.29 |

按照常住人口中的城镇人口计算，南通市人均城镇工矿用地面积为 101.38 平方米，已完成《南通市土地利用总体规划（2006—2020 年）》设定的到 2010 年将全市人均城镇

工矿用地控制在 109 平方米以内的目标，且提前完成到 2020 年全市人均城镇工矿用地控制在 105 平方米的目标。各县（市、区）中，开发区、海安县、港闸区和海门市人均城镇工矿用地较大，分别达 281.32 平方米、197.42 平方米、186.57 平方米和 121.29 平方米，其余县（市、区）均已达到《南通市土地利用总体规划（2006—2020 年）》中对人均城镇工矿用地控制的规定，沿海地区如东县、通州区人均城镇工矿用地占有较小（图 7-4）。

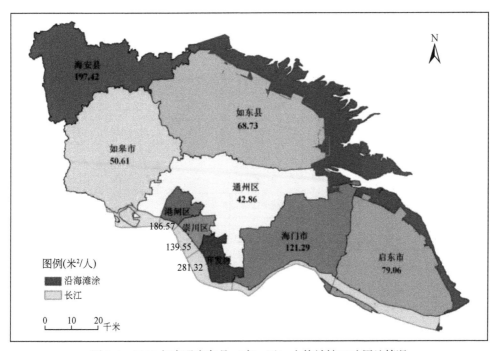

图 7-4　2012 年南通市各县（市、区）人均城镇工矿用地情况

### 7.2.2.3　建设用地利用效益分析

根据《南通市土地利用总体规划（2006–2020 年）》设定目标：南通市单位建设用地 GDP 到 2010 年提高至 172 万元/公顷，2020 年争取提升至 459 万元/公顷。

如表 7-8 所示，2012 年，南通市单位建设用地 GDP 为 225 万元/公顷，已完成《南通市土地利用总体规划（2006—2020 年）》中设定的到 2010 年全市单位建设用地产值达到或超过 172 万元/公顷的目标，而距 2020 年达到 459 万元/公顷还有相当一段距离。各县（市、区）中，中心城区建设用地产出效益相对较高，崇川区单位建设用地产值高达 611 万元/公顷，其次，海门市、通州区、启东市建设用地产出效益也较高，如东县和如皋市建设用地产出效益未达到 2010 年单位建设用地产值达到 172 万元/公顷的目标，建设用地提效空间较大。

表 7-8　2012 年南通市各县（市、区）建设用地产出效益

| 地区 | GDP（亿元） | 固定资产投资（亿元） | 建设用地（公顷） | 单位建设用地产值（万元/公顷） | 单位建设用地投入（万元/公顷） | 单位建设用地投入产出比 |
|---|---|---|---|---|---|---|
| 南通市 | 4 542 | 2 886 | 201 967 | 225 | 143 | 1：1.57 |
| 中心城区 | 1 061 | 776 | 23 875 | 445 | 325 | 1：1.37 |
| 崇川区 | 470 | 301 | 7 698 | 611 | 391 | 1：1.56 |
| 开发区 | 360 | 304 | 9 125 | 395 | 333 | 1：1.19 |
| 港闸区 | 231 | 171 | 7 052 | 328 | 243 | 1：1.35 |
| 通州区 | 680 | 378 | 30 416 | 224 | 124 | 1：1.81 |
| 海安县 | 480 | 323 | 25 891 | 185 | 125 | 1：1.48 |
| 如东县 | 478 | 311 | 31 849 | 150 | 98 | 1：1.53 |
| 启东市 | 589 | 360 | 24 197 | 243 | 149 | 1：1.63 |
| 如皋市 | 590 | 330 | 38 833 | 152 | 85 | 1：1.79 |
| 海门市 | 663 | 371 | 26 906 | 246 | 138 | 1：1.78 |

从建设用地的投入指标来看，2012 年，南通市单位建设用地固定资产投资额达 143 万元/公顷，投入产出比为 1：1.57，即一个单位的建设用地投入可以实现 1.57 个单位的产出，小于 2012 年苏中地区投入产出比 1：1.67，更小于苏南地区 1：1.92 的水平。各县（市、区）中，通州区、如皋市和海门市投入产出效益相对较高（图 7-5 和图 7-6）。

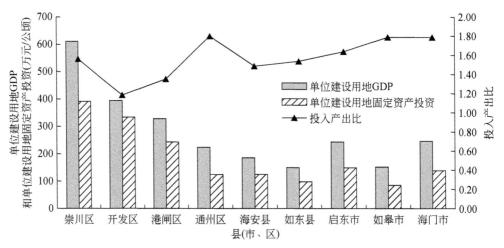

图 7-5　2012 年南通市各县（市、区）建设用地投入产出情况

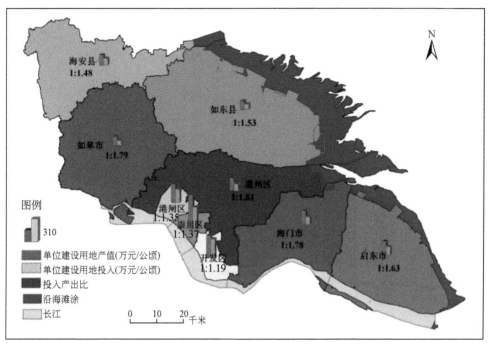

图7-6 2012年南通市各县（市、区）建设用地投入产出情况

由于数据条件的限制，只能获得2011年的各县（市、区）乡镇的产值数据，所以在计算各乡镇建设用地产出效益时采用2011年进行分析说明。见表7-9，2011年南通市各乡镇建设用地产出效益情况。

表7-9 2011年南通市各乡镇建设用地产出效益

| 地区 | GDP（万元） | 建设用地面积（公顷） | 单位建设用地产值（万元/公顷） | 地区 | GDP（万元） | 建设用地面积（公顷） | 单位建设用地产值（万元/公顷） |
|---|---|---|---|---|---|---|---|
| 通州区 | 6 037 100 | 29 793 | 203 | 刘桥镇 | 254 490 | 2 049 | 124 |
| 金沙镇 | 1 569 551 | 4 277 | 367 | 平潮镇 | 574 013 | 1 912 | 300 |
| 西亭镇 | 126 297 | 927 | 136 | 平东镇 | 227 846 | 1 072 | 213 |
| 二甲镇 | 206 936 | 1 710 | 121 | 五接镇 | 274 525 | 956 | 287 |
| 东社镇 | 112 416 | 818 | 137 | 兴仁镇 | 308 457 | 1 340 | 230 |
| 三余镇 | 210 524 | 3 363 | 63 | 兴东镇 | 231 349 | 902 | 257 |
| 十总镇 | 151 493 | 743 | 204 | 张芝山镇 | 237 052 | 1 064 | 223 |
| 骑岸镇 | 119 065 | 1 130 | 105 | 先锋镇 | 237 435 | 951 | 250 |
| 五甲镇 | 112 428 | 643 | 175 | 川姜镇 | 607 207 | 3 109 | 195 |
| 石港镇 | 265 023 | 1 809 | 147 | 海门市 | 5 903 300 | 20 084 | 294 |
| 四安镇 | 210 993 | 1 020 | 207 | 海门镇 | 975 534 | 6 262 | 156 |

续表

| 地区 | GDP（万元） | 建设用地面积（公顷） | 单位建设用地产值（万元/公顷） | 地区 | GDP（万元） | 建设用地面积（公顷） | 单位建设用地产值（万元/公顷） |
|---|---|---|---|---|---|---|---|
| 三星镇 | 636 805 | 2 094 | 304 | 曲塘镇 | 471 250 | 2 361 | 200 |
| 德胜镇 | 231 899 | 1 267 | 183 | 大公镇 | 243 451 | 1 918 | 127 |
| 三厂镇 | 529 190 | 1 818 | 291 | 三阳镇 | 183 089 | 802 | 228 |
| 常乐镇 | 285 074 | 1 235 | 231 | 万年镇 | 123 702 | 705 | 176 |
| 麒麟镇 | 137 737 | 775 | 178 | 四甲镇 | 205 808 | 1 223 | 168 |
| 悦来镇 | 221 216 | 1 302 | 170 | 货隆镇 | 178 485 | 717 | 249 |
| 曹埠镇 | 155 611 | 1 316 | 118 | 王浩镇 | 152 782 | 535 | 286 |
| 丰利镇 | 255 098 | 2 035 | 125 | 包场镇 | 397 334 | 1 144 | 347 |
| 苴镇 | 114 953 | 1 334 | 86 | 余东镇 | 155 804 | 647 | 241 |
| 栟茶镇 | 180 326 | 1 507 | 120 | 正余镇 | 327 037 | 814 | 402 |
| 洋口镇 | 230 549 | 3 240 | 71 | 刘浩镇 | 187 951 | 1 222 | 154 |
| 启东市 | 5 201 700 | 23 636 | 220 | 临江镇 | 153 910 | 1 073 | 143 |
| 汇龙镇 | 1 484 239 | 3 982 | 373 | 东灶港镇 | 187 144 | 1 714 | 109 |
| 南阳镇 | 193 482 | 1 894 | 102 | 树勋镇 | 94 283 | 783 | 120 |
| 北新镇 | 301 234 | 1 805 | 167 | 海永乡 | 17 211 | 214 | 80 |
| 王鲍镇 | 224 586 | 1 471 | 153 | 如东县 | 4 162 910 | 31 329 | 133 |
| 合作镇 | 139 380 | 1 031 | 135 | 掘港镇 | 1 210 066 | 5 238 | 231 |
| 吕四港镇 | 981 066 | 3 446 | 285 | 长沙镇 | 119 363 | 2 386 | 50 |
| 海复镇 | 151 914 | 1 093 | 139 | 大豫镇 | 339 196 | 3 885 | 87 |
| 近海镇 | 155 482 | 2 386 | 65 | 袁庄镇 | 185 052 | 1 582 | 117 |
| 寅阳镇 | 386 233 | 2 564 | 151 | 河口镇 | 278 054 | 1 578 | 176 |
| 惠萍镇 | 414 703 | 2 059 | 201 | 岔河镇 | 356 033 | 2 180 | 163 |
| 东海镇 | 176 844 | 1 416 | 125 | 新店镇 | 161 059 | 998 | 161 |
| 启隆乡 | 39 806 | 489 | 81 | 双甸镇 | 233 922 | 1 935 | 121 |
| 海安县 | 4 284 050 | 25 547 | 168 | 马塘镇 | 343 628 | 2 116 | 162 |
| 海安镇 | 1 535 434 | 6 511 | 236 | 城东镇 | 1 018 678 | 4852 | 210 |
| 雅周镇 | 116 848 | 1 516 | 77 | 如皋市 | 5 196 735 | 38934 | 133 |
| 角斜镇 | 222 076 | 2 161 | 103 | 如城镇 | 1 209 399 | 5813 | 208 |
| 李堡镇 | 239 270 | 2 064 | 116 | 柴湾镇 | 571 827 | 1442 | 397 |
| 白甸镇 | 88 916 | 930 | 96 | 雪岸镇 | 87 761 | 1037 | 85 |
| 墩头镇 | 224 385 | 1 989 | 113 | 东陈镇 | 170 496 | 1248 | 137 |
| 南莫镇 | 123 742 | 1 245 | 99 | 丁堰镇 | 277 926 | 1453 | 191 |

| 地区 | GDP（万元） | 建设用地面积（公顷） | 单位建设用地产值（万元/公顷） | 地区 | GDP（万元） | 建设用地面积（公顷） | 单位建设用地产值（万元/公顷） |
|---|---|---|---|---|---|---|---|
| 白蒲镇 | 244 996 | 1 950 | 126 | 江安镇 | 149 981 | 2 291 | 65 |
| 林梓镇 | 132 355 | 1 246 | 106 | 高明镇 | 86 891 | 1 271 | 68 |
| 下原镇 | 119 523 | 1 646 | 73 | 常青镇 | 114 285 | 1 317 | 87 |
| 九华镇 | 196 785 | 2 055 | 96 | 搬经镇 | 189 307 | 2 158 | 88 |
| 郭元镇 | 116 345 | 1 588 | 73 | 磨头镇 | 154 112 | 2 629 | 59 |
| 石庄镇 | 151 528 | 1 494 | 101 | 桃园镇 | 142 307 | 1 283 | 111 |
| 长江镇 | 834 352 | 3 899 | 214 | 袁桥镇 | 112 818 | 1 407 | 80 |
| 吴窑镇 | 133 741 | 1 705 | 78 | | | | |

分析 2011 年南通市建设用地产出效益的空间分异，南通市建设用地产出效益较高的地区集中分布在中心城区及周边乡镇，各县（市、区）的中心乡镇建设用地产出效益也较高。临海乡镇中，建设用地产出效益存在空间分异，启东市和海门市临海乡镇建设用地产出效益高，而如东县和海安县临海乡镇除县中心乡镇外，建设用地产出效益较小。基于陆海统筹的考虑，将南通市划分三个地带来看，中心城区单位建设用地产值为 441 万元/公顷，沿海前沿乡镇单位建设用地产值为 162 万元/公顷，中间过渡带单位建设用地产值为 172 万元/公顷，因此，基于建设用地产值的空间分异情况来看，建设用地布局在中心城区产出效益最高。

### 7.2.2.4 与国内土地资源节约集约模范县（市）对比

国土资源节约集约模范县（市）创建活动是经国务院主管部门批准、由国土资源部具体组织开展的一项国家级达标评比表彰活动，旨在贯彻节约资源的基本国策，落实节约优先战略，动员社会各方力量，大力推动国土资源节约集约利用，着力提升国土资源节约集约利用水平，增强全社会节约集约利用国土资源的意识，充分调动各级党委、政府及广大人民群众节约集约利用资源的积极性和参与性，引导各方面积极主动地走集约高效利用国土资源的新路，促进资源节约型、环境友好型社会建设，分别于 2010 年 6 月 25 日和 2012 年底至 2013 年初开展过两次。

江苏省无锡市江阴市、常州市金坛市、苏州市昆山市、南通市海门市、泰州市靖江市荣获首届国土资源节约集约模范县（市）称号，江苏省南京市栖霞区、徐州市铜山区、常州市新北区、苏州市吴中区、南通市崇川区荣获第二届国土资源节约集约模范区称号，因此，本书选取部分模范县市、模范区与南通市节约集约利用进行对比（图 7-7）。

通过南通市各县（市、区）与国土资源集约模范县（市）、模范区的对比，可以看出，与模范地区相比，南通市各县（市、区）人均村庄建设用地除海安县和启东市，均高于模范县（市）水平；人均城镇工矿用地集约利用情况较好，与国土资源模范县（市）

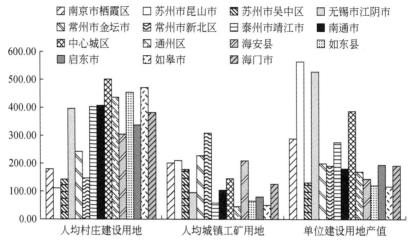

图 7-7　2010 年南通市与国土资源节约集约模范县（市）、模范区建设用地集约利用对比

人口数据为《中国 2010 年人口普查分县资料》的常住人口；产值数据来源于各市 2011 年统计年鉴；
人均村庄建设用地和人均城镇工矿用地单位为平方米，单位建设用地产值单位为万元/公顷

人均占用城镇工矿相比相差不大，个别乡镇集约利用情况优于模范县（市）地区；从单位建设用地产值情况对比情况来看，与苏州市昆山市和无锡市江阴市相比，建设用地效益相差较大，而与其他县市相比，南通市建设用地产出效益存在差距但差距不大。因此，南通市建设用地节约集约利用的突出问题主要集中在两个方面：人均村庄建设用地面积过大和建设用地产出效益不足问题。

### 7.2.2.5　建设用地节约集约利用现状与问题

通过以上对南通市建设用地节约集约利用的分析，总结南通市建设用地集约利用存在以下问题。

（1）人均村庄建设用地面积居高不下，空间分布密集

2012 年南通市人均村庄建设用地面积高达 443.24 平方米，远超出《江苏省村庄规划导则》新建村庄人均机制建设用地指标中 130 米²/人的标准，所有县（市、区）人均村庄建设用地指标均超出该标准。如皋市、通州区城区及崇川区周边村庄建设用地分布密集，其余县（市、区）村庄建设用地分布均呈现临河临路的串珠状的分布形态，村庄建设用地集约利用是南通市全局性的重要问题。

（2）城镇工矿用地集约利用情况较好，空间分布相对集中

2012 年南通市人均城镇工矿用地面积为 101.38 平方米，城镇工矿用地集约利用实施情况较好，部分县（市、区）已完成或超过《南通市土地利用总体规划（2006－2020年)》设定的到 2010 年南通市人均城镇工矿用地控制在 109 平方米的指标标准。从城镇工矿用地的空间分布来看（图 7-8），除海安县城区周边城镇工矿用地分布略显分散外，其余县（市、区）城镇工矿用地分布相对集中，沿海地区通州区、海门市、启东市已形成城镇工矿用地的集中分布点。

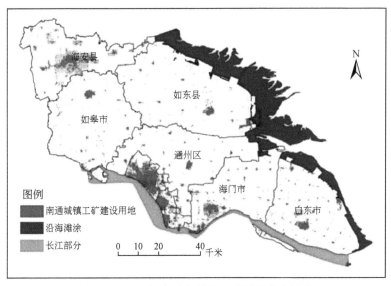

图 7-8　2012 年南通市城镇工矿用地分布情况

（3）建设用地产出效益与目标相距较远，提效任务艰巨

2012 年南通市单位建设用地 GDP 为 225 万元/公顷，完成了到 2010 年实现建设用地效益超过 172 万元/公顷的目标，各县（市、区）也基本达到这一目标，但除中心城区以外的县（市、区）地区与到 2020 年实现建设用地效益达到或超过 459 万元/公顷的目标均有较大差距，提升建设用地产出效益的任务艰巨。建设用地产出效益较高的地区以集中分布在中心城区及各县（市、区）的中心乡镇为主，沿海地区乡镇中，海门市和启东市沿海乡镇建设用地产出效益较高。

## 7.2.3　土地规划实施情况评价

1）根据《南通市土地利用总体规划（2006~2020 年）中期评估报告》，2006~2012年南通市土地利用大致呈以下变化态势：农用地和其他土地显著减少，建设用地大幅增加，耕地保护形势严峻，城镇用地与村庄建设用地呈现双扩张态势。

2）对于各县（市、区）建设用地指标的使用情况，本书对其进行了总结分析（图 7-9）。①建设用地总规模指标控制情况：至 2012 年末，南通市建设用地总规模为 20.2 万公顷，与规划目标相比超出 873 公顷，已使用规划目标的 100.4%。其中，建设用地总规模超出规划目标的地区为启东市、如皋市、如东县、海安县和海门市，已使用规划目标的102.9%、101.0%、100.8%、100.5% 和 100.1%；建设用地总规模未超出规划目标的地区为崇川区、开发区、港闸区和通州区，已使用规划指标的 98.8%、95.7%、98.8% 与99.9%。②城乡建设用地规模指标控制情况：至 2012 年末，南通市城乡建设用地规模为17.5 万公顷，与现行规划目标相比超出 0.4 万公顷，已使用规划目标的 102.1%，城乡建设用地规模约束性指标没有起到有效的控制作用。其中，城乡建设用地规模超出规划目标较多的地区为通州区、崇川区、启东市和港闸区，已使用规划目标的106.7%、105.7%、102.6%、102.6%，除开发区外，其余各县（市、区）均存在城乡建设用地利用规模超标现象。③城镇工矿用地规模指标控制情况：至2012年末，南通市城镇工矿用地面积为4.2万公顷，与规划目标相比尚有1.1万公顷规模空间，已使用规划目标的79.9%，城镇工矿用地扩展得到了有效的控制。其中，与规划目标相比，城镇工矿用地规模剩余空间较多的地区为通州区、如东县、如皋市，已使用规划目标的59.2%、64.7%、76.1%，另外，其余县（市、区）也均有一定的城镇工矿用地规模剩余空间。

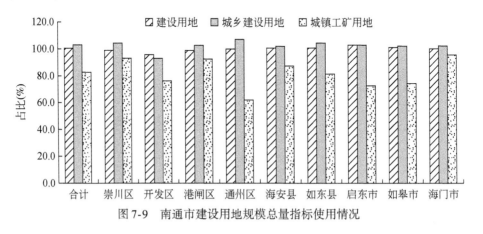

图7-9　南通市建设用地规模总量指标使用情况

# 7.3　政策创新与实施的保障措施

## 7.3.1　思想保障

一是通过开展形势宣讲、组织研讨等多种形式，加强陆海统筹发展理念下土地政策创新、实施的宣传引导，扫除条块分割的行政管理思想障碍，提高陆海统筹意识，有效政策实施与推动陆海统筹发展。二是以宣传贯彻《省委省政府关于全面推进节约集约用地的意见》（苏发〔2014〕6号）为契机，加大对集体经营性建设用地流转、农村土地综合整治等土地政策创新内涵的挖掘与宣传，协调推动政策落实。

## 7.3.2　组织保障

一是在南通市委全面深化改革领导小组、市陆海统筹发展综合配套改革领导小组等既有领导组织保障下，针对不同类别的政策创新需求，协调相关部门成立专门的政策推进小组，推动不同部门间的沟通协调，为陆海统筹相关土地政策创新与实施提供组织保障。二是深入推进陆海统筹综合配套改革进程中，探索推进海洋管理体制与国土资源管理体制的融合，通过体制改革推进陆海统筹发展。

### 7.3.3 法制保障

一是全面梳理、评估国家、省、市层面已有法律法规、规范性文件等涉及陆海统筹发展相关土地政策创新的内容，明确创新面临的法制环境，对围填海造地、基本农田调整、耕地占补平衡、建设占用未利用地、集体经营性建设用地流转、农村土地综合整治等相关内容措施、执行情况、实施效果、存在问题及其影响因素等进行客观调查和综合评价，提出完善制度、改进管理的意见。二是争取国家、省对陆海统筹发展的各类倾斜政策，并妥善制定适应陆海统筹新形势的规范性文件、指导意见，营造良好的法治环境。

### 7.3.4 技术保障

一是在技术层面协调国土资源部门"一张图"工程应用与海域使用管理相关信息平台，为陆海使用信息动态监管、联合执法监察等提供技术保障。二是参照国家相关技术规程与标准，在沿海滩涂浅淡水养殖水面作为可调整耕地的评价标准、集体经营性建设用地定级估价等方面制定科学的技术导则或指导意见，为政策创新与实施提供技术保障。

# 第8章　陆海统筹整体部署及实践探索

本章主要讲述南通市在全国率先编制实施陆海统筹发展土地利用规划，落实南通市陆海统筹发展。首先从"节约集约创新""空间布局优化""耕地保护升级""土地综合整治""生态建设优先"这五大专项行动来阐述南通市的陆海统筹发展思想（节约集约用地"双提升"）、方式及初步成效。并将南通市所辖地区（包括海安、如皋、如东、海门、启东等地区）陆海统筹国土资源改革创新工作推进情况作简要介绍。

## 8.1　推进陆海统筹实施节约集约用地"双提升"五大专项行动

### 8.1.1　"节约集约创新"专项行动

（1）工作目标

节约集约用地制度更加健全，以完善土地市场调节机制和强化节约集约用地监管为重点，创新节约集约用地制度设计，全面推进土地利用管理的法制化、规范化、信息化建设。城镇建设用地盘活取得实效，2015年全市盘活城镇建设用地不少于1.5万亩，存量用地供应占比达到50%，"十三五"时期全市再盘活城镇建设用地不少于6.5万亩，"十三五"末存量用地供应占比达到60%。土地有偿使用率不断提高，2015年全市土地有偿使用率达到75%，"十三五"期末，全市土地有偿使用率达到80%，土地的有偿使用比例高，更显化了土地资产的功能。土地利用综合效益明显提升，2015年，全市节约集约用地"双提升"水平高于全省平均水平；在此基础上，"十三五"时期全市单位GDP用地再降低34%以上，建设用地地均GDP产出水平再提升52%以上。国家级开发区和省级开发区节约集约用地水平比全市节约集约用地"双提升"水平高5%。

（2）做法成效

一是在工业用地出让上探路子。在全省率先探索实施工业用地"先租后让"，提请市政府出台《南通市市区工业用地先租后让暂行办法》，明确先租后让的适用对象、办理程序和违约处理，合理确定工业用地租赁期限、租金及续租租金标准、"租改让"价格、政府收回建（筑）筑物补偿认定和标准等，在全省首次提出实行租金和出让价格双竞价方式，实现项目建设用地成本门槛下降到10%以下，项目总用地成本下降10%以上。截至2017年底，挂牌上市两宗"先租后让"地块，面积为456亩。

二是在低效用地开发上压担子。积极开展城镇低效用地再开发,对禁止淘汰类产业用地、"退二进三"产业用地、闲置空闲用地、征而未供土地等城镇存量建设用地实行分类处理,引导企业主动转型升级,2011~2017 年全市盘活城镇建设用地 17.7 万亩。加大闲置土地处置力度,开展节约集约专项督查行动,被督查的 12 715 亩闲置土地,整改处置了 12 584 亩,处置率达 99%,其中全市收回重新供应闲置土地 1139 亩,项目累计投资 27 亿元。2012~2017 年平均供地率达 83%。

三是在节约集约用地上创牌子。积极指导各地在节约集约创机制、创特色、创牌子上下功夫,海门、启东、如东、崇川、港闸、海安、启东 7 个县(市、区),先后 13 次获评"国土资源节约集约模范县(市、区)",其中国家级 4 次,省级 9 次。全市已建成高标准厂房 410 万平方米,海安、如皋、海门、启东、通州、崇川、港闸、开发区、如东 9 个县(市、区)先后 17 次获评"省高标准厂房建设与使用先进地区",实现获奖的全域覆盖。全市单位 GDP 用地下降率、亩均 GDP 增长率大幅超过省定目标。开发区"节地梦·百企行"主题活动被国土资源部评为"全国土地日"宣传好项目。

四是在项目用地监管上把关子。严把土地准入关,认真开展节地评价,以指标定用地,还出台了《关于加强市区建设用地批后全程监管的通知》,建立国土资源"一张图"监管平台,实现监管信息的动态化、实时化。定期组织开展项目用地开发建设情况的跟踪调查,实行土地交易"黑名单"制,在土地开发企业有问题未整改到位前禁止其参与新上项目用地竞买。国有建设用地使用权网上交易全面实施。南通城市地价动态监测和基准地价更新工作在全国 105 个城市中排名前十。土地储备政策创新研究成果被国土资源部、财政部采纳。

## 8.1.2 "空间布局优化"专项行动

(1)工作目标

优化建设用地空间,合理调整农用地布局,严格保护生态红线区域,探索适合南通陆海统筹发展的用地布局和空间规划体系,努力形成"规模集中、要素集聚、产业集群、用地集约、效益集显"的用地格局。以规划和制度创新引领实践创新,制定适合南通特色的规划编制和实施管理政策;以多规融合理念统筹相关规划编制,逐步实现一个区域一张蓝图的目标;以控制开发强度配置建设用地总量,到 2020 年全市土地开发强度控制在 22.1% 以内;以"三生"空间理念优化用地格局,实现陆海资源保护、利用空间布局更加科学合理。

(2)做法成效

一是抓住陆海统筹规划"牛鼻子"。市国土资源部门牵头创新编制《南通市陆海统筹发展土地利用规划》,并获省政府批准实施。《南通市陆海统筹发展土地利用规划》综合评价陆海资源环境承载力,以土地利用总体规划调整完善各项控制指标为基数,以全市"十三五"重点发展区域和重大项目(产业、基础设施、民生工程等)对陆海建设空间的现实需求为基础,在与相关规划深度对接的基础上,明确了全市陆海国土空间统筹开发与保护各项控制指标、政策体系创新方向和陆海国土空间布局优化利用的目标任务、保障方案和实施路径，优化城乡建设用地和农业用地空间布局，科学配置各区域建设用地总量。

二是打造陆海联动开发"示范区"。为策应全市陆海统筹发展综合配套改革试点的实施，对全市陆海国土空间利用重新定位。中心城区以盘活存量为主，配给增量为辅，通过适度的布局优化调整，缓解用地空间不足、耕地与基本农田保护空间冲突等问题。城关镇和19个中心镇严格控制土地开发强度，科学配置建设用地，保障一定比例的新增计划支持新农村建设。通州湾示范区通过开展功能片区规划编制，探索土地利用总体规划与其他规划在规划期限、用地规模、空间布局、管制规则上相互衔接融合，创新土地、海洋等资源要素在城乡统筹、陆海统筹发展中的优化布局和合理利用，充分挖掘海洋资源潜力，合理调配陆地、海岸带、近海海域的开发规模和时序，有效化解了沿海开发战略中的资源要素约束瓶颈。2017年初，功能片区规划获省政府批准。

三是找准陆海统筹发展"突破点"。经统计，全市历年来滩涂围垦面积累计达129.31万亩，其中建设用海为35.23万亩，已开发建设20.23万亩，有效保障了一批重点工程和重大产业项目落地；农业用海94.08万亩，15.91万亩用于耕地占补平衡，其余为高涂养殖。市国土资源部门与市海渔部门密切配合，将经批准的沿江沿海围垦土地23.5万亩及时纳入土地利用总体规划，尤其是取得合法手续的建设用海和长江岸线围垦土地，统一纳入允许建设区，实现陆海资源开发的"一张图"管理，该成果受到全国土地规划专家的一致好评。同时，积极探索试行陆海统筹发展的新路径，开展用地与用海在符合海洋功能区划和土地利用总体规划的条件下，对短期内无法利用的建设空间，按照市场调剂方式进行异地置换，在县域内适度统筹安排，目前部分沿海县（市、区）已取得一定突破。另外，结合全市养殖规划和现代农业规划布局调整，腾退养殖用海面积38.3万亩，为沿海生态保护、开发建设和耕地占补平衡提供了空间。

四是办理海域使用权"身份证"。南通市沿海滩涂面积为307.25万亩，其中潮上带滩涂面积为5.95万亩，潮间带滩涂面积为201.30万亩，辐射沙洲滩涂面积为100万亩。"十二五"期间围垦滩涂面积12.68万亩，其中建设用海为8.20万亩，农业用海为4.48万亩。推行浅淡水养殖和土壤改造相结合，将改造土壤逐步用于耕地占补平衡。成立了全国首家海域使用权市场交易中心，成立了省内第一家市级海域储备中心。出台《关于做好海域使用权证（建设用）换发国有土地使用证工作的通知》，创新开展海域使用证换发土地证（不动产权证）工作，累计办理换发证11万亩。在全国地级市中率先出台并实施海域使用权"直通车"制度，打通了用海项目制度瓶颈，在全国率先出台了《南通市海上构（建）筑物抵押管理暂行办法》，全市海域使用权抵押累计发放贷款超过150亿元，占全省同类贷款余额的70%以上；海域价值评估的面积、种类与宗数、价值总额均居全国首位。

## 8.1.3 "耕地保护升级"专项行动

（1）工作目标

严守耕地数量红线，健全和落实耕地保护执法监管共同责任机制，加大耕地保护日常监管力度，综合运用卫星遥感监测等技术手段，严格依法查处非法侵占、破坏耕地行为。从严落实国家、省下达的耕地保有量、基本农田保护面积、高标准基本农田建设规模等各项指标任务，到 2020 年，高标准基本农田面积达到 380 万亩，开发利用沿海、沿江滩涂新增耕地不少于 3 万亩。全面提升耕地质量，坚持耕地保护数质并举、以质为先，通过大力开展土地综合整治，强化耕地数量和质量占补平衡，在确保耕地保有量不减少的同时，不断提升耕地质量。优化耕地和基本农田空间布局，到 2020 年，优质耕地保护面积不少于 450 万亩。

（2）做法成效

一是评选"十百千"工程强激励。落实"政府牵头、部门参与、整体联动"的耕地保护共同责任机制，强化耕地数量和质量一体化考核。每年年初，市政府与各县（市、区）政府（管委会）签订耕地保护目标责任书，各县（市、区）也与所辖乡镇（街道）相应签订耕地保护目标责任书，切实落实耕地保护责任。创新耕地保护补偿激励机制，充分调动基层保护耕地的积极性。从 2013 年起在全市开展耕地保护"十百千"工程，每年组织评选"耕地保护十佳乡镇、100 个基本农田保护示范村、1000 个基本农田保护模范户"，并分别给予 10 万元/镇、2 万元/村、100 元/（亩·户）的激励和补贴；从 2017 年起进一步加大耕地保护补偿激励，对高标准农田建设产生耕地占补平衡指标的村集体经济组织，由市财政直接奖励 5 万元/亩，助力乡村振兴。

二是突出"双 1%"工程重建设。在本轮土地利用总体规划调整完善中，全市核减耕地保有量为 21.49 万亩、基本农田为 60.60 万亩，进一步调整优化耕地和基本农田布局，尤其将沿海土壤肥力较差的基本农田调整出来，有利于陆海土地资源的统筹配置与调度，加强陆海之间的要素流动。严守永久基本农田保护红线，全市共划定永久基本农田 578.25 万亩，占耕地总面积的 87.04%。提请市委市政府出台《市政府办关于进一步推进全市高标准农田建设工作的意见》，明确整市推进高标准农田建设，同步整理出不少于 1% 的耕地占补平衡指标和 1% 左右的城乡建设用地增减挂钩项目，发挥资金和资源的最大效益。积极探索"以补代投、以补促建"的高标准农田建设模式，加强"田、水、路、林、村"配套建设，加快优质耕地建设，截至 2017 年累计建成高标准农田 480 万亩，有效提高农业生产水平和粮食综合生产能力。

三是开展"土壤改良"工程促占补。2015 年国土资源部公益性行业科研专项《滨海盐碱地快速改良技术及标准研究》课题，选择通州湾示范区作为盐碱地改良示范基地，争取省级、国家级资金 1319 万元，通过采取添加土壤改良化学方法、秸秆还田生物方法、耕作层剥离再利用等多途径，探索实践找到盐碱地土壤综合改良最佳方法，实施盐土改良工程面积 3300 亩，一期 700 亩土地土壤盐度从往年同期的 26‰～42‰下降至 1.6‰左右，顺利通过了新增耕地质量评定和验收。2017 年，争取省级资金 9400 万元，在如东掘苴垦区实施盐碱地改良土地整治项目。在通州湾示范区探索开展"海水稻种植引领土壤综合改良"，试验项目获得圆满成功，首期亩产粮食达 680 斤①，实施不到一年，滩涂盐碱地就快

---

① 1 斤 = 500 克。

速改造成了水田，改良速度比自然改良、旱作改良等传统方式更快，成本也更低，具有较好的推广前景，并得到时任省委书记李强专题批示肯定。

四是试行"智慧守土"工程提效率。在海安县试点开展"智慧资源守土"工程，成立大数据中心，坚持平台开发与核心数据库建设"两手抓"，建成以实时视频监控系统和国土管理"一张图"综合应用平台为核心的"智慧守土"服务监管一体化品台，布置覆盖全县区域的270个摄像头、80个高音喇叭和12台移动终端，实现视场同步、实时拍照摄像、存储下载、智能选择、预设定时定位拍摄、巡查痕迹查询等操作，国土所、分局每周利用系统全面巡查不少于2次，实现国土资源管理全业务实时化办理、全流程实时化监察、全动态实时化监管、全数据实时化更新、全方位实时化便民。

## 8.1.4 "土地综合整治"专项行动

（1）工作目标

优化配置土地资源，通过优化村镇布局，合理调整农村土地利用结构，促进土地要素在村镇间的合理配置，保障中心城镇等重点区域用地需求。合理安排城镇建设、农田保护、产业集聚、村落分布、生态涵养等用地布局，有效促进新型城镇化建设。通过土地综合整治，促进耕地连片集中，推进土地有序流转，优化农业产业结构，提高农业产业化、规模化、集约化经营水平，积极引导发展农村第二、第三产业，促进农村集体经济发展和农民创业增收，推动农村经济发展。

（2）做法成效

一是积极推进"土地综合整治示范工程"试点。创新出台《南通市陆海统筹"土地综合整治示范工程"建设实施细则》，鼓励、支持市级以上中心城镇、重点镇和城郊接合部的乡镇，以镇域为单位，有序实施村庄建设用地优化布局，利用这一试点政策解决土地例行督察整改涉及的农民建房、乡村公路等1万亩用地，既节约了用地计划又节省了报批资金。

二是积极推进"同一乡镇村庄建设用地布局调整"试点。大力开展同一乡镇村庄建设用地布局调整试点，试点争取乡镇个数和新增用地指标数居全省前列，争取三批18个乡镇、1.7万亩新增用地指标。试点有力争取，有效保障了相关乡镇未来2~3年的建设用地需求。

三是积极推进"双置换"试点。鼓励有条件的地方结合农村土地综合整治，优化城乡建设用地布局，推进实施"双置换"：以农村住房和宅基地置换城镇住房、以农村土地承包经营权置换社会保障。会同农办等部门指导海门等地试点制定推进"双置换"的政策措施，重点探索建立农村宅基地和承包地合理、有偿退出机制，在农民自愿的基础上，提供多种补偿安置方式，鼓励农民退出闲置、低效的宅基地和承包地，形成制度和实践成果，从政策设计和实际操作上为"双置换"的实施提供基础。

四是开展指标"市场化"试点。海安县土地利用"五化并进"行动方案经省厅批准纳入全市陆海统筹试点范畴，在该县尝试滚动建立县镇两级"挂钩拆旧储备库、用地规模库、计划指标库、占补平衡指标库"，鼓励区镇多余指标进入县级交易平台，形成土地指标"保障重点、统筹协调、市场运作、高效使用"的市场化管理机制，充分发挥市场在土地资源配置中的决定性作用。截至 2017 年底，全县共有偿调配挂钩拆旧储备指标 8365 亩、用地规模指标 8946 亩、用地计划指标 2519 亩、占补平衡储备指标 4370.9 亩，成交额达 19.62 亿元，全县建设用地地均 GDP 产出水平提升 8.8%。在启东探索建立陆海资源统一交易平台，将新增建设用地计划、建设用地规划空间、建设用海海域使用权空间、增减挂钩建新指标、工矿废弃地复垦建新指标及耕地占补平衡指标等陆海资源，通过市场公开挂牌，按照统一规则公开竞价，制定《启东市陆海资源统一交易（试点）管理暂行办法》，规定交易的程序和方式。

## 8.1.5 "生态建设优先"专项行动

（1）工作目标

耕地和生态用地空间得到有效保护，生态红线保护区面积占国土面积的比例不低于23%。充分发挥基本农田生态功能，基础性生态用地纳入土地利用总体规划严禁随意占用。农村土地综合整治有序推进，以高标准基本农田为主体的"绿心、绿带"基本形成。沿海地区地质调查全面完成，地质灾害防治体系不断健全。

（2）做法成效

一是严格落实生态保护红线。按照《南通市生态红线区域保护规划》，确立规划期末全市生态红线保护区域比例不低于 23.07%。对于城市绿色空间建设，原则上对 10 亩以下的地块直接收储建绿，按"300 米见绿、500 米见园"的要求建设公园。加大城市生态防护林及绿廊绿道供地力度，打造主城区生态隔离带、高速公路生态隔离带、运河生态隔离带，优化提升生态系统服务功能。结合高标准农田整市推进，建设高标准农田林网，加强农田生态保育，改善农田用养关系。结合沿江沿海生态环境敏感的特点，规划以滩涂湿地、物种保护、水源保护等重要生态功能区为主的 20 个沿江沿海生态环境保护带用地，严控影响和破坏生态环境保护带的各类建设项目。

二是加强生态区域用地管制。严把新建项目准入门槛，加大淘汰落后产能力度，否决和劝退近 400 个重污染项目，从源头上防控各种不合理的开发建设活动对生态功能的破坏。在土地利用总体规划调整完善中利用禁止建设区和限制建设区的划定，对自然保护区、海洋特别保护区、水源保护地、重要湿地滩涂等 10 类 60 个生态保护区域予以严格保护。严格控制不同功能区的土地开发强度，合理划定城市（镇）周边永久基本农田 28.78 万亩，实现城市（镇）开发边界的固化。将"三线"划定成果纳入陆海统筹发展土地利用规划，优化城市（镇）布局和形态，强化对基础性生态用地的管控。

三是构建生态环境监测体系。市政府与省国土资源厅签订《南通城市地质调查协议书》，重点开展南通市地上地下空间资源合理开发利用、海绵城市降雨入渗能力调查评价、城市土地承载力适宜性评价、地质灾害与地质环境保护等专题研究。开展"南通陆海统筹示范区综合地质调查"，形成全市陆海统筹地形图，为海岸带规划建设和重大工程选址提供地质依据。建立全市地面沉降监测网、水位水质监测网，全市沉降水准测量点达 328 个、水位水质监测点 98 个，实现监测网络全覆盖，及时向社会发布监测信息，为陆海统筹区域规划、重大工程选址等领域提供基础地质资料。

四是强化地质灾害防治基础。修编和制定《南通市突发地质灾害应急预案》《南通市突发地质灾害防治工作方案》，结合全市地质灾害隐患现状和气象趋势预测，分析南通市地质灾害发展趋势、地质灾害发育特征，划定全市地质灾害防治重点区、重点防范期，提升应变处置能力。加大狼山景区资源整合力度，定期组织对地质灾害危险点、隐患点进行汛前调查，落实资金 1.5 亿元，对 51 处重大地质灾害点进行治理，同时进行生态环境修复，连续 18 年实现地质灾害零伤亡。

# 8.2　实 践 探 索

## 8.2.1　海安：实施五化并进，策应陆海统筹，以改革创新助力经济社会发展提质增效

海安县紧紧围绕省委、省政府节约集约用地"双提升"行动计划，主动策应南通市陆海统筹发展综合配套改革，积极探索以"土地规划减量化、计划指标市场化、耕地保护优质化、土地利用集约化、服务监管实时化"为重点的"五化并进"行动，得到了省国土资源厅和市国土资源局的关心支持，分别被列为省国土资源厅改革创新试点和南通陆海统筹发展改革创新试点。县委、县政府成立了以县长任组长，常务副县长任副组长，国土、财政、规划、人社、农业等部门主要领导为成员的海安县土地利用"五化并进"工作领导组，研究出台了"五化并进"行动专项方案（2016—2020 年）和年度工作安排，实行"五年行动具象化、当年工作项目化"，较好完成了年度阶段性任务。相关做法被《中国国土资源报》《中国土地》《新华日报》《地政》《中国网络资讯》等多家媒体关注和报道。

（1）土地规划"减量化"：规划引领总量减少

锁定建设用地总规模"天花板"做减量。围绕 2025 年全县村庄建设用地总量减少 15% 的目标，测算出每年实施挂钩拆旧复垦量不少于 4500 亩，再按照 10 个区镇集体建设用地总量比分解，鼓励区镇探索农村宅基地有偿退出机制。扎实推进省级"同一乡镇范围内村庄建设用地布局调整利用"试点深入实施，减量化 10% 编制试点工作方案。三年来，共三批次七个区镇成功实施同一乡镇试点，获准下达建新区规模 102 015.48 亩，占全省总建新规模的 14.85%。

海安县用农村存量建设用地"减法"换取城市发展的"加法"，突破了用地规划空间的瓶颈，优化了建设用地布局。与 2015 年相比，全县 GDP 增长 9%，而建设用地总规模净减少 5097 亩，实现了经济发展而建设用地"减量化"。

（2）计划指标"市场化"：交易平台功效凸显

建立健全"挂钩拆旧储备库、用地规模库、计划指标库、占补平衡指标库"四大交易

平台，形成了"保障重点、统筹协调、市场运作、高效使用"的市场化交易机制。各区镇在"框定总量、自求平衡、有偿交易"原则下，由政府引导、市场配置。区镇使用计划指标与分配计划指标不足部分，必须经交易平台购买，区镇使用计划指标有结余的，可通过交易平台出售，所获资金可用于小城镇建设。

2015～2017年，全县共有偿调配挂钩拆旧储备库8365亩、用地规模指标8946亩、用地计划指标2519亩、占补平衡储备库4370.9亩，成交额达19.62亿元。通过市场交易、价格杠杆、有序竞争，提升了全县节约集约用地意识，促进了土地资源要素的精准配置，实现了计划指标节约高效使用。

（3）耕地保护"优质化"：数量增加质量提升

海安县落实最严格的耕地保护制度，坚持耕地数量、质量、生态三位一体保护。实施耕地保护补助资金奖励机制，对当年无违法违规占用耕地的村组，年终考核每亩耕地奖励0.5元。及时将建成的高标准农田划入永久基本农田，全县共划定永久基本农田70.49万亩。建立耕地保护跟踪监测培肥机制，设立覆盖全县的耕地质量监测点97个，50个固定监测点，47个动态监测点。在全县率先探索优质耕地表土剥离再利用，对实施高标准农田沟渠路优质耕地和厂区内拟固化的场地和空闲地，实施耕作层剥离，表土剥离厚度原则上不低于10厘米。

2015～2017年，全县共建成高标准农田50.98万亩，占全县永久基本农田保护任务的72.3%；实施各类复垦项目新增耕地2.8亩，耕地质量等级平均提高0.15等；实施耕地表土剥离再利用1121亩。

（4）土地利用"集约化"：节地产出双向提升

海安县坚持政府主导、部门协作、全社会共同参与，大力探索土地节约集约利用。前移落户项目用地联合预审关口，将设备清单作为审核的重要依据之一，把投资额等"虚限制"换成设备投入等"实约束"。全面施行存量用地盘活创新机制，对闲置土地足额征收闲置费，鼓励土地使用者在符合规划前提下，通过老厂改造、内部整理等途径提高土地利用率。对"零增地"技改项目，县政府按新增设备投入的4%～7%给予奖励。鼓励高标准厂房建设和使用，对投资新建标准厂房，经验收后县财政给予补助。

2015～2017年，海安县节地水平和产出效益齐头并进。2016年被国务院表彰为土地集约节约利用成效较好，土地闲置较少的地区之一。2017年全县GDP为868.3亿元，单位GDP建设用地占用规模由2015年的每亿元589.2亩下降到534.9亩，下降率9.21%。建设用地地均GDP产出水平由2015年每亩16.95万元增长到2017年的21.53万元，提升率27.02%。累计盘活再利用闲置低效用地12 031.95亩。连续五年被评为"全省高标准厂房建设与使用先进地区一类区"。

（5）服务监管"实时化"：服务监管高效智能

海安县强化科技和"互联网+"对国土资源管理的支撑服务作用，将国土资源管理"一张图"系统、基础数据库与视频监控有效嵌合，建成海安"智慧守土"服务监管系统，实现国土资源管理全业务实时化办理、全流程实时化监察、全动态实时化监管、全数据实时化更新、全方位实时化便民。

海安县"智慧守土"服务监管系统正式运行。通过"智慧守土"服务监管系统的应用，实现了服务管理提质增效，在全省 2017 年简政放权创业创新环境评价中，海安县位列全省"不动产交易登记"先进县（市、区）之首。同时切实提高了违法用地发现、预警、制止的监督管理效能，我市执法监察立案率同比下降四成多。

（6）创新提升融合："六力驱动"助推"五化并进"深度发展

2017 年，海安县委、市政府审时度势，认真研究分析土地利用"五化并进"所取得的阶段性成果和不足，积极探索国土资源管理"两保一调"新机制，提出以"党建引领力、机制执行力、管理创新力、依法行政力、资源保障力和执纪监督力"为主要内容的"六力驱动"机制，以"六力驱动"为引擎，进一步固化成功做法，形成标准体系，同时推动国土资源管理持续创新，为高水平全面建成小康社会提供坚强资源基础和动力支撑。突出党建引领，夯实国土资源管理组织基础。依托基层党组织的凝聚力和党员个人的先进性，通过政治引领、组织引领、服务引领，夯实国土资源管理坚强根基。突出机制执行，提升国土资源管理落实效能。梳理固化流程、细化成果、优化完善，形成一套机制化、标准化的执行体系，强化全社会对现有机制的执行力，做优海安特色的国土资源管理新模式。突出管理创新，激发国土资源管理发展活力。围绕"保护资源、节约集约、维护权益、改革创新"国土资源管理要求，拓展土地管理新思路，丰富土地管理新实践，提升土地管理创新力，全面建立"两保一调"新机制。突出依法行政，维护土地管理法治秩序。通过营造良好法治环境，深化依法行政举措，实现履职依法规范、用地守法有序、行政争议占优，确保国土资源领域依法行政工作取得实效。突出资源保障，推进国土资源永续利用。围绕深化供给侧结构性改革，高水平全面建成小康社会，加快推进和谐宜居海安建设，结合发展趋势，科学预测资源需求；梳理资源途径，持续保障科学供应；健全考核机制，倒逼提升保障能力。突出执纪问责，锻造国土资源管理优良队伍。科学运用监督执纪"四种形态"，压实党风廉政"两个责任"，全方位构建监督检查体系，全过程梳理深化责任风险，全覆盖严格实施执纪问责，发挥对国土资源管理监督检查、考核考评、执纪问责的监督力。

海安县土地利用"五化并进"成效显现，国土资源管理"六力驱动"持续有力，受到全省各级领导的肯定和关注。海安县将不忘初心，紧紧围绕省自然资源厅改革创新要求，持续深入推进"五化并进""六力驱动"融合发展，为全省节约集约"双提升"、南通市陆海统筹综合配套试验区改革提供更多可复制、可推广的成果。

## 8.2.2 如皋：探资源整合之路，谋试点先行之径，努力开创陆海统筹工作如皋篇新纪元

如皋是江海平原最早成陆的地区，全市面积为 1576 平方千米，人口为 143 万人。全市耕地面积为 118.51 万亩，人均耕地面积为 0.8 亩，建设用地总量为 58.31 万亩。近年来，针对地少人多建设用地总量偏大的国土资源市情，该市按照省节约集约"双提升"工作意见和南通市陆海统筹工作部署，立足江海联动，抢抓高铁时代、建设上海"北大门"

战略机遇，开拓创新，奋发有为，下活了保障发展、保护红线一着着妙棋，探索出一条节约集约有策、资源整合有方、执法监察有力、改革试点有为的陆海统筹特色发展之路。

（1）节约集约有策

陆海统筹的关键和着力点是因地制宜，形成一套支撑有力的政策体系。该市大力推进节约集约用地政策创新、制度创新和机制创新，以土地利用方式转变促进国土资源供给侧结构性改革，努力做活陆海统筹资源节约篇。

一是顶层重视化，最大力度探索节地活力。围绕"双提升三大战略"和"陆海统筹五大专项行动"，结合该市实际，研究制定《关于进一步推进节约集约用地促进转型升级的意见》《关于全面推进节约集约用地的意见》《关于加强工业项目集约节约用地的意见》《关于促进闲置土地和低效产业用地再开发的实施意见》等系列文件，积极推进"强化规划约束控制总量、完善用地政策优化增量、创新市场机制盘活存量、优化结构布局用好流量、强化绩效管控提升质量"五大战略 18 项行动。将节约集约用地纳入领导班子和领导干部综合评价体系，实行任期责任审计。单设节约集约"双提升"行动考核专项，强化考核权重。开展"国土资源节约集约模范镇（区、街道）"评比活动。全面落实工业项目新增建设用地联合预审查制度，创新实施"指标跟着项目走"，根据预审情况统一调控指标配给，2016 ~ 2017 年共预审项目 256 宗，其中 50 宗因产业层次低、投入产出强度小等原因未通过联合预审查；在供地之后，实施"项目竣工联合验收"和"土地预登记"制度，土地预登记到出让合同约定的竣工日期，逾期未通过竣工验收的，土地使用权不得转让和抵押，倒逼企业加大投入、规范建设。在全市形成了控制总量、盘活存量及以点带面、全面推进的节约集约用地工作思路，单位 GDP 建设用地占用从 2012 年的 986.94 亩/亿元下降到 2017 年末的 597.15 亩/亿元，超额完成目标任务。如皋市先后获评全国"土地集约节约利用成效较好、闲置土地较少的县（市）"及"江苏省国土资源节约集约利用模范县（市）"。

二是厂房立体化，最优举措鼓励空中张力。主功能区总投资亿元以内项目和其他镇总投资 3000 万元以下项目不再单独供地，一律进标准厂房。对产业无特殊要求的新建工业项目，要求建造 4 层或 4 层以上多层厂房，工业用地建筑高度不受限制，不得建造单层厂房。企业内部行政办公用房及生活服务设施用地原则上不予安排，通过向空中借地，增加单位产出率、土地容积率。目前全市已建成高标准厂房项目 70 个，总建筑面积 209 万平方米，形成了"厂房等项目，厂房促项目"的良好局面，连续两年被评为"江苏省高标准厂房建设与使用先进地区"一类地区。

三是盘活动真化，最强方式挖掘土地潜力。一方面以《市政府关于促进闲置土地和低效产业用地再开发的实施意见》（皋政发〔2017〕118 号）为指导，依托工业用地调查成果，会同发改、财税等部门合理确定城镇低效用地范围，通过协商收购、增资技改、兼并重组等多种途径实施低效用地再开发；另一方面大力支持、全力配合发改委推进重点工业存量企业盘活升级工作，为工业存量企业盘活升级做好土地要素保障，全面提升产业项目资源节约集约利用水平。2016 年以来共盘活低效、闲置土地超 4700 亩。该市 2017 年、2018 年存量土地供应比率均超过 70%，处全省前列。

（2）资源整合有方

陆海统筹的重点和切入点是整合资源要素、优化产业布局、改善生态环境。该市积极统筹农用地、建设用地、未利用地资源，大力开展土地整治示范专项行动。

一是建设高标准基本农田"全国示范县市"。每年与各镇（区、街道）签订耕地、基本农田保护责任书，全面落实政府主体责任、部门共同责任、村级直接责任。将耕地保护工作列入镇（区、街道）干部岗位责任制考核的重要内容，作为评优评先的先决条件，启动问责机制和年终考评"一票否决"制，并按管护费用补助标准的50倍扣减管护费用。该市划定基本农田106.0262万亩，设置基本农田标志牌和宣传牌共485个，建成高标准基本农田60.14万亩，是南通唯一的"全国高标准基本农田建设示范县"。

二是打造土地整治"部省联合示范项目"。2012年以来，该市争取省以上土地投资整治项目15个，涉及搬经、江安等7个镇，整理土地面积达23.67万亩，争取惠民资金5.85亿元，是南通各县市中争取土地整治数量和惠民资金最多的县市，如皋市江安镇鄂埭等村土地整治项目被评为"部省合作联合示范整治项目"。争取市级高标准基本农田建设项目两个，总建设规模达2.4万亩，涉及资金2326万元。全市形成了"推动一项工程、改善一片环境、富裕一方百姓"的良好效果。

三是做强土地资源整合"如皋模式"。面对"黄金发展期"与"资源紧缩期"的矛盾，2015年11月，该市发动了增减挂钩1万亩和占补平衡3000亩"双整治""百日攻坚战"，通过"五拆一清理"工作部署，即拆一户两宅、拆空关房、拆废弃厂房、拆副房、拆集中供养五保户房，2016年该市共完成增减挂钩项目11 537亩，占补平衡项目2885亩，工矿废弃地1219亩。2017年该市再次发动增减挂钩和占补平衡"双三千双整治"攻坚行动，完成增减挂钩项目4866亩、占补平衡3678亩，累计拆除砖瓦窑厂45座，可新增耕地2000亩。如城、开发区、如皋港三个主功能区成功申报同乡镇试点，累计验收通过新增农用地3831亩，实现农村建设用地减量化383亩。"十三五"期间，该市拟通过土地复垦实现新增3万亩耕地指标。

（3）改革试点有为

陆海统筹的抓手和突破点是制度探索、先行先试。该市抢抓国家、省和南通试点机遇，融合陆海统筹改革大胆探索创新，努力寻求突破，力争为陆海统筹提供可借鉴、可复制的经验做法。

一是积极探索土地征使用制度改革编制土地整治规划，合理确定农村建设用地整理目标，有序推进城乡一体化进程。该市出台了《关于推进土地征使用制度改革　构建土地增值收益分配机制的意见》指导性文件，在白蒲镇试点农民宅基地退出补偿机制，对宅基地完全退出的农户按现行征用农村建设用地土地补偿费标准的两倍进行补偿，并将整合形成的建设用地有偿使用净收益的70%结算给村，充分调动农民宅基地退出积极性。在城北街道试点土地增值收益分配机制，原村集体建设用地被征用于公益、工业项目，按照4.8万元/亩一次性给予土地补偿；用于城市商品房开发，按出让净收益的40%结算给村，并将村经营性资产量化到人，实行股份制改革，调动全员参与积极性。

二是积极探索自然资源统一确权登记全省试点工作。在长江镇组织国土、水利、农业、林业等部门联合开展自然资源要素调查确权登记工作，清晰界定各类自然资源资产的产权主体，探索建立归属清晰、权责明确、监管有效的全省自然资源资产产权试点制度，推进自然资源有效监管和严格保护。深入探索港口、码头等构筑物的物权登记操作规范，积极研讨码头等构筑物的权利登记和抵押登记工作，相关前期理论调研被《全国不动产》采录并推介。

三是积极探索"人防+技防"土地执法监察南通试点工作。为进一步深化"党委领导、政府负责、部门协同、公众参与、上下联动"的依法管地用地共同责任机制，出台《关于进一步落实国土资源综合执法监管共同责任　促进依法依规用地的通知》，量化了村（居）、国土、城管、供电、供水及镇（区、街道）责任红线，细化了 7 种问责方式四大类 23 种问责情形。依托"一张图"业务管理平台，在违法用地潜在高发区，利用"动态执法监管系统"制定三级巡查线路；在偏远空旷区域，采用"慧眼守土"视频监管进行覆盖，构建了多层次、立体化的"互联网+"国土动态执法监管新模式。该市卫片图斑数量和面积连续三年位列南通的县（市）末位。

## 8.2.3　如东：强化"三统筹"，促进"三优化"，点燃向海而生江海融合发展梦想

近年来，如东县紧紧围绕"双提升"行动和南通陆海统筹发展改革推进要求，从如东实际出发，以提高国土资源综合利用水平为目标，强化"三统筹"、促进"三优化"，即强化规划统筹、项目统筹、工作统筹，在陆海统筹中促进生态环境、产业结构、国土资源利用"三优化"。

（1）强化工作统筹，充分发挥部门地方协同作用

县委县政府将陆海统筹工作放到重要的全局性工作进行谋划，主要领导多次听取沿海地区土地利用总体规划调整完善、基础设施建设规划、防洪规划、林业规划、生产力布局规划的汇报，加强工作统筹。成立了以主要领导任组长的工作领导小组。国土、海洋、住建、规划、发改、水务、农林、交通、环保等部门领导作为领导小组成员，定期会商规划优化、项目实施、政策协调事宜。一是将计划围垦图斑，非生态公益林、重点商品林有林图斑，废弃海堤图斑，废弃道路图斑，坑塘整治图斑，与国土资源"一张图"进行全面套合，找准后备资源方向。二是综合协调确定利用方向。按照宜林则林、宜农则农、宜养则养、宜用则用的原则确定阶段性利用方向和时序、规模。三是针对具体项目推进过程中涉及的资金调度、行政审批、实施主体、协同责任进行逐项落实。四是严格考核推进。对落实的阶段性任务，定期考核，按照问题导向，狠抓工作推进。

（2）强化规划统筹，充分发挥规划指导引领作用

如东县根据陆海统筹工作要求，从策应江苏沿海地区发展规划和控制建设用地总量，确保耕地动态平衡的战略高度，以土地利用总体规划为依据，统筹其他规划，重点做好沿海地区建设用地减量、耕地后备资源增量、产业布局优化三篇文章。在农业用海区域已经全部实施复垦项目的基础上，主动压减了原掘苴垦区东侧 3000 亩建设用海规模，用于增

加耕地后备资源；结合林业规划调整，在确保林地规模不减少、质量有提高的基础上，将依法退出林地管理的区域逐步纳入复垦，2016年实际增加耕地面积200亩；对因历史原因形成的陆地风塔下的零星建设用地等，部分用于复垦，部分用于光伏用地，2016年实际增加耕地近600亩；对未利用地地类，强调宜种则种、宜养则养、宜用则用，引导小洋口旅游度假区实施了千亩玫瑰园、海滨牧场项目；对外向型农业开发区高程低，土方整治量大、盐度高、改良难度大、近期复垦难度大的区域，实施了万亩海参养殖项目；对沿海地区非耕地地类的农用地，一时难以形成耕作条件的，在小洋口地区实施了生态湿地工程，促进了生态环境的优化。

通过规划调整，压减建设用海（地）规模近5000亩，促进未利用地利用10 000余亩，盘活建设用地1000余亩，有效增加耕地后备资源近5000亩。2017年，全县计划复垦新增耕地总面积预计可达1.23万亩，沿海地区约占总量的60%以上。

（3）强化项目统筹，充分发挥制度政策管理作用

一是用好陆海直通车制度。根据建设用海验收进度和项目需要，如东县依法对大小洋口地区的建设用海换发了土地使用权证。在换发、储备、供应的过程中，有效形成了围填海、配套开发成本（土地取得成本）认定机制，并及时纳入了基准地价覆盖范围，及时组织出让供应。为促进用海人及时利用建设用海建设，如东县政府还研究出台了海工构筑物建设审批的相关规定。

二是争取各类项目合作。如东县耕地后备资源相当部分集中在沿海地区，土地盐分含量高、有机质低、塑性指数低，新增耕地质量达标是难点。为此，如东县积极寻求合作，拟与江苏省华东有色金属局海洋院合作开发新增耕地。目前项目可研已经呈报省国土资源厅，争取列入省投土地整理项目。与此同时，如东县积极引进中天科技集团、通威股份有限公司、中国华电集团有限公司等企业，积极利用近期不具备开发条件的未利用地和建设用地用于光伏项目建设。

三是严把项目预审关。对沿海风电建设、各类基础设施建设涉及线性工程项目用地，依据节约集约用地要求，采取管廊综合架设、架设引导不占少占耕地、优先利用零星存量建设用地等方式解决用地矛盾，确保资源节约集约利用。

## 8.2.4 海门：农村"双置换"，规划"双策应"，全力拓展陆海统筹全域发展空间

近年来，海门市根据《江苏省节约集约用地"双提升"行动计划南通市陆海统筹工作实施方案》，积极参与南通市陆海统筹发展综合配套改革试验区建设，主动试点开展了农村"双置换"试点和土地利用总体规划调整陆海资源"双策应"，积极探索建立农村宅基地依法、自愿、合理、有偿退出机制，推进市域陆海资源统筹高效利用，为全市经济社会的发展提供更强有力的土地要素保障。

（1）农村"双置换"初见成效

一是领导重视，统一思想，"双置换"试点有章可循。海门市委、市政府领导一直十

分重视、关心、支持陆海统筹发展试点工作，专门组建工作班子，多次深入农村组织调研，多次讨论工作实施办法，由市委办公室、市政府办公室联合出台了《关于农村"双置换"工作的实施办法（试行）》（以下简称《实施办法》），使海门市城乡、陆海统筹发展逐步走上法制化、规范化、制度化的轨道，实现了有法可依、有章可循。海门市成立农村"双置换"工作领导小组，市委、市政府主要领导亲自任领导小组组长，明确各部门具体职责，领导小组下设办公室，办公地点在市委农办。各镇也分别成立相应工作机构，分解、落实、检查"双置换"工作各部门工作任务和职责，协调"双置换"工作中存在的重大问题，指导、检查、督促相关工作。

二是明确目标，先行探索，"双置换"试点积极推进。《实施办法》明确，海门市开展农村"双置换"的内涵是指以农村住房和宅基地置换城镇住房、以农村土地承包经营权置换社会保障。试点工作需严格遵循"农民自愿、同步置换、权益保障、节约集约"等四大原则，切实维护群众权益，实现深化农村改革、破除二元结构、集约节约利用土地、推进城乡和陆海统筹发展的工作目标。

政策文件出台后，海门市及时召开了乡镇园区"双置换"动员会议，乡镇园区编制了"双置换"初步方案报市委市政府审核。市委副书记亲自带队，农办、国土、住建、人社、公安、财政等相关职能部门赴常乐镇为群村、海门工业园区瑞北村、悦来镇悦来村、正余镇新和村对他们所报方案进行实地论证。最终，根据组织保障强、群众意愿强、矛盾风险小和改革发展的需要，筛选了常乐镇、悦来镇、海门工业园区的10个村民小组作为试点区域报市委常委会讨论通过。第一批试点工作选择常乐镇为群村1组、悦来镇悦来村25～29组、海门工业园区瑞北村29～32组共10个村民小组，置换农户399户，实施区域面积共1371亩。其中承包耕地1043亩，可入库建设用地285.5亩。预计约需住房置换成本1.3亿元，15年社会保障成本为1.17亿元。试点工作开展以来，由市委常委牵头，多次召开市长办公会、现场推进会、专题调研会，协调解决试点中遇到的资金短缺等实际困难，有力推动了试点工作不断深入。

三是立足实际，重点突破，"双置换"试点初见成效。为加快试点推进，市农村"双置换"领导小组办公室专题印发了《海门市农村"双置换"试点工作计划》，细化了工作任务、明确了时间节点，确保了"双置换"试点能够按序时推进。为加强群众对试点工作的感知与认可，编制了"双置换"工作具体操作办法和政策问答，编印了1000份宣传手册分发到试点村组群众手中。专门组织召开了全市农村"双置换"试点工作业务培训会议，详细解读了操作流程，对试点村组进行了专题业务辅导。海门市还将"双置换"试点作为个性工作列入全市各区镇目标绩效考核项目，有力推动了试点落实。

经市镇村各级干部努力，海门市三个试点村镇农户递交"双置换"申请率均在80%以上，其中悦来镇农户递交"双置换"申请率达99%。抽样调查结果显示，60%～70%的农民愿意放弃老宅进镇居住，这也显示了这项试点工作开展是顺应了大部分群众的意愿与需求。如果全面推进此项工作，海门市的户籍人口城镇化率将会提高25～30个百分点，农业转移人口市民化任务将逐步得以落实。

目前，三个试点区域拆除房屋评估工作已基本结束，常乐镇拆迁安置房正在施工建设，相关地块也完成了土地挂牌出让手续；悦来镇拆迁安置房地块土地挂牌出让也已完成，即将动工建设；三星镇拆迁安置房地块不符合土地利用总体规划，已通过土地利用总体规划调整完善解决。常乐镇、三星镇共申报挂钩复垦项目 8 个，计划新增耕地 148.2 亩，已全部入库，正在加紧组织实施，悦来镇 2017 年申报挂钩复垦项目计划新增耕地面积约 110 亩。

（2）规划"双策应"积极推进

一是加大围垦力度，积极向沿海要资源。为缓解建设用地紧张的局面，海门市一直致力于沿江沿海土地围垦工作。通过这些年的努力，目前海门港新区的 30 个土地围垦项目已经全部完成，取得建设用海的海域使用权证面积为 18 000 亩。根据 2014 年变更调查底图，现行规划包场镇（海门港新区）海域使用权剩余可使用部分新增城乡规模达 15 834 亩。

二是加强质量管理，合理安置项目落户。通过土地围垦项目的实施，海门港新区北部的东灶港原有的 3.6 千米深水岸线拉长到 25 千米，因此围垦到了广阔的建设用地，实现了向海洋寻求规划空间的目的。通过围垦项目质量管控，围垦土地地基牢固，开阔平坦，土地承载能力强，近年来先后吸引了燕达（海门）重型装备制造有限公司、江苏通光光缆有限公司等 16 家大型企业的入驻，利用土地面积 2200 亩，减少了对陆域土地资源的依赖，提高了土地利用效率。

三是陆海资源策应，拓展全域发展空间。目前海门市仍有大量的已围垦并纳入土地利用总体规划的建设用地暂未被使用。为提高土地的集约节约利用水平，海门市根据土地开发利用时序，统筹利用陆海空间，积极探索将部分暂不使用的海域空间调整到内陆使用，在全市范围内统筹规划、优化配置、合理布局，确保中心城区的安置小区、火车站、市政道路、北部新城等重点项目建设和全市社会发展的科学用地需求。

## 8.2.5 启东：统筹调剂陆海空间，扎实推进平台建设，探索建立陆海资源统一交易机制

近年来，启东市紧密围绕省委、省政府节约集约用地"双提升"行动计划，充分利用靠江靠海的地缘资源优势，坚持以有序推进陆海统筹国土资源改革创新目标为导向，紧扣南通陆海统筹改革试点要求，积极深化改革、先行先试，以推进陆海空间统筹利用和探索建立陆海资源统一交易机制为切入点和着力点，全力推动启东市域陆海资源的科学高效配置和充分合理流动。

（1）积极实施围垦开发，全力落实规划保障

启东市积极通过沿海滩涂开发和海域围垦，增加建设空间的供给能力，缓解建设用地供需紧张的矛盾。截至 2017 年，启东市海域使用权已批建设用海面积为 6545.07 公顷，其中已建设 4450.74 公顷；已批建设用长江水域未利用土地为 2029.02 公顷，其中已建设 857.42 公顷。在土地利用总体规划修编时，省国土资源厅大力支持，将启东市已取得建设用海海域使用证且未使用的昌四港物流中心、大唐电厂、滨海工业园区，以及五金机电城

等区域土地纳入了允许建设区，保障了重大项目顺利建设。按照南通市人民政府《关于推进陆海统筹实现节约集约用地"双提升"五大专项行动的指导意见》（通政发〔2015〕66号）要求，积极开展全市陆海资源规划统筹利用，为启东经济开发区升级国家级经济开发区的土地利用总体规划材料上报、复旦生命健康科技城等一大批重特大项目及民生项目顺利建设提供了有效规划空间保障。

（2）探索推动平台搭建，力求资源合理、有偿流动

一是突出制度保障，强化多元推动。启东市政府成立了由市政府分管领导任组长，国土、海渔、发展改革、财政、住建等部门共同组成的市陆海资源统一交易工作领导小组，共同协同实施陆海资源统一交易平台建设相关调查摸底、综合评估、细则制定和综合保障工作。

二是深化综合评估，细化规则制定。多次组织相关部门、镇（园区）开展研讨，分析核算陆域、海域各类用地指标的交易底价，先后两次向宿迁市国土资源部门"取经求宝"，学习吸取该地"地票"交易制度的经验和做法，力求启东市交易细则制定缜密、科学并具有法律依据。

三是经历多轮修改，拟订实施意见。严格按照国家、省现行土地管理法律法规政策和《南通市人民政府关于推进陆海统筹实施节约集约用地"双提升"五大专项行动的指导意见》精神，在进行充分调查摸底和评估分析的基础上，经过三次认真修改，编制了《关于启东市陆海资源统一交易平台建设的实施意见》（简称《意见》）和《启东市陆海资源交易暂行办法》（简称《办法》）。《意见》共包括四章十三条，明确了各类陆海资源的分配和奖励办法，建立了陆海资源的流动机制；《办法》共包括二十三条，对启东市陆海资源统一交易的主体、客体、交易方式和程序，以及交易的监督、竞得人资源使用和交易价款汇缴等内容做出明确规定。《办法》规定启东市陆海资源统一交易主体包括各区镇管委会（政府）和政府直属国有公司，交易客体初步包括新增建设用地计划、建设用地（海）规划空间、建设用海海域使用权、城乡建设用地增减挂钩建新指标、历史遗留工矿废弃地复垦建新指标和补充耕地指标六项陆海资源，交易由市土地储备中心作为具体服务机构以市场公开挂牌方式实施。目前，该《意见》和《办法》已通过启东市政府常务会议审议，启东市政府正在准备发布文件。

（3）积极争取用地计划，强化未利用地利用管理

充分发挥启东市未利用地资源优势，积极向上争取未利用地计划，2011~2017年，共计向上争取未利用地指标 10 767 亩，有效缓解了启东市建设用地供需紧张的矛盾，减少了对农用地尤其是耕地资源的占用。启东市立足资源管理职能，出台专项政策，推动使用未利用地实施项目建设的准入门槛提高，提高未利用地项目投资强度，促进未利用地资源可持续利用。

下一步，启东市将根据《意见》和《办法》，建立好市本级和各镇、园区的各类陆海资源台账，深化推进陆海统筹统一交易平台建设，实现资源的有效配置，提升陆海资源利用效率，并不断融合各类陆海资源到统一交易平台，实现平台规范化运行和管理，实现陆海资源价值显化和高效配置，实现全社会参与和服务客体满意工作局面。

### 8.2.6 通州：开展空间布局优化，推进建设用地减量化，创建陆海统筹资源利用改革试验区

通州区主动策应陆海统筹发展改革试点工作，以实施城乡建设用地增减挂钩、历史工矿废弃地复垦利用试点和同一乡镇范围内村庄建设用地布局调整试点三大工程为抓手，有序推进农村建设用地"减量化"，促进土地节约集约利用。近年来，通州区申报入库城乡建设用地增减挂钩项目 942 个，新增耕地面积 11 110 亩；申报工矿废弃地复垦项目 29 个，新增耕地面积 1913 亩；申报平潮镇、南通高新区、先锋街道开展同一乡镇范围内村庄建设用地布局调整试点工作，共完成入库面积 1437 亩。全区城乡建设用地增减挂钩和工矿废弃地复垦项目已完成平整复耕面积 9993 亩。

（1）建立工作机构，强化组织领导

区政府成立了由区主要领导任组长、分管领导任副组长，区监察、国土、规划、财政、审计、农工办、农委、环保、水利、动迁、维稳办等相关部门和单位主要负责人为成员的增减挂钩项目实施工作领导小组，负责协调和研究解决工作中的重大问题。领导小组下设办公室，从区农委、水利、国土等部门抽调人员集中办公，具体负责日常工作。各镇为辖区内挂钩项目的组织实施责任主体，统一负责项目的实施管理，并都建立了领导班子，落实专职人员，集中力量抓复垦，形成了"纵向到底、横向到边"的组织网络，确保了增减挂钩项目实施工作的顺利实施。

（2）突出工作重点，强化工作措施

一是分解任务，落实责任。区政府根据各镇后备资源潜力和区域经济发展水平及用地需求情况，全面整合建设用地增减挂钩、同一乡镇村庄建设用地布局调整和工矿废弃地复垦试点三大平台，将建设用地复垦工作与农村土地综合整治、高标准基本农田建设有机结合。将 1.2 万亩复垦整理任务分解下达到各镇，各镇又将任务细化分解到各个村（居），各村（居）又分片包干到每个村干部，真正做到了任务明确，责任到人。

二是精心排查，制定方案。各镇根据区政府下达的任务数，将应拆未拆老房、废弃工矿用地和破旧的老学校、老村部作为主要后备资源，扎实开展调查工作，积极做好项目地块实施的风险评估和可行性论证，科学制定实施方案，所有地块均落实勘测定界，项目实施四至范围与相关权益人见面，并在项目区公示，严把项目入库关，确保申报入库项目能实施、拆得稳、能复垦，最大限度保障群众权益，维护社会稳定。

三是强化督查，有序推进。区政府建立专项督查小组，对各镇复垦项目实施进展情况定期组织督查，及时编发工作简报，通报实施进度，总结推广和宣传典型经验。同时，建立各镇周报告和区领导小组月例会点评制度，及时掌握工作进度和解决工作中存在的问题。通州区国土资源局成立专门工作班子，全程参与指导项目实施工作，促进了建设用地复垦工作的有序开展。

（3）建立激励机制，强化考核奖惩

一是实行奖励政策。第一差别化用地指标激励。南通高新区、南通锡通科技产业园两

个重点园区因自身用地需求量大，复垦项目获取的周转指标全部由其自留使用；五接镇、川姜镇、兴东街道、石港镇、平潮镇五个主力经济板块获取周转指标的 70% 部分、其余镇的 30% 部分由其自留使用；规划流量指标区政府按照建设用地复垦整理相应面积比例进行分配，其中南通高新区、锡通科技产业园、滨江新区、南通家纺城、空港产业园、石港科技产业园、平潮镇，按照建设用地复垦整理面积比例全额给予规划流量指标，其余镇按照建设用地复垦整理面积给予 50% 的规划流量指标。第二周转指标资金补偿。区政府按照上级国土资源部门最终验收确认的新增耕地面积予以 4.8 万元/亩的资金补助。具体拨付方式为申报项目经上级部门批准入库后先补助 1.5 万元/亩，通过达标验收后补助 1.5 万元/亩，周转指标使用后再补助 1.8 万元/亩。对超额完成下达指标任务的，其超额部分的区级统筹指标按 2 万元/亩进行奖励。

二是强化目标考核。区政府将建设用地复垦工作纳入年度各镇目标管理考核内容，对未能完成任务的镇，除与考核结果挂钩外，将对该单位主要负责人进行约谈，并停止安排用地计划指标。

## 8.2.7 崇川：推进节约集约用地，探索建设用地减量化，开创陆海统筹生态绿色发展新模式

推进陆海统筹发展，是贯彻党建设海洋强国战略的重要举措，是落实江苏省节约集约用地"双提升"行动计划的有效途径。崇川区作为南通市中心主城区，人口密度大、生产生活聚集度高，土地供需矛盾大。为了促进经济发展与资源环境相协调、生产生活和生态效益相统一，崇川区认真探索具有区域特色的改革创新工作，取得了初步成效，现总结如下。

（1）以城镇低效用地再开发推进节地提效

一是统一部署，科学编制规划。根据《国土资源部关于印发〈关于深入推进城镇低效用地再开发的指导意见（试行）〉的通知》（国土资发〔2016〕147 号）、《中共江苏省委江苏省人民政府关于全面推进节约集约用地的意见》（苏发〔2014〕6 号）、《江苏省政府办公厅关于促进低效产业用地再开发的意见》（苏政办发〔2016〕27 号）等文件要求，崇川区编制了《2016-2018 年城镇低效用地再开发规划》和《2016 年低效用地再开发实施计划》，以城镇低效用地再开发为平台，结合"棚户区改造"及"节地提效"行动等工作，全面推进城镇低效用地再开发，3 年内拟完成辖区 43 个城镇低效用地、5 个低效产业用地、16 个旧城用地、22 个旧村用地的调查工作，落实试点政策，统筹再开发利用。

二是因地制宜，调整优化方向。第一，旧城用地。结合崇川区城市总体规划、土地储备规划，旧城用地实行改造。在再开发过程，结合旧城的原样，对城中村进行修复改建，改建后的老镇不仅保留原古镇风貌，还成为南通市新城区一处新的景观。第二，旧村用地。旧村用地结合村落改造、城中村改造等形式，改造后土地用于居住、商服和工业等，丰富土地利用方式。按照崇川区城市总体规划，成片推进模式，改造后的旧村用地土地完善生态绿地、公共基础设施用地等综合配套设施。第三，低效产业用地。结合"退二进

三"工程，通过低效产业用地再开发，促使企业利用方式转变，使企业转型升级，搬迁后土地主要用于符合崇川区主城区城市规划和功能区划的居住用地建设。

三是综合考量，创新再开发方式。一种是全面改造型。全面改造，即拆除重建，是将原地上建筑拆除，根据现行城镇发展需要重新合理使用土地。其主要适用对象为以拆除重建为主的低效产业用地。另一种是综合整治型。综合整治型指不改变建筑主体的改造方式，主要适用对象为可以功能提升、功能完善和环境整治的城镇低效用地。包括三种类型：第一，用于消防设施、基础设施和公共设施改善，环境整治及技能改造等；第二，对建筑物的全部或部分予以改造或更新，使其能够继续使用；第三，指保留原有建筑物或部分改造建筑物，变更其使用功能。2017年，崇川区供地总面积为2379亩，其中低效用地面积为815亩，完成年初制定的陆海统筹国土资源改革创新600亩的任务。

（2）以高标准厂房建设引导节约集约用地

近年来，面对土地需求矛盾突出的新情况，崇川区加大标准化厂房建设和推广使用力度，引导和鼓励企业节约集约用地，缓解经济发展和用地紧张的矛盾。对行业无特殊要求的新建工业项目，一般鼓励建造多层厂房，容积率不低于1.0。对于中小企业用地需求，多层标准厂房项目容积率不低于1.2。截至2017年，已建成医疗器械产业园一期、同洲视讯基地、通能精机等高标准厂房约50万平方米，产生了良好的经济效益和社会效益。

一是产业升级增活力。引导企业以技术资金投入、内部结构调整加速转变经济增长方式，向低碳化、集约式发展转型。专业集成电路封装测试综合水平实现多项"中国第一"的富士通微电子承接国外先进生产线的转移，新增集成电路生产规模60亿块，在不增加用地面积的前提下实现增资扩股，提高了建筑容积率，建设用地地均GDP大幅度提升，土地利用效益显著增加。

二是科技创新集效能。南通产业技术研究院占地249亩，研发、孵化面积35万平方米。中国科学院、清华大学等单位在产研院建立了10多家研究机构，已搭建软件技术、数据文献、化学物安全评价、生物医药等公共技术服务平台，150多家创新型企业在科技园区安居兴业。

三是助凤高飞聚产业。由单一模式的政府投入转变成政府与企业共同投资建设标准厂房，激发企业配合政府招商引资的工作，形成了"群凤争巢"的良好态势。同洲视讯基地产业园总投资10亿元，总建筑面积为25万平方米，容积率达到1.86，成为集生产、研发、办公、企业总部、服务外包、产业配套等一系列综合完善的新型产业园。

（3）以建设用地减量化助推主城区生态建设

近年崇川区积极响应南通市陆海统筹生态建设专项行动、长江经济带发展规划中生态环境保护号召，大力推进公共生态建设，并结合主城区人多地少，建设强度大等特点，将公共生态建设与建设用地减量化、低效用地转型利用等统筹规划。2017年崇川区以陆海统筹改革试点为契机，探索公共生态建设在实施途径、征管方式等方面的差别化应用办法，寻找土地管理与绿色发展有效结合路径，助推主城区生态高质量发展。

一是以理论创新研究带动实践。2017年崇川分局与高校合作，开展陆海统筹绿色发展背景下崇川区国土开发模式研究。该项目被列为2017年省国土资源科技计划二十二个指令性项目之一,并通过省国土资源厅验收。研究项目基于生态文明建设、南通市陆海统筹发展、落实江苏省节约集约用地"双提升"行动计划和"三城同创"的背景,采用"土地整治+生态"的国土开发利用模式研究,通过树立绿色发展理念,优化布局与用地结构,探讨生态项目用地差别化管理的可行路径,保障土地资源多功能利用目标得以实现,优化崇川区城乡国土开发的管理创新模式,并与现有区域发展规划、土地管理法规、土地利用规划等相融合,为项目的顺利推进提供保障。

二是以试点先行经验摸索推广。在长江生态保护背景下,南通植物园及周边公共生态建设作为试点,采取"土地整治+生态"的实施途径与差别化征管方式,先行先试。南通植物园及周边公共生态项目占地总面积1982亩,原地类建设用地约1041亩,多为空闲宅基地及小型生产作坊,原农用地约741亩,布局零散,细碎化严重。项目采取土地生态整治,对低效、空闲集体建设用地再开发,整合农用地,打造集中连片生态用地;项目建成后,可以使建设用地减少到约185亩,减量化达到82%,占总面积的比重由53%下降到9%;农用地面积增加到约1390亩,占总面积的比重由37.4%提高到70.1%,且布局集中连片。而在用地管理方面,项目中主要建筑占地固化部分及大面积水体部分,已按照正常程序完成征转用报批及供地,其他农用部分因种植花卉、乔木、蔬菜、棉麻等,未固化破坏土壤层,暂时未办理征转手续,仍然按照原属地、按农用地性质进行管理维护。

(4)基本农田保护与周边开发利用

在周边县(市、区)融入主城区的过程中,作为主城区中心位置的崇川区,区位优势更加凸现,其东部、北部边缘地带与周围市辖区的对接更加紧密,土地利用更加多样化。在崇川区的边缘地带有约214公顷永久基本农田,而在基本农田保护区周边有约80公顷集体建设用地,这些集体建设用地多为零散、空闲宅基地与废弃工矿用地,因此,在严格保护永久基本农田前提下,如何运用各种资源盘活和高效利用基本农田周边存量建设用地,是实现乡村振兴及南通市各区域融合发展的重点。在该背景下,崇川分局与高校合作开展主城区永久基本农田周边的农村建设用地盘活利用方式、实施路径和政策机制研究,目前该项目已入选2018年国土资源科技指令性项目之一。主要实现三个研究目标:一是在规划调整与衔接、政策制度建设、运作机制、利益分配等方面进行对接,从顶层设计上构建宏观目标明确化、基本原则统一化和运作模式差异化的基本农田周边存量建设用地规划和利用体系。二是构建存量建设用地再开发与基本农田保护相结合的制度安排与长效化机制。三是理论研究成果对地方政府组织相关土地再开发利用提供实际指导与借鉴意义。

## 8.2.8 港闸:探索全生命周期管理,科学承接产业转移,发挥区位优势抓好陆海统筹试点东风

近年来,港闸区定位为南通市区现代工业集聚的新高地、现代服务业发展的集聚区,区位交通不断改善,产业基础日益雄厚,发展活力不断显现,发展优势持续蓄积。随着城镇化步伐加快和工业化规模扩大,区委、区政府深刻认识到,合理配置利用土地资源已经成为港闸区经济社会持续健康发展的根本出路和必然选择。在上级部门的正确领导和大力

支持下，港闸区推进落实节约集约用地"双提升"工作，围绕陆海统筹发展战略，不断创新国土资源管理制度，统筹保护资源和保障发展的关系，为港闸区经济社会发展提供了强有力的要素保障支撑。

（1）高位统筹，合理规划，在优化空间布局上下功夫

坚持规划引导，在确保耕地保有量、基本农田保护面积和严控城乡建设用地总规模的基础上，将全区经济社会发展规划、城乡建设规划、基础设施建设规划与土地利用总体规划和土地利用年度计划紧密衔接，坚持以资源环境承载能力为前提，综合分析园区基本情况、发展条件，按照合理布局、经济可行、控制时序的原则，合理安排各类特色园区用地规模和布局。重点发展高科技产业、现代服务业和物流业。新兴产业和高新技术产业产值在规模工业中的占比分别逐年提高1.8个百分点和1.3个百分点，服务业增加值占GDP比重达到40%。目前已逐步形成了资源集中、用地集约、项目聚集、产业集群的空间布局，上海市北高新（南通）科技园区，南通综合示范物流园区，南通科学工业园区、现代农业园区等各类特色园区，突出了不同区域的功能定位，有力地推动了生产要素的分类集聚。

（2）内涵挖潜，提质增效，在提高土地利用效率上做文章

一是开展城市低效用地再开发工作。大力推进"退二进三""兴三优二"战略，对市北新城、唐闸古镇、五水商圈等重点区域进行成片开发、滚动开发，一批布点分散、能耗大、效益差的第二产业企业相继搬迁，腾出土地全部用于发展高附加值、高收益、低消耗、低污染的2.5产业及第三产业，万达广场、华润万象城、宜家家居等30余个重大、优质项目落地，城市环境大大改善，土地利用率大大提高。二是扎实推进高标准厂房建设。先后出台了《港闸区高标准厂房建设扶持办法》和《港闸区鼓励主导产业入驻高标准厂房扶持办法》等政策措施，一方面，对固定资产投资低于1亿元的项目不再单独供地，鼓励其进入高标准厂房生产经营。另一方面，对开发建设高标准厂房的企业，除享受优先审批、优先供地、优先规划、优先设计、优先施工等政策支持外，对完成的建筑面积达到2万平方米以上的，给予每平方米20元的奖励。目前全区规划的工业载体均是以高标准厂房为主，开发区天安数码城、金融科技城板块，市北科技城板块及正在建设中的南通科学工业园三大板块，各有侧重，又互为补充。港闸区被江苏省国土资源厅表彰为2016年度高标准厂房建设与使用先进地区。

（3）盘活存量，加强监管，在建立长效机制上求突破

积极转变"重审批，轻监管"的观念，探索实施工业用地全生命周期管理，尤其注重后期监管，实现土地利用管理系统化、精细化、动态化。一是依托"一张图"综合监管信息系统，构建港闸区国土资源综合监管平台，为工业用地全生命周期管理提供信息数据支撑。二是出台《港闸区国有建设用地批后监管办法》，建立工业用地保证金、用地批后公示、用地监管警示、批后监管联动、项目竣工验收五项批后监管制度。《办法》实施以来，至2017年底共有35家用地单位缴纳履约保证金4978万元。港闸区国土资源分局发放书面督促开竣工、警示通知55份，建立和完善了136宗地块的建设用地跟踪管理卡。三是坚持实施土地利用全过程管理，实现项目开竣工、投达产、土地利用绩效评估和土地使用权退出的全流程管理。建立多部门项目准入审核机制，审核工作通过土地出让前期征询的

方式办理。地块出让时根据地块面积等要素，合理约定开竣工时间。建立工业用地利用绩效评估制度，对未达到开发利用要求的土地采取"协商收回、异地调剂、腾笼换鸟"等方式进行盘活利用。港闸经济开发区内永兴电子无力开发建设，经过与企业的协商收回了土地使用权，盘活土地187亩；交运物流因城市规划调整无法继续开发，通过异地调剂的方式引导企业搬入火车站北物流园，盘活土地148亩。

（4）综合整治，优化布局，在统筹城乡发展上取实效

遵循客观规律，适应经济社会发展进程和农村自身发展，积极稳妥推进土地综合整治工作，自2010年起，共实施完成了土地综合整治项目35个，有效新增耕地12 898亩。2016年，借助城市周边永久基本农田划定工作，创新实施了基本农田碎片化整理工作，最终划定城市周边永久基本农田1.17万亩，共865个区片，碎片化率提高了12%。整理后的土地，田成方、路相通、渠相连，中低产田所占比重大幅度降低，耕地和基本农田质量得到极大提高。将散布在农田中的零星宅基地拆除复垦，集中建设具备现代化设施的农民安置房，改变了长期以来居住分散、人均占地面积大的状况，有效改善了农村生态环境，提高了农民的生活质量。通过田、林、路、渠、沟、涵、闸等农业基础设施的全面配套，灌溉条件和生产条件显著改善，有力推动了现代农业发展。目前全区稳步推进适度集中规模经营、大力发展现代农业，在种植技术上，全部采用大型机械进行田间作业，亩产净收益提高到800元以上。

## 8.2.9 经济技术开发区：节地"组合拳"，助力"双提升"，勇当陆海统筹发展探路者

南通经济技术开发区由国务院于1984年批准设立，是我国首批14个国家级经济技术开发区之一，辖区面积为183.8平方千米，设区33年开拓探索，开发区实现了从对外开放"试验田"到"主阵地"、从偏僻江边小镇到现代化产城融合新区的精彩蝶变。全区累计兴办外商投资企业800余家，总投资超过180亿美元。在推进经济社会又好又快发展进程中，该区十分重视土地资源的集约有序利用，围绕陆海统筹总体部署，积极推进供给侧结构性改革，以土地供应引领投资结构优化，进一步加快转型升级，优化产业结构，不断提升发展的层次与水平，努力打造"双提升"行动计划南通开发区版。党的十八大以来，全区实际利用外资年均超过7亿美元，累计38亿美元；2017年单位GDP建设用地占用从418.9亩/亿元降至240.18亩/亿元，年均下降率达到6.1%；建设用地地均GDP产出水平由19.6万元/亩增长至41.6万元/亩。2017年度国家级开发区土地集约利用评价综合得分在全国91个产城融合型开发区中列第15位，东部地区第8位，全省第3位。

（1）规划引领产业集聚

按照"规模集中、要素集聚、产业集群、用地集约、效益集显"的五集要求，高起点规划建设"3+3"特色园区，即电子信息产业园、精密机械产业园、医药健康产业园3个先进制造业园区和能达商务区、综合保税区、科技创意园3个综合性功能园区，实现了高端制造业、现代服务业"双轮并驱"。电子信息、海洋工程装备、新材料、医药健康、服

务外包、新型膜六个"百亿级"产业板块业已形成，全区累计获批国家高新技术企业75家。

（2）项目源头严格把关

对入区项目的单位土地面积投资额、规划指标、产出规模、建设周期等指标进行综合考量，明确作为招商引资协议兑现的前置条件，建立健全入区项目职能部门联审机制，切实做好入区项目的把关工作。引进落地的工业项目平均投资强度明显增长，如日本丝路咖精机、英国德福乐生物科技等重大外资项目的投资强度超过 1000 万元/亩，默克制药、欧敏汽配等项目甚至达到 2000 万元/亩。推行工业新增用地预申请制度，在安排用地计划指标时即要求用地单位提供总平面布置图和开发进度计划书，按照实际需要和建设进度分期供地。

（3）优惠政策大力扶持

开发区制订实施"增资扩股、零地技改"鼓励政策，鼓励工业企业通过设备更新、工艺改造、增加容积率等技术创新扩规模，做到"增资不增地"。2017 年共有 47 个技改项目利用现有厂房进行技术研发和生产改造，零地增资 30.928 8 亿元，节地 890 亩。中天科技精密材料在 60 亩厂区内累计投入 17.5 亿元进行技术研发和设备改造升级。通过原地增资技改，一批创新技术不断发展，安惠生物的特殊真菌开发利用技术入选国家 863 计划，振华重工自主研发的动力定位推进器填补国内空白；一批创新成果加快转化，惠生重工承接研发建设世界首座浮式 LNG 设备，联亚药业 24 个产品获得美国 FDA（Food and Drug Administration，食品药品监督管理局）认证。

（4）标准厂房立体发展

打破"一企一围墙"的格局，通过税收政策、规费减免、租金折扣等方式，引导和激励现有小规模企业在退出已有土地后入驻标准厂房。采用未建先租、边建边租、立建立租等手段，实现厂房规划设计与项目、企业、生产线无缝对接。先后引进双逸创业园、北京联东 U 谷产业综合体、欧洲工业城、苏通园区致远工业城等社会资本进行高标准厂房建设，项目总投资超过 80 亿元，全区已建、在建标准厂房超过 90 万平方米，规划新建面积超过 120 万平方米，打造多功能高端产业集聚地。单位面积投资强度超过 380 万元/亩，平均实现产值为 550 万元/亩，上缴税金达 25 万元/亩。

（5）低效改造典型引领

开发区积极引导和激励设备简陋，污染重、能耗高的关停并转企业退二还耕、退二优二、退二进三，在项目审批、规划建设手续办理、厂房预售、企业招引等方面给予改造企业全面的扶持，力求发挥土地的最大价值。双逸集团盘活原粮食加工企业的 81 亩土地，投资 10 亿元拆旧建新，新建集总部研发、生产加工、仓储物流、配套服务"四位一体"的高标准厂房，为中小微企业量身定制单体面积、层高、跨度、用电量、荷载、汽车电梯等，吸纳和集聚电子信息、机械加工、纺织服装、包装印刷等企业 100 余家，谱写了"小空间"上的用地"大文章"，投资强度由 250 万元/亩提高到 1250 万元/亩，容积率由 0.81 提高到 4.32。2017 年，开发区积极与市相关部门，通过低效工业用地盘活开发、存量用地收储和旧城改造等方式，共计完成 1010 亩低效用地再开发任务，超出年度计划。

（6）存量土地挖潜增效

定期开展批而未供、供而未用存量建设用地调查，加强对企业闲置空闲土地和预留用地的管理，通过政府主导搭建信息共享平台，采取收购储备、鼓励流转、协议置换等多种方式盘活空闲地块，推进优质产业项目的入驻。通过盘活亚视光电 60 亩空地引进投资 1.7 亿欧元的默克制药项目、回购宝航门窗 102 亩空地落实投资 6 亿元的通富微电子项目，既提高了土地利用效益，又推进了园区产业的升级。近 5 年来引进的英国得福乐胶原蛋白、日本食研食品、台湾炎洲丙烯酸、瑞士奇华顿香精香料等一批重大外资项目全部都是盘活利用了其他企业的空闲地或预留地，全区累积盘活使用存量建设用地 18 600 余亩，占全部土地供应总量的 62%。

（7）多方力量加强监管

实施从准入到使用的全生命周期管理，对土地出让合同的执行实施全程监管，大力推行开发建设期限保证金制度，确保土地使用者按照批准的条件要求使用土地。加强综合监管，结合土地集约节约利用评价，增加城市规划和经济数据，实施布设了开发区"慧眼守土"工程，实现了对土地开发利用的实时化和可视化监管。强化国土、税务等多部门联动机制，督促新取得土地的企业及时缴纳土地使用税，促使企业早投产、精用地。强化依法依规用地的良好导向，大幅度提高各街道土地管理工作考核权重，维护土地管理良好秩序。

为了进一步强化土地利用管理、优化土地利用结构，开发区将坚持量质并举、进中求好，把"双提升"的要求贯穿于始终、渗透于各方面，确保节约集约用地一抓到底、落实到位、再创新成效。

## 8.2.10 通州湾：谋求陆海多规融合、探索盐碱地快速改良、努力打造江海联动示范区

近年来，通州湾示范区围绕省委、省政府节约集约用地"双提升"行动计划方案，立足于资源特点和优势，抢抓陆海统筹试点机遇，合理配置陆海资源，破解建设用地供需矛盾，实现国土开发格局优化、耕地占补平衡等目标。

（1）科学规划，谋求陆海统筹多规融合

根据《江苏省委省政府关于印发〈南通陆海统筹发展综合配套改革试验区总体方案〉的通知》和《江苏省节约集约用地"双提升"行动计划南通市陆海统筹工作实施方案》要求，通州湾示范区编制了《通州湾示范区陆海统筹功能片区土地利用规划（2015-2020年)》，作为陆海统筹土地利用的指导性规划。按照全域管控、陆海统筹、城乡一体、部门协作的要求，以国民经济和社会发展规划、土地利用总体规划、海洋功能区划、城乡规划、生态规划、产业发展规划等"多规融合"为重点，创新建立统一衔接、功能互补、相互协调的规划体系，实现"一个区域一张蓝图"的规划管控目标。在多次论证、反复听取各方意见的基础上，规划成果顺利获得市、省评审，2017 年 2 月，经省政府同意批准实施。

该功能片区规划通过对通州湾示范区建设用地现状分析、建设用地供需预测及当前存在的问题矛盾，提出"盘活存量、大力挖潜、陆海统筹、优化配置"的建设用地供需创新模式；通过分析区域耕地与基本农田现状、保护目标与布局及未来的发展趋势，将部分海域围垦区域用于补充耕地，大力推动土壤改良、耕地后备资源挖潜、耕地占补平衡"补改结合"等多种方式补充耕地，以及可调整地类补充基本农田等创新措施；通过统筹安排生产、生活、生态空间，合理优化陆海空间布局，按照生态优先、用地集聚的原则，协调资源开发、产业发展、城乡建设、环境保护等方面的关系。

（2）多途并进，盐碱地改良取得实效

通州湾示范区在沿海耕地占补平衡项目区，借助华东有色海洋院与南京大学合作改良的平台，综合利用传统自然排盐降碱方法、添加土壤改良剂化学方法、秸秆还田生物方法、耕作层剥离等多途径土壤改良，通过开展对比试验，综合施策改良土壤，加快提升沿海占补平衡耕地质量，为实现耕地保护数量、质量、生态三位一体打牢坚实基础，努力打造全省乃至全国沿海滩涂盐碱地改良的样板。目前，500 亩的土壤改良试验田已完成了基础设施配套及农作物试种，经检测，含盐量已从进场时的 26‰ 下降至 4‰ 左右，改良效果非常明显，相关数据指标已达到耕地质量评定标准，2017 年 3 月该项目已通过南通市农业委员会组织的耕地质量现场评定验收，新增耕地 410 亩，省级验收专家组对该项目给予了充分肯定。

（3）创新实践，耕作层剥离再利用试点有序开展

通州湾示范区结合海启高速建设，落实 260 余万元资金，对海启高速三余段实施耕作层剥离工程，清表面积达 54 万平方米，剥离土壤厚度约 20 厘米，总土方约为 8 万立方米。综合考虑经济、技术、行政及取土、覆土供需匹配等因素，统筹谋划、科学布点、合理安排，实现耕作层剥离与覆土紧密衔接、同步实施。均匀覆盖成厚度约 30 厘米的新耕作层，做好土方平整、水系配套及农作物耕种等工作，先后通过市农委组织的专家组耕地质量评定和市局复垦中心现场验收，新增耕地 265 亩，并可有效保护土壤耕作层。

# 参 考 文 献

布蒂默 A，周尚意，吴莉萍，等．2013. 多元视角下的人地关系研究——在第 32 届国际地理大会上的主
　题演讲．地理科学进展，32（3）：323-331.

李云飞．2010. 杜能的经济圈境理论与中世纪英格兰领主经济．世界历史，(2)：47-55.

林金忠．2005. 城市聚集经济理论研究及其进展．中国经济问题，(6)：48-54.

凌申．2010. 江苏沿海风能资源禀赋与开发利用研究．资源开发与市场，26（1）：48-51.

邵子南，陈江龙，叶欠，等．2013. 基于农户调查的农村居民点整理意愿及影响因素分析．长江流域资
　源与环境，22（9）：1117-1122.

肖清宇．1991. 圈层式空间结构理论发展综述．人文地理，(2)：66-70.

熊鲁霞，骆棕．2000. 上海市工业用地的效率与布局．城市规划学刊，(2)：22-29.

苟秋杨．2009. 农村居民点整理的农户意愿研究：以南通市为例．南京：南京农业大学硕士学位论文．

杨劲松，彭乃志，陈德明，等．2001. 江苏省沿海滩涂资源特征及其优化配置．土壤通报，32（z1）：
　143-146.

约翰·冯·杜能．1986. 孤立国同农业和国民经济的关系．吴衡康，译．北京：商务印书馆．

张卫东．2013. 微观经济学（新体系经济管理系列教材）．北京：清华大学出版社．

张晓祥，严长清，徐盼，等．2013. 近代以来江苏沿海滩涂围垦历史演变研究．地理学报，68（11）：
　1549-1558.

# 附　　录

## 附录1　国土资源部关于江苏省推进节约集约用地工作方案的批复

# 中华人民共和国国土资源部

国土资函〔2014〕54号

### 国土资源部关于江苏省推进
### 节约集约用地工作方案的批复

江苏省国土资源厅：

　　《江苏省国土资源厅关于呈报江苏省推进土地管理制度改革创新促进节约集约用地行动计划的请示》（苏国土资发〔2013〕436号）收悉。经研究，现批复如下：

　　一、推进节约集约用地，是贯彻落实党的十八大和十八届三中全会、中央城镇化工作会议、中央农村工作会议精神，践行习近平总书记对江苏提出的"深化产业结构调整、积极稳妥推进城镇化、扎实推进生态文明建设"的重要举措，是进一步落实节约优先战略的根本要求，对推动经济发展方式加快转变和"四化"同步发展具有重要意义。部原则同意《江苏省推进节约集约用地工作方案》（以下简称《工作方案》），请认真组织实施。

　　二、实施《工作方案》，要牢牢把握以土地利用方式转变促进经济发展方式转变这一主线，坚持尽职尽责保护国土资源、节约集约利用国土资源、尽心尽力维护群众权益。按照整体推进和突出重点相结合的要求，大力推进节约集约用地政策创新、制度创新和机制创新，从"空间优化"、"五量调节"、"综合整治"等方面探索实践，努力实现节地水平和产出效益双提升目标，促进经济社会持续健康发展，加快打造江苏经济升级版。

三、必须坚持最严格的耕地保护制度。严守耕地保护数量和质量红线，严格划定永久基本农田，确保土地利用总体规划确定的耕地保有量和基本农田保护面积不减少、质量有提高。要建立耕地保护补偿激励机制，调动农民保护耕地的积极性；落实耕地占补平衡法定义务，强化耕地占补平衡数量和质量整体考核；大力建设高标准基本农田，为农业规模化经营奠定基础。

四、必须坚持最严格的节约用地制度。按照严控总量、盘活存量、优化结构、提高效率的要求，综合运用规划管控、市场调节、标准控制、执法监管等手段，从更大范围、更宽领域和更深层次推进节约集约用地。要强化规划管控，统筹区域、城乡、陆海土地资源开发利用，优化国土空间开发格局，促进人与自然和谐发展；要严格控制建设用地总量，统筹安排增量、流量和存量，强化绩效管控提升质量，全面提升节约集约用地水平；要建立土地综合整治平台，统筹推进城镇、农村和矿区土地综合整治，大力提高土地综合承载能力，促进新型城镇化发展和新农村建设。

五、必须坚持把维护群众权益作为根本出发点和落脚点。在推进土地整治、城乡建设用地增减挂钩、集体土地股份制改革等各项工作中，都要充分尊重群众意愿，保障群众的知情权、参与权、表达权和监督权，做到公开透明、公平公正，防止侵害群众权益。推进体制、机制和制度改革创新，要坚持以人为本，发挥群众主体作用，尊重群众首创精神，及时总结提升好基层群众的成功做法和经验。

　　六、要加强组织领导，确保节约集约用地工作规范有序推进。要依据《工作方案》和批复要求，尽快制定具体实施方案。实施方案制定过程中，对涉及改革的有关安排，要按照中央统一部署要求，做好与国家土地制度改革试点方案的衔接，积极稳妥推进改革，具体实施方案经省人民政府批准后报部备案。要健全共同责任，规范操作程序，强化监督管理，完善风险防控机制；实行动态评估，适时调整完善工作方案，及时解决工作过程中出现的新情况、新问题。要加强部省沟通，遇到重大问题要及时报部，部将加强业务指导和政策支持，共同做好《工作方案》实施。

　　附件：江苏省推进节约集约用地工作方案

2014 年 3 月 28 日

**附件**

# 江苏省推进节约集约用地工作方案

　　为了深入贯彻党的十八大以来一系列决策部署，全面落实习近平总书记关于江苏进一步"深化产业结构调整、积极稳妥推进城镇化、扎实推进生态文明建设"的指示要求，坚持最严格的耕地保护制度和节约用地制度，转变土地利用方式，推动江苏转型升级和"四化"同步发展，率先全面建成小康社会，决定在全省全面推进节约集约用地。为此，制定本工作方案。

## 一、目的意义

　　改革开放以来，江苏省经济社会持续快速发展，经济总量和人均收入显著提高，1992 年起连续 21 年全省 GDP 保持两位数增长。2012 年，全省实现生产总值 54058.2 亿元，列全国第二位；人均地区生产总值 68347 元，列全国第一位；公共财政预算收入 5860.7 亿元，列全国第二位；城乡居民人均收入分别达到 2.96 万元和 1.22 万元，分别高于全国人均收入 5112 元和 4285 元，总体上达到省定小康指标；粮食总产量 674.5 亿斤，列全国第四位；城镇化率 63%，列全国省（区）第四位；区域创新能力连续五年居全国第一。江苏整体处于工业化、城镇化中后期的重要发展阶段，同时面临着区域发展差异较大、发展空间约束加大、产业结构亟待转型等多重压力，发展中不平衡、不协调、不可持续的问题仍然存在，国土开发强度较高，土地承载压力较大，耕地后备资源匮乏。

根据土地资源省情和经济社会发展实际，多年来，江苏坚持严格土地管理，由点到面深入推进节约集约用地工作，取得了明显进展，初步形成具有区域特色的节地模式。当前，全省正深入贯彻落实党的十八大和十八届三中全会、中央城镇化工作会议、中央农村工作会议精神，加大改革开放力度，加快转变经济发展方式，协调推进社会主义经济、政治、文化、社会和生态文明建设，谱写"中国梦"江苏篇章。在这关键时期，必须高举土地节约集约利用旗帜，大力推进节约集约用地政策创新和机制创新，以土地利用方式转变促进经济发展方式转变，实现更加均衡、更加集约、更加协调的可持续发展目标。

**二、总体要求**

（一）指导思想。

深入贯彻党的十八大以来一系列决策部署，按照"五位一体"建设总布局和"四化"同步发展总要求，坚持尽职尽责保护国土资源、节约集约利用国土资源、尽心尽力维护群众权益，坚持以改革创新精神推进土地管理工作，严守耕地保护数量和质量红线、永久基本农田红线、城市发展边界和生态保护红线，着力实施"空间优化、五量调节、综合整治"战略，在更高层次上探索建立具有江苏特色的"一整合三集中二提升"（即整合创新政策制度，推进工业向园区、人口向城镇、农业向规模经营三集中，实现节地水平和产出效益双提升）节约集约用地模式，努力形成要素集聚、布局集中、用地集约、效益集显的新格局。

（二）主要目标。

——守住耕地保护红线。健全耕地保护责任制度，严格划定和永久基本农田，落实高标准基本农田建设任务，优化耕地和基本农田布局，强化耕地数量和质量占补平衡，确保土地利用总体规划确定的耕地和基本农田数量不减少、质量有提高，保障粮食安全。到"十二五"期末和"十三五"期末，高标准基本农田面积分别达到 2365 万亩和 4275 万亩。

——国土空间开发格局不断优化。强化土地利用总体规划整体管控，优化空间结构，控制开发强度，严格划定城市发展边界，促进人口有序集疏、产业合理集聚、空间高效集约，推进区域协调发展和城乡一体化建设，促进生态文明建设，最大程度地发挥土地利用综合效益。

——节地水平和产出效益显著提升。全面推进"空间优化、五量调节、综合整治"，节地水平和产出效益保持全国前列。"十二五"时期，全省单位 GDP 占用建设用地降低 31%，盘活利用存量建设用地总规模 80 万亩；在此基础上，"十三五"时期全省单位 GDP 占用建设用地再降低 33%。

——节约集约用地制度机制更加健全。落实和完善"规划管控、计划调节、标准控制、市场配置、政策鼓励、监测监管、考核评价、共同责任"节约集约用地制度,全面推进土地利用和管理法制化、信息化、规范化建设,为提升土地节约集约利用水平创造条件。

(三)基本原则。

——坚持改革创新,规范运作。推动观念创新、制度创新、实践创新,发挥政策组合优势,促进节约集约用地。坚持用途管制、有偿使用和依法征收等国土资源管理核心制度,规范有序推进先行先试。

——坚持市场配置,政策引导。充分发挥市场配置资源的决定性作用,深入推进土地有偿使用,通过价格杠杆、供应方式、供求调节、有序竞争等途径促进土地资源有效配置。加强宏观调控,建立健全激励和约束机制,促进城乡建设节约集约用地。

——坚持统筹推进,因地制宜。坚持保护与开发并重、开源与节流并举、节地与提效并进,统筹区域、城乡、陆海发展,着重推进国家发展战略区域节约集约用地制度机制创新,促进区域差别化特色化协调发展。

——坚持齐抓共管,协同推进。健全"党委领导、政府负责、部门协同、公众参与、上下联动"共同责任机制,集聚资源、政策和科技力量,合力推进节约集约用地工作。

三、工作任务

（一）实施"空间优化"战略，促进"四化"同步发展。

1. **统筹区域土地利用。**适时组织开展江苏省国土规划编制工作，统筹谋划人口城镇化、产业发展、资源利用和环境保护，合理安排生产、生活、生态空间，推进国土集聚开发、分类保护和综合整治，逐步形成人口、经济、资源、环境相协调的节约集约型国土空间开发格局。根据不同区域的功能定位、发展目标和开发强度，科学配置土地资源：苏南地区与转型升级率先发展相适应，严格控制新增建设用地，加大城乡建设用地整治挖潜力度；苏中地区与融合发展特色发展相适应，合理安排新增建设用地，调整优化城乡用地结构和布局；苏北地区与跨越发展全面发展相适应，适度增加新增建设用地，鼓励合理使用未利用地，实施黄河故道流域土地综合整治，支持淮安等市开展新型城镇化土地使用制度改革。在上一级土地利用总体规划确定的本区域内各类用地的规模控制下，探索编制市、县域内功能片区土地利用总体规划，提高规划的科学性和针对性，促进区域特色发展。

2. **推动形成城乡一体化用地格局。**深化征地制度改革，落实征地补偿标准动态调整机制，提高农村集体和农民在土地增值收益中的分配比例，健全被征地农民生产生活社会保障制度，做到即征即保、应保尽保。按照职能转变、权责一致的要求，优化建设用地审批程序，在严格执行土地利用总体规划和年度计划的前提下，推进城市批次用地审批改革，提高审批效率。探索实行人地挂钩政策，以提升城镇化发展质量为目标，着力促进人的城镇化，形成大中小城市和小城镇协调发展格局，将城镇建设用地增加规模与吸纳农村转移人口落户数量挂钩，城镇化地区建设用地增加规模与吸纳外来人口进入城镇定居规模挂钩。大力推进农村土地综合整治，围绕新农村建设和农村人居环境改善，探索完善农村土地整治工作模式。

3. **推进苏南节约集约用地示范区建设**。围绕苏南现代化建设示范区总体部署，以转型升级率先发展为目标，以深化改革、创新体制机制为动力，建设苏南节约集约用地示范区，发挥先行先试作用，全面提升节约集约用地水平。按照国家新型城镇化发展要求，以第二次土地调查成果为基础，完善土地利用总体规划，探索编制苏南现代化建设示范区土地利用总体规划，划定永久基本农田和生态保护红线，严格控制建设用地规模，优化城乡用地结构和布局，促进区域全面协调可持续发展。支持苏州等市实施"三优三保"行动，创新节约集约用地模式，以优化建设用地空间布局保障发展，以优化农业用地结构布局保护耕地，以优化镇村居住用地布局维护权益。

4. **推进沿海地区土地资源综合开发利用**。充分发挥沿海地区区位独特、后备资源丰富的比较优势，坚持依法依规、科学合理综合开发利用滩涂资源，优先保护生态空间，合理拓展农业空间，统筹安排建设空间。按照陆海统筹要求，探索编制沿海地区土地利用总体规划，强化规划综合管控作用，促进江苏沿海地区发展战略的有效实施。

5. **加强耕地保护和高标准基本农田建设。** 严格落实耕地保护目标责任制，建立耕地保护补偿激励机制，探索在全省范围内逐步建立耕地保护基金制度。落实建设用地单位耕地占补平衡法定义务，强化耕地占补平衡数量和质量整体考核，落实法人占补平衡责任制，建立省级补充耕地指标市场调节机制。探索建立"以补代投、以补促建"土地整治模式，促进高标准基本农田建设，将土地整治形成的优质耕地及时划为基本农田，归并整合零散基本农田，优化耕地和基本农田布局。

（二）实施"五量调节"战略，全面提升节约集约用地水平。

1. **加强规划管理控制总量。** 制定实施《江苏省土地利用总体规划管理办法》，充分发挥土地利用总体规划对城乡用地规模、结构和布局的统筹管控作用。将土地利用总体规划确定的管制分区以及地块所在区域的规划主导用途作为土地审批规划审查的依据，增强规划实施的规范性和可操作性。建立土地利用总体规划评估修改制度，进一步落实建设用地空间管制制度，提高土地利用总体规划实施管理水平。

2. **推进差别配置优化增量。** 制订更为严格的供地政策及土地利用标准，严格实行建设用地准入制度，优化新增建设用地结构。土地利用计划指标安排与区域资源环境容量、土地开发强度、产业结构、耕地保护责任目标履行和节约集约用地水平以及依法用地情况相挂钩，重点支持民生项目、战略性新兴产业和现代服务业发展。支持建设创新型园区和新型工业化产业示范基地建设，促进产业转型升级和创新发展。

3. **完善市场机制盘活存量。**围绕使市场在资源配置中起决定性作用的要求，深化土地有偿使用制度改革，推动经营性基础设施和社会公共事业用地有偿使用。开展建设用地普查，摸清建设用地存量家底，为盘活存量奠定坚实基础。完善土地收购储备制度，制定工业用地回购和转让政策，探索宅基地退出补偿机制，着力释放存量建设用地空间，提高存量建设用地在土地供应总量中的比重。全面完成农村集体土地确权登记发证，按照中央统一部署开展集体经营性建设用地使用权流转。严格执行依法收回闲置土地或征收土地闲置费的规定，加大闲置土地处置力度。对符合规划、不改变用途的现有工业用地，提高土地利用率和增加容积率的，不再增收土地价款；对依法办理出让、改变用途等相关用地手续的工业用地，鼓励改造升级和集约利用。建立健全土地利用动态巡查制度，实行建设项目开工申报、竣工验收和诚信管理制度。

4. **优化结构布局用好流量。**紧密围绕新型城镇化、新农村建设和城乡发展一体化，在充分尊重农民意愿、保障农民合法权益的前提下，规范推进城乡建设用地增减挂钩，确保耕地面积不减少、质量有提高，建设用地总量不增加、结构更优化。按照新型城镇化发展要求，探索增减挂钩指标合理使用范围和方式。在同一乡镇范围内村庄建设用地布局调整的，在确保先垦后用、建设用地总量不增加的前提下，由省国土资源主管部门统筹安排、严格监管，纳入国土资源部农村土地综合整治监管平台。

**5. 强化绩效管控提升质量。** 建立建设项目节地评价制度，全面开展城市和开发区节约集约用地评价，促进各类主体节约集约用地。探索工业用地长期租赁、先租后让、租让结合等灵活多样的供地方式，完善工业用地最低价标准，强化单位土地面积投资强度和税收等产出效益的硬约束。制定鼓励政策，探索建设用地空间综合利用方法和技术，引导企业增资不增地，鼓励建设高标准多层厂房，研究制定促进地下空间开发利用的管理规范，促进城镇土地复合利用、立体利用、综合利用。

（三）实施"综合整治"战略，提高土地综合承载能力。

1. **整体推进农村土地综合整治。** 围绕新农村建设和农业现代化发展，坚持政府统一组织和农民主体地位，以农村土地确权登记为前提，科学编制乡镇土地利用总体规划和土地整治规划，整合涉地涉农资金和项目，整村整乡推进田、水、路、林、村综合整治，切实提高粮食综合生产能力和土地集约利用水平，切实改善农村生产生活条件和农村人居环境。综合运用土地整治、城乡建设用地增减挂钩、集体土地股份制改革等政策手段，发挥政策组合优势，提升农村土地综合整治工作水平。

2. **着力推进城镇土地综合整治**。适应新型城镇化发展和产业转型升级的需要，坚持明晰产权、统筹规划、利益共享、规范运作的原则，创新存量建设用地利用和管理制度，稳妥开展城镇低效用地再开发，推进旧城镇、旧工矿和"城中村"改造，提升城镇用地人口、产业承载能力。在严格保护历史文化遗产和传统建筑、保持城乡特色风貌的前提下，因地制宜采取协商收回、收购储备等多种方式，推进城镇更新和用地再开发；在充分尊重权利人意愿的前提下，鼓励采取自主开发、联合开发等多种模式，分类开展"城中村"改造。

3. **积极推进矿区土地综合整治**。按照生态文明建设和矿区可持续发展的要求，探索矿地一体化统筹管理的新路径，综合运用土地复垦、工矿废弃地复垦利用和矿业用地方式改革等政策手段，全面推进新建在建和历史遗留矿区土地综合整治，切实改善生态环境，提高节约集约用地水平。加大土地复垦的财政投入，在部批准的规模和范围内，有序推进工矿废弃地复垦利用，加快历史遗留、有合法权源的废弃矿山、采煤塌陷地和废弃盐田等的复垦利用，及时做好上图入库。严格落实矿山企业复垦义务，确保新建在建矿山全面复垦。

## 四、实施步骤

本工作方案目标年为 2020 年，2017 年为阶段性目标年。在做好中期评估的基础上，调整完善下一阶段工作方案。

（一）制订计划（2013 年 11 月～2014 年 3 月）。研究制定工作方案，经省政府同意后报国土资源部批准。

（二）推进实施（2014 年 3 月～2017 年 12 月）。推进节约集约用地要坚持以点带面、统筹推进，江苏省国土资源厅要分别制定"空间优化"、"五量调节"、"综合整治"三个战略实施方案，以及苏州市实施"三优三保"行动、南通市陆海统筹和淮安市新型城镇化中土地使用制度改革等三个工作实施方案，经省政府批准后报国土资源部备案。在国土资源部指导下，省政府出台推进节约集约用地的实施意见和相关配套文件，积极稳妥开展节约集约用地工作。

（三）总结推广（2017 年 12 月～2020 年底）。2017 年开展实施情况中期评估，研究确定"十三五"时期节约集约用地的创新示范总体目标和政策措施；2020 年全面总结工作成效。

## 五、保障措施

（一）加强组织领导。省政府建立推进节约集约用地联席会议制度，定期沟通工作情况，协调解决重大问题。各地建立政府主要领导总负责、牵头部门组织协调、有关部门分工负责的工作机制，保障必要的工作条件，落实节约集约用地各项任务。

（二）**建立共同责任。** 省政府出台推进节约集约用地的实施意见，整合资源和政策。构建"党委领导、政府负责、部门协同、公众参与、上下联动"的共同责任机制，分解落实部门责任，建立联动协调机制。省建立重大建设项目沟通协调工作机制，科学统筹安排年度建设规模和开工时序，加强协作，形成整体合力。

（三）**提升管理水平。** 夯实国土资源业务技术基础。充分利用遥感监测、地理信息系统等技术手段，推动和鼓励信息技术创新，开展土地变更调查、动态监测。加快建设"一张图"工程，构建国土资源"批、供、用、补、查、登"监管综合平台。推进城乡一体化地政管理，完善土地产权制度体系，推进不动产统一登记，构建以土地为基础的不动产统一登记制度。强化节约集约用地科技创新，研究探索各类工程设计和建设节地技术，推行建设占用耕地表土层剥离办法，探索资源综合循环利用模式。坚持依法用地，严肃查处违法用地。

（四）**强化考核评价。** 将节约集约用地主要指标纳入全省及各地经济社会发展目标，将耕地保护、节约集约用地及依法用地情况纳入市、县（市、区）党政领导班子和领导干部综合考核评价体系，并实行任期经济责任审计。建立节约集约用地评价制度，开展单位地区生产总值建设用地占用及下降率监测考核和年度评估，评价结果予以公开，发挥示范带动作用。实行激励政策，提高节约集约用地在计划分解、项目安排、资金分配等工作体系中的占比。

（五）营造舆论氛围。广泛开展土地国情、省情和法律法规宣传教育，提高全社会保护资源、节约资源意识。深入全面开展国土资源节约集约模范县（市）创建活动，强化激励导向作用。总结推广节约集约用地做法与经验，健全公众参与机制，形成公开公平、社会监督、阳光操作的节约集约用地引导机制。

**公开方式：**主动公开

# 附录2　关于江苏省节约集约"双提升"行动计划苏州、南通、淮安三市实施方案备案意见的函

## 中华人民共和国国土资源部司局函

国土资规函〔2015〕5号

### 关于江苏省节约集约"双提升"行动计划
### 苏州、南通、淮安三市实施方案备案意见的函

江苏省国土资源厅：

你厅《关于备案江苏省节约集约"双提升"行动计划苏州、南通、淮安三市工作实施方案的报告》（苏国土资发〔2014〕411号）收悉。原则同意苏州、南通、淮安三市实施方案备案，并提出以下意见：

一、坚持最严格的耕地保护制度，全面落实耕地保护目标责任，建立耕地保护激励机制，开展耕作层剥离再利用，大力推进高标准基本农田建设，守住耕地保护红线。

二、坚持最严格的节约用地制度，全面加强规划管控、计划调节、标准控制、市场配置、政策鼓励、监测监管、考核评价、共同责任，大力推进节约集约用地政策创新、制度创新和机制创新，努力实现节地水平和产出效益双提升目标。

三、开展农村土地制度改革等试点工作，必须按照国家统一部署和要求，遵循坚守底线、维护权益、循序渐进的原则，规范稳妥推进。

四、规范操作程序，严格落实国家有关规定要求，制定具体的实施办法，并做好实施动态评估和风险防控，确保实施方案规范有序推进；健全共同责任，加强省、市、县之间沟通协调，工作中出现的新情况新问题请及时报部。

2015 年 1 月 4 日

附录3 江苏省国土资源厅关于印发江苏省节约集约用地"双提升"行动计划南通市陆海统筹工作实施方案的通知

# 江苏省国土资源厅文件

苏国土资发〔2014〕447号

## 江苏省国土资源厅关于印发江苏省节约集约用地"双提升"行动计划南通市陆海统筹工作实施方案的通知

南通市人民政府：

《江苏省节约集约用地"双提升"行动计划南通市陆海统筹工作实施方案》（见附件），已经江苏省人民政府批准，并报国土资源部备案。现予印发。

附件：《江苏省节约集约用地"双提升"行动计划南通市陆海统筹工作实施方案》

江苏省国土资源厅

2014 年 12 月 31 日

抄送：南通市国土资源局。

江苏省国土资源厅办公室　　　　　　2014 年 12 月 31 日印发

# 江苏省节约集约用地"双提升"行动计划南通市陆海统筹工作实施方案

为落实节约集约用地"双提升"行动计划，推进南通市陆海统筹，根据国土资源部《关于江苏省推进节约集约用地工作方案的批复》（国土资函〔2014〕54 号）、省委、省政府《关于印发〈南通陆海统筹发展综合配套改革试验区总体方案〉的通知》（苏发〔2013〕23 号）、《关于全面推进节约集约用地的意见》（苏发〔2014〕6 号）精神，制定江苏省节约集约用地"双提升"行动计划南通市陆海统筹工作实施方案。

## 一、目的意义

南通滨江临海、紧邻上海、承南启北，战略地位重要，区位条件独特，是江海联运的重要枢纽，也是长江中上游及苏中、苏北地区重要的出海门户。改革开放以来，南通经济社会持续快速发展，经济总量和人均收入显著提高，2013 年南通实现地区生产总值 5039 亿元，列全国大中城市第 25 位、地级市第 8 位；公共财政预算收入 485 亿元，列全国地级市第 5 位；城乡居民人均收入分别达到 3.1 万元和 1.5 万元。

随着城镇化、工业化、城乡一体化、农业现代化的加快推进，南通市面临发展用地空间约束过紧、陆海建设空间布局不尽合理、资源要素配置矛盾加剧、土地利用方式较为粗放、土地承载力压力增大、耕地后备资源急剧减少等问题，迫切需要通过推进陆海统筹，统筹土地、矿产和海洋资源开发利用，优先保护耕地和基本农田，严守生态红线，优化国土空间布局，强化资源节约集约与高效利用，探索用地用海政策"顶层设计"和实践创新，实现南通经济社会更加均衡、更加集约、更加协调、更加持续的发展目标。

**二、总体要求**

（一）指导思想

以党的十八大、十八届三中全会和省委十二届六次、七次全会精神为指导，抢抓江苏沿海开发、长三角区域一体化发展战略深入实施和中国（上海）自贸区、长江经济带建设等重大机遇，以深化改革开放为动力促进经济转型，以陆海资源统筹为路径保障科学发展，按照"保护资源、节约集约、维护权益、改革创新"的工作目标，大力实施"空间优化、五量调节、综合整治"和"优江拓海、江海联动"战略，在整合陆海资源要素、优化陆海空间布局、协调陆海利益关系等重要领域和关键环节深化体制、机制创新，促进陆海产业转型、改善陆海生态环境，为江苏区域协调发展探索新路、积累经验，为全国陆海统筹先行先试、提供示范。

（二）主要目标

——深化节约集约。全面提升全社会节约集约用地意识，实现节地水平和产出效益"双提升"。"十二五"时期，全市单位GDP占用建设用地降低32%以上，建设用地地均GDP产出水平力争提升 52% 以上，2014-2015 年盘活利用存量建设用地面积不少于 6.5 万亩；在此基础上，"十三五"时期全市单位 GDP 占用建设用地再降低 34% 以上，建设用地地均 GDP 产出水平再提升 52% 以上，盘活利用存量建设用地面积不少于 18.5 万亩。

——优化空间布局。划定城市开发边界，强化土地利用总体规划、海洋功能区划在陆海统筹发展中的规划引领和管控作用，以规划和制度创新引领实践创新、以多规融合理念统筹规划编制、以区域开发强度上限合理确定建设用地规模上限统筹当前建设用地规模、以"三生"（生态、生活、生产）空间理念优化用地格局，统筹安排陆海资源保护、利用空间，促进南通区域特色发展。

——严格资源保护。实行最严格的耕地保护制度，健全和落实耕地保护共同责任机制，坚持数质并举、以质为先，从严落实国家、省下达的耕地保有量、基本农田保护面积、高标准基本农田建设规模等各项指标任务，到"十二五"期末和"十三五"期末，基本农田保护面积不少于 638.85 万亩，高标准基本农田面积分别不少于 210 万亩和 380 万亩。划定优质耕地保护底线和生态红线，实行严格保护，到 2020 年，耕地保有量不少于 685.89 万亩，优质耕地保护面积不少于 450 万亩，全市生态保护红线区域面积占国土面积的比例不低于 23%。推进沿海地区土地资源综合开发利用，到 2020 年，开发利用沿海滩涂力争达到 20 万亩。

——推进机制创新。依托南通陆海统筹发展综合配套改革试验区建设，深化陆海统筹国土资源利用体制机制创新，建立政府统一领导下和多规融合基础上的部门协同管理机制、资源高效利用机制、政策设计创新机制和利益分配调整机制等具有南通特色的国土资源管理机制，实现保护资源更加严格规范、利用资源更加节约集约、维护权益更加有力有效、保障发展更加持续有为的目标。

（三）基本原则

——节约集约原则。坚持政府主导、全社会共同参与，大力实施资源节约集约利用战略，探索创新促进土地节约集约利用的新机制、新举措、新办法，有效遏制土地粗放利用行为，确保实现全市节地水平和产出效益"双提升"目标。

——规划引领原则。充分发挥规划引领作用，以多规融合理念统筹陆海资源开发利用和生态环境保护，科学确定陆海资源开发时序、方式、强度和格局等，妥善处理好当前与长远、全局与局部、开发与保护等关系，促进陆海资源的合理高效利用。

——保护优先原则。突出优先保护耕地、基本农田、生态用地理念，严守耕地保护数量和质量红线、永久基本农田红线、生态保护红线和城市开发边界线，探索具有南通特色、陆海统筹、"四化"协调、绿色发展新路。

——试点先行原则。坚持分层推进、试点先行、结果可控原则，积极稳妥开展陆海统筹国土资源改革创新工作，即在一定范围内先行先试，及时总结、评估试点情况后再逐步推开，确保改革创新各项工作稳步实施、有序推进。

三、主要任务

以"空间优化、五量调节、综合整治"三大战略为指导，深入实施五个专项行动。

（一）实施"节约集约创新"专项行动

1、稳妥开展城镇低效用地再开发。根据国家和省统一部署，组织开展建设用地普查，摸清建设用地利用情况。严格执行国土资源部《关于开展城镇低效用地再开发试点的指导意见》（国土资发〔2013〕3号），全面开展城镇低效用地再开发工作，科学编制实施方案，严格界定城镇低效用地再开发范围，制定各类历史遗留用地完善手续等政策，多途径推进城镇低效用地再开发。对已办理征收的土地，因城乡规划调整等原因难以利用的，按规定调整盘活利用。

2、完善土地市场调节机制。发挥地方政府调控土地市场的作用，加强房地产市场动态监测与预判分析，促进土地市场健康平稳发展。创新工业用地一、二级市场管理制度，根据产业生命周期合理确定工业用地有偿使用年限，探索工业用地长期租赁、先租后让、租让结合等灵活多样的供地方式，建立企业用地履约考评机制。建立完善监管措施，探索建立用地指标高效配置机制。

3、强化节约集约用地监管。全面开展国土资源节约集约模范县（市）创建活动，因地制宜，结合产业发展实际建设和使用高标准厂房。健全建设用地动态巡查、全程监管和用地企业诚信管理制度。开展批而未供和闲置低效用地专项行动，创新闲置空闲土地有效清理处置机制。全面提升建设项目准入门槛，不断提高供地率和已供土地的利用效率。建立并实施对各级政府、相关部门、用地企业的节约集约用地综合考评制度。

（二）实施"空间布局优化"专项行动

1、统筹优化陆海空间。开展沿海地区土地利用战略研究，编制南通市陆海统筹土地利用规划，合理调配陆地、海岸带和海洋的开发规模、布局和时序。严格控制全市土地开发强度，优化城乡建设用地和农业用地空间布局，科学配置各区域建设用地总量，统筹安排生态、生产、生活用地。结合土地利用总体规划调整完善工作，对已围垦并纳入规划的生态、农业和建设用地空间，因生态环境保护、城乡规划调整等原因改变原确定用途的，选择试点，适度在市（县、市）域范围内统筹安排。

2、试点先行多规融合。探索编制市域内功能分区土地利用规划，整合具有相同主导功能的不同行政区域的规划空间，统筹协调功能片区内的土地利用；功能分区土地利用规划为指导性规划，遵循土地利用总体规划。以土地利用总体规划为基础，按照全域管控、陆海统筹、城乡一体、部门协作的要求，在南通滨海园区等地开展国民经济和社会发展规划、土地利用总体规划、海洋功能区划、城乡规划、生态规划、产业发展规划等"多规融合"工作，创新建立统一衔接、功能互补、相互协调的规划体系，实现"一个区域一张蓝图"的规划管控目标。

3、探索创新体制机制。建立陆海资源统筹利用、管理的制度和政策体系，结合土地利用现状调查、年度变更调查以及海洋功能区划中期修编，按照不动产统一登记的要求，规范有序开展围填海形成土地的海域使用权证换发土地使用证工作。海洋功能区划等已明确围垦规模和范围的，及时纳入土地利用总体规划。按照使市场在资源配置中起决定性作用的要求，在启东市等地探索开展陆海资源统一交易工作，促进陆海用地空间、环境容量等各类资源的科学配置与合理流动。

（三）实施"耕地保护升级"专项行动

1、加大耕地保护力度。健全和落实耕地保护共同责任机制，强化耕地占补平衡数量和质量一体化考核，实现数量管控、质量管理和生态管护目标。深化开展耕地保护"十百千"工程[1]，完善耕地保护政策性补偿激励和利益调节机制，调动各方保护耕地的积极性。建立全市补充耕地统筹使用和补充耕地指标市场化调节机制，引导非农建设少占、不占耕地。

2、加快高标准基本农田和优质耕地建设。以"双百整治"工程[2]为抓手，积极探索"以补代投、以补促建"的高标准基本农田建设模式。按照农村土地综合整治规划，加强"田、水、路、林、村"配套建设，大力推进优质耕地建设，全面完成全市优质

---

[1] 每年组织评选耕地保护 10 佳乡镇、100 个基本农田保护示范村、1000 个基本农田保护模范户。
[2] 用 5 年时间，在全市整治 100 个万亩高标准基本农田示范点，建成 100 万亩高标准基本农田实现永久保护。

耕地保护目标任务，切实提高农业生产水平和粮食综合生产能力。坚持"基本农田数量不减少，质量有提高，布局基本稳定"原则，在通州区等地开展零散基本农田归并整合试点，优化基本农田布局，结合基本农田划定成果，将土地整治形成的优质耕地及时划入基本农田，提高基本农田集中连片程度。

3、加强沿海滩涂资源开发利用。充分发挥沿海地区区位独特、后备资源丰富的比较优势，在保护生态环境的前提下，科学合理开发利用滩涂资源，集中实施规模开发，优化滩涂开发区内农用地、建设用地及生态用地的布局与结构，促进耕地占补平衡、现代农业发展、建设用地空间统筹、沿海生态建设等。在如东县等地探索开展创新耕地占补平衡实现途径、保障粮食生产能力试点工作，综合运用生物、工程手段，逐步推广建设项目占用耕地耕作层剥离用于土地开发复垦整治，整治改造浅、淡水养殖用地，增加耕地占补平衡途径，提高补充耕地特别是沿海新围垦耕地的质量和等级。

（四）实施"土地整治示范"专项行动

1、规范开展农村土地综合整治。按照国家、省要求，以土地综合整治规划为依据，编制南通市城乡建设用地布局结构优化实施方案，探索完善城乡建设用地增减挂钩激励手段，推进土地综合整治，整合优化城乡建设用地布局，涉及建设用地调整使用的，控制在下达的增减挂钩指标内，纳入增减挂钩在线监管系统备案。在市级以上中心城镇以镇域为单位开展"土地综合整治示范工程"建设,以农村土地调查和确权登记为前提,试点先行、稳妥有序推进同一乡镇范围内村庄建设用地布局调整。

2、完善城乡一体化发展机制。探索人地协调的新型城镇化途径,引导农村人口就近城镇化,推动城乡一体化发展。坚持充分尊重农民意愿、保障农民合法权益的原则,在海门市等地探索建立农村宅基地依法、自愿、合理、有偿退出机制。根据中央和省统一部署,制定农村集体经营性建设用地流转实施细则,探索开展集体经营性建设用地流转。在如皋市等地开展探索土地征使用制度改革工作,逐步缩小征地范围,不断完善征地补偿安置机制,维护群众权益,赋予农民更多财产权利,提高农村集体和农民在土地增值收益中的分配比例。

(五)实施"生态建设优先"专项行动

1、严守生态保护红线。加快建立生态文明建设制度体系,按照人口资源环境相协调、经济社会生态效益相统一的原则,划定生态保护红线,全面提升生态红线区管控和保护水平。探索建立生态建设补偿机制,强化自然保护区、水源保护地等禁止建设区管护力度,推动人与自然和谐发展。健全生态环境保护用地差别化管理的体制机制,在市区及县城镇等地探索对生态环境保护、历史文化保护等特殊要求用地,实行不同的征使用土地方式。

2、严守资源环境底线。建立陆海资源环境承载能力监测预警机制,对水土资源、陆海环境容量超载区域试行限制性措施。结合土地综合整治等工程,加大生态保育和修复力度。增强生态敏感区域水土涵养能力，提高环境容量，实现土地开发利用与资源环境保护相协调。制定绿色低碳产业的用地扶持政策，支持省级以上生态园区、循环化改造示范园区建设。

3、严守城市开发边界线。在严格保护耕地和生态环境的前提下，合理划定城市开发边界，优化城市布局和形态，严格控制城市建设用地规模，大力促进建设用地的内涵挖潜，提高建设用地利用效率，防止城市过度扩张。以人为本，适当增加生活用地特别是居住用地，增强城镇综合承载、产业支撑、生态隔离、基础配套水平，构建新型城镇化土地利用模式。

**四、实施步骤**

（一）制订方案（2014 年 4 月 ～ 2014 年 7 月）

制定南通陆海统筹国土资源改革创新工作实施方案，经省政府批准后实施并报国土资源部备案。

（二）推进实施（2014 年 8 月 ～ 2017 年 6 月）

1、2014 年 8 月 ～ 2014 年 9 月。制定各专项行动实施指导意见，分解任务，明确要求，细化措施，落实责任。召开江苏省节约集约用地"双提升"行动计划南通陆海统筹工作会议进行全面动员部署。

2、2014 年 9 月 ～ 2015 年 8 月。选择有基础、有条件的地方有针对性地开展"先行先试"工作。

3、2015 年 9 月 ～ 2017 年 6 月。按照"成熟一项、提升一项、推广一项"的思路，在全市逐步推行陆海统筹管理新机制、新制度、新政策。

（三）总结推广（2017 年 7 月～2020 年 12 月）

2017 年下半年对试点情况进行中期评估，形成符合南通江海特色的陆海统筹管理创新成果，逐步在全省、全国推广应用。2020 年底，全面总结工作成效。实施过程中不断总结提高已实施的创新性工作，逐步构建新的陆海统筹国土资源管理政策体系和制度框架并发展完善。

**五、保障措施**

（一）加强组织领导。建立省国土资源厅和南通市人民政府联系沟通制度，研究工作中出现的新情况、新问题，确保"陆海统筹"规范有序进行。南通市人民政府成立"陆海统筹"试点工作领导小组，由南通市人民政府主要负责人任组长，相关部门负责人参加，全面统筹协调推进"陆海统筹"工作。

（二）加强考核监督。将陆海统筹国土资源改革创新工作列入市政府对各地政府（管委会）的目标责任考核，健全考核机制，强化监督检查，推动试点工作有序开展，确保各项改革措施有效落实。

（三）加强实施评估。对重点改革事项实行项目化管理，提高改革试验的科学性，防范和减少风险。适时开展试点工作阶段性评估，检查、校正试点中不足。定期召开专家咨询会，对重大改革试验开展事前咨询论证和事中、事后跟踪评估。

（四）加强舆论宣传。注重发挥新闻媒体和网络的引导作用，及时总结和宣传改革的经验和典型,形成加快推进陆海统筹发展的良好氛围,让改革惠及百姓、保障民生、促进和谐。